高层建筑钢结构建造
新技术及应用

New Technology and Application of Steel
Structure Construction in High-rise Buildings

陈振明　夏林印　主编

中国建筑工业出版社

图书在版编目（CIP）数据

高层建筑钢结构建造新技术及应用 ＝ New
Technology and Application of Steel Structure
Construction in High-rise Buildings / 陈振明，夏林
印主编. -- 北京 ：中国建筑工业出版社，2024.9.
ISBN 978-7-112-30341-0

Ⅰ. TU393.2

中国国家版本馆 CIP 数据核字第 2024UB0395 号

责任编辑：张 磊 万 李
责任校对：赵 力

高层建筑钢结构建造新技术及应用
New Technology and Application of Steel Structure Construction in High-rise Buildings
陈振明 夏林印 主编

*

中国建筑工业出版社出版、发行（北京海淀三里河路 9 号）
各地新华书店、建筑书店经销
北京科地亚盟排版公司制版
建工社（河北）印刷有限公司印刷

*

开本：787 毫米×1092 毫米 1/16 印张：22¼ 字数：552 千字
2024 年 11 月第一版 2024 年 11 月第一次印刷
定价：**79.00** 元
ISBN 978-7-112-30341-0
（42760）

前　　言

随着城市化进程的加速和土地资源的日益紧缺，高层建筑成为现代城市建设的重要发展方向。钢结构以其强度高、自重轻、施工速度快、抗震性能好等优势，在高层建筑领域得到越来越广泛的应用。近年来，随着科技的进步和工程实践的积累，高层建筑钢结构建造技术不断创新发展，涌现出一批新技术、新工艺、新材料和新设备，为高层建筑的建设提供了强有力的支持。

中国高层建筑的建设，随同改革开放的步伐，率先在深圳、上海、广州等经济发展迅速的沿海城市展开，不断刷新着中国高层建筑的新纪录。同时，高层钢结构建筑施工技术也得到了突飞猛进的发展，新工艺、新技术不断涌现，但目前缺少系统性总结。高层钢结构建筑施工技术水平在不同地区、不同企业间仍存在发展不均衡的情况。

为了将高层钢结构建筑建造新技术和优秀做法推广至行业，提升从业人员操作和管理水平，促进建筑行业高层建筑钢结构建造技术的不断发展，我们组织中建钢构股份有限公司内部各子企业相关专家和技术人员共同编写了《高层建筑钢结构建造新技术及应用》。书中梳理了企业自成立以来研发的优秀高层建筑建造技术，以便让成功的建造经验得到传承与发扬。

本书内容涵盖了钢结构深化设计、构件制作、测量与监控、施工安装、钢结构检测等多个方面，不仅详细阐述了各种新技术的原理和特点，还结合工程实例进行了深入浅出的分析，力求使读者能够全面了解和掌握高层建筑钢结构建造的最新发展动态。

本书可供从事建筑设计、施工、科研和管理等工作的工程技术人员参考，希望对项目各参建方的操作实践和质量控制有所帮助和启发。

本书由陈振明、夏林印担任主编，其他主要编写人员有孙朋、隋小东、石宇颢等，均为长期从事钢结构专业工作，具有丰富的专业理论知识和施工经验的工程技术人员。

由于时间仓促，经验不足，书中难免存在缺点和错漏，恳请广大读者批评指正，如有意见或建议欢迎进行交流，以便进一步修改完善。意见或建议可反馈至邮箱 63409396@qq.com，或寄信件至深圳市坪山区坪山街道城投芯时代大厦 18 楼钢结构工程技术研究中心陈振明处。

目　录

第1章 绪 论

1.1 高层建筑钢结构发展及研究现状

1. 发展历程

随着世界人口数量的不断增长，土地资源供应日益紧张，房地产价格持续上扬，普通多层建筑已经无法满足城市发展以及人们工作、学习和生活的需求，人类向高空索要空间的愿望愈发强烈。在此背景下，超高层建筑在近现代有了突飞猛进的发展，它在满足有限土地上建造更大建筑面积愿望的同时，也成为现代城市经济繁荣、技术领先的标志。

然而，人类在追求更高建筑过程中，受到了建筑材料的制约。人们发现，当采用砌块或者钢筋混凝土等传统建筑材料建造高层、超高层建筑时，随着高度的增加，建筑的承重结构越发巨大，显得笨重。现代工业的发展，尤其是钢铁冶炼技术的进步，为超高层建筑的发展提供了强有力的支撑，钢结构这种新兴的建筑结构逐渐进入人们的视线。19 世纪后半期，钢铁冶炼技术取得了突破，开始能够批量生产型钢和铸钢，这些建筑材料的创新应用为建筑形式和结构体系创新创造了有利条件。

1885 年，美国"芝加哥学派"代表人物——威廉·勒巴隆·詹尼（William LeBaron Jenney）发明了全新的建筑结构体系——钢框架（骨架）结构，并成功设计了全球第一幢以钢结构为主体的芝加哥家庭人寿保险大楼（图 1.1-1）。该大楼地上 10 层（后加到 12 层），高度 55m，以钢框架承重，外墙为围护墙体，重量仅为同等规模砌体结构的三分之一。此后，钢结构被逐渐应用于超高层建筑之中，钢材成为世界超高层主流建筑材料。

20 世纪 30 年代兴建的美国纽约帝国大厦（图 1.1-2），是位于美国纽约市的一栋著名的摩天大楼，被誉为世界七大建筑奇迹之一，雄踞世界第一高建筑近 40 年。大厦共 102 层，高度 381m，为钢框架结构，用钢 5.19 万 t。大厦于 1930 年动工，1931 年落成，工期仅为 410 天，创造了当时高层建筑施工史上的奇迹。

图 1.1-1 芝加哥家庭人寿保险大楼

图 1.1-2 美国纽约帝国大厦

1

1969年，110层、高417m的美国纽约世界贸易中心（为南北双子楼，图1.1-3）落成，高度超越帝国大厦36m，成为当时世界第一高楼。其结构形式采用筒中筒钢结构体系，每栋塔楼钢结构用量为7.8万t。但不幸的是2001年突发的"9·11"恐怖袭击事件，致使两栋大楼轰然倒塌。

图1.1-3 美国纽约世界贸易中心

图1.1-4 迪拜哈利法塔

当今世界第一高楼——迪拜哈利法塔（图1.1-4），2010年建成，高度828m，162层，钢结构用量4万t，是一种下部钢筋混凝土结构、上部为钢结构的组合结构体系，−30～601m采用钢筋混凝土剪力墙结构体系，以上均采用钢结构体系，其中601～760m采用带斜撑的钢框架结构体系。

世界范围内，还有很多著名的超高层钢结构建筑，如美国西尔斯大厦（高度442m，钢结构用量7.6万t），马来西亚双子塔（高度452m，钢结构用量1.5万t）等。

在中国大陆地区，1978年以前，由于钢材产量较低、国家一度限制钢材在建筑中的应用。1978年以后，随着改革开放政策的贯彻执行，炼钢工艺水平得到了大幅提高，钢产量也逐年稳步上升，到2018年仅我国大陆地区的钢产量就超过9亿t，占到世界钢材总产量的51.3%，为世界产钢第一大国，钢材质量和品种多化也得到大幅提高，标志性超高层建筑用钢材已全部采用国产钢。根据钢材产业与钢结构迅猛发展的现状，国家政策由初期限制钢结构在建筑中的使用调整为鼓励其发展。

在国家政策的引导下，1984年中国第一座超高层钢结构建筑——深圳发展中心大厦（图1.1-5）破土动工。该建筑的建设标志着钢结构体系正式登上我国大陆地区超高层建筑的舞台。深圳发展中心大厦高度为165.3m，采用钢框架-混凝土剪力墙结构，钢结构用量1.15万t，钢板最大厚度达130mm，焊缝多达5233条，折合长度为354km。为解决厚板焊接难题，工程在国内首次引进使用了CO_2气体保护半自动焊接工艺，大幅提高了现场焊接工效与焊接质量。

1996 年，深圳地王大厦（图 1.1-6）建成，高度 383.95m，81 层，建筑面积 14.97 万 m²，钢结构用量 2.45 万 t。建成时为亚洲第一高建筑，创造了"两天半"一个结构层的"新深圳速度"。

图 1.1-5　深圳发展中心大厦　　　　　　　　图 1.1-6　深圳地王大厦

深圳地王大厦采用筒中筒结构体系，长宽比 1.92，高宽比 9.0，创造了当时世界超高层建筑最"扁"、最"瘦"的纪录。钢结构最大板厚达到 90mm。由于结构中有大量箱形斜撑、"V"形斜撑及大型"A"字形斜柱，在总长度 600km 的焊缝中，立（斜立）焊焊缝长度达到了 86km。为解决大量厚板的立（斜立）焊缝焊接难题，施工方成功地将 CO_2 气体保护焊拓展应用于立（斜立）焊缝的焊接，保证了焊接速度与质量。深圳地王大厦还开创了国内大型塔式起重机爬升及拆除施工技术的先河，工程选用 2 台澳大利亚生产的 M440D 内爬塔式起重机（最大起重量 50t），采用了"卷扬机、扁担和滑轮组自行提升"的塔式起重机支撑系统安装爬升技术和"大塔互拆、以小拆大、化大为小、化整为零"的大型塔式起重机拆除技术，图 1.1-7 为其施工图片。

上海环球金融中心，高度 492m，钢结构用量 6.4 万 t，为当时世界结构高度最高的建筑。该建筑为典型的巨型＋支撑结构体系，外围巨型框架结构由周边巨型柱、巨型斜撑、环带桁架组成，芯筒为钢骨及钢筋混凝土混合结构。施工过程中大小构件约 6 万件，包括大量倾斜、偏心、多分支接头构件，钢板最大厚度达到 100mm，现场钢结构施工焊条、焊丝用量达到 285t。工程采用 2 台 M900D 塔式起重机作为主要吊装设备（图 1.1-8a），1 台 150t 履带起重机、1 台 M440D 塔式起重机辅助吊装，对重量较大的巨型结构构件采用了高空散件原位安装技术（图 1.1-8b），少量超重构件采用双机抬吊安装技术（图 1.1-8c）。为了确保主体结构施工的平面基准和标高控制质量，加强垂直度偏差控制，工程还应用了 GPS 测量技术，对施工基准点的精度进行复测，检查大楼的垂直度。工程钢结构施工全景图见图 1.1-9。

图 1.1-7 深圳地王大厦钢结构施工现场

(a) 吊装设备

(b) 环带桁架下弦安装

(c) 97层钢构件双机抬吊

图 1.1-8 上海环球金融中心钢结构施工

图 1.1-9　上海环球金融中心钢结构施工全景图

中央电视台新址大楼（图 1.1-10），高度 234m，为当时国内最大的单体钢结构建筑，建筑面积约 55 万 m²，钢结构用量达 14 万 t。2006 年被美国《商务周刊》评为"世界十大新建筑奇迹"。

图 1.1-10　中央电视台新址大楼

中央电视台新址大楼有"超级钢铁巨无霸"之称，最大钢板厚度达到 135mm，钢材品种主要包括：Q345B、Q345C、Q345GJC、Q390D、Q420D、Q460E 等。大楼的两塔楼双向内倾斜 6°，在 163m 处由"L"形悬臂结构连为一体，连体部分最大高度 56m、悬挑长度达到 75m，悬臂结构总重量达 5.1 万 t，其中钢结构重 1.8 万 t。该工程主要选取了 2 台 M1280D 塔式起重机、2 台 M600D 塔式起重机、2 台 M440D 塔式起重机及 1 台 C7050 塔式起重机进行钢构件吊装施工，悬臂结构采取了"两塔悬臂分离安装，逐步阶梯延伸，空中阶段合龙"的方法安装，即在平面上以跨为单元，在立面上分成三个阶段，以悬臂外框和底部"基础性"桁架层为依托，利用大型动臂塔式起重机进行高空散件安装，分别从两座塔楼逐跨向外延伸；阶段安装成型；分三次合龙完成悬臂最关键的部位——桁架层结构，从而为悬臂上部结构安装提供施工平台。

2. 研究现状

（1）近 20 年来中国超高层建筑和结构的发展主要呈现出以下趋势：

1）建筑高度不断被突破，在上海、深圳、天津、武汉立项了 4 栋 600m 级的超高层建筑，目前均已建成或基本建成（其中个别项目因非结构原因建筑高度有调整）。

2）建筑的功能呈现出多样化和综合化发展，通常以办公、住宅、公寓及酒店为主要使用功能。

3）结构抗侧力体系以框架-核心筒为主并呈现出多样性，如连体结构、斜交网格筒、桁架筒以及钢板剪力墙等更高效的结构体系逐渐增多。

4）基于性能的抗震设计方法逐步普及，消能减震（振）技术在超高层建筑结构抗震或抗风设计中应用日益广泛，结构材料更加注重高强和延性。

5）由本土结构工程师自主设计的超高层建筑的数量和高度在不断增加，原创最高建筑高度已突破500m；本土工程师和国外事务所发挥各自优势，共同推动我国超高层建筑结构技术的发展。

6）开发商对超高层建筑结构的安全、结构造价和可持续性发展日益关注，并引入了结构设计第三方同业审核制度。

（2）超高层建筑结构体系

超高层建筑结构抗侧力体系是决定超高层建筑结构是否合理和经济的关键。此外，随着建筑高度的不断增加，建筑功能越来越复杂，对结构抗侧力体系的效率要求也越来越高，对结构体系的创新也越来越迫切。超高层建筑结构抗侧力体系的发展除了从传统的框架、剪力墙、框架-剪力墙、框架-核心筒、框筒结构逐步向框架-核心筒-伸臂、巨型框架、桁架支撑筒、筒中筒、束筒等结构体系转变外，还衍生出交叉网格筒、米歇尔（Michell）桁架筒以及钢板剪力墙等新型结构体系，并进化出了多种体系杂交混合使用。结构材料也从纯混凝土结构、钢结构向钢-混凝土混合结构转变。

结构体系呈现主要抗侧力构件周边化、支撑化、巨型化和立体化的特点。建筑业态综合化、高度不断突破、消防疏散等因素也促使其由单幢超高层建筑朝若干超高层建筑塔楼组成的"空中城市"以及连体结构发展。

1.2 高层建筑钢结构特点及优势

钢结构建筑作为建筑现代化发展的一个重要标志，与其他结构相比，具体有如下特点及优势：

1. 自重轻而强度高

钢材与其他建筑材料如混凝土、砌体相比，强度、刚度高得多，韧性也好得多，因此钢结构构件尺寸小、结构质量轻，特别适用于大跨度、超高层空间结构。在相同受力情况下，钢结构建筑自重要比传统混凝土建筑轻30%左右，基础的负载也相应减少，基础筏板、地基梁的断面减小，基础混凝土及钢筋用量减少，为基础的设计提供方便，节约基础工程投资。特别对于深圳等软土地区，地质条件较差，地基处理成本高昂，如果采用钢结构建筑，就能大大减少地基处理的代价，也会大大减少工程总投资额。

2. 结构性能优越

在结构性能上，钢结构与混凝土结构对比，最显著的就是其抗震性能优越。我国处于环太平洋地震带与欧亚地震带两大地震带中间，地震断裂带十分发育，属于多地震国家，因此抗震性能是影响一种结构体系发展的重要因素。钢结构的抗震能力比混凝土结构具有显著的优势，尤其是钢框架-核心筒的结构形式，既具有混凝土结构抗侧刚度大、抵抗水平荷载能力强的特点，又有钢结构自重轻，延性好的特点，可显著减小基础的负荷和地震作用，较好地消耗地震能量，结构安全度高。

3. 施工周期短

工业化程度高，符合建筑产业化的要求。钢结构构件一般都是在工厂制作加工，现场拼装、安装，其工业化程度和结构现场施工的装配化程度高，施工机械化程度高，有利于实现标准化、部品化、生产工业化并能节约材料降低成本。同时，采用钢结构体系，可以为施工提供较大的空间和宽敞的施工作业面，节约施工场地，特别适合于城市建筑物密集位置的施工操作。例如对于钢框架-核心筒结构体系，钢柱一般取若干层为一个加工节段，在现场一次性吊装；钢梁的安装、混凝土核心筒的浇筑和楼盖的施工，可以实现交叉作业，施工速度快，施工周期短。

钢结构施工较为方便，竖向运输、模板等施工措施费用较少；施工速度快。钢结构体系的这一优点，能有效缩短资金占用周期，使建筑物提前投入使用，缩短还贷时间，减少贷款利息，增加租金收入，大幅度提高投资效益，使其成为我国推进建筑产业现代化的理想建筑体系。

4. 钢结构的质量容易保证

钢结构构件在工厂里加工制作，加工精度很高。在现场只需安装就位，减少现场的施工作业量，既降低了工人的劳动强度，也易于保证工程施工质量。

5. 布局灵活，空间利用率高

钢结构建筑能够合理布置功能分区，不拘泥于传统的建筑分隔设计，结合钢结构强度高、自重轻的特点，以钢骨架作为支承结构，所有结构柱和支撑可以均匀布置在辅助空间和分户位置，实现大开间柱网布置，使建筑平面分割灵活，既为建筑师提供了设计的回旋余地，又可以使得居住、使用者可以根据自己的喜好和用途对其重新分隔，形成开放式建筑。由于钢结构构件尺寸小，占用的总空间小，能大幅度增加建筑的有效使用空间。据统计，高层建筑钢结构比混凝土结构增加有效使用面积3%～6%，是开发商在销售上可宣传的亮点，能获得更高的经济收益。

6. 管线布置方便

在很多公共建筑中，由于设备管线要占用一定的净高，不得不把层高提高，造成了造价的增加。在钢结构建筑中，可以利用结构断面空间中的孔洞和空腔，或者将钢梁在一定的范围内开洞口解决这个问题。例如可以根据设备的布置，钢梁在工厂加工的过程中腹板开洞。这样使得管线的布置较为灵活、自由，后期的更换和修理也更为方便，最重要的是节省了净高，避免了因为高度增加造成的很多问题。

7. 节能环保

符合可持续发展的要求。钢结构建筑绿色环保，是一种节能、节地、节水和节材，符合我国可持续发展理念的新型建筑。传统钢筋混凝土结构要消耗大量的水泥、砂子和石子，这些原料不仅带来了严重的环境污染问题，而且其中相当一部分原料都是不可再生资源。钢材属于生态环境材料，满足现代环境标准，是最易于回收的材料；与钢结构配套采用复合楼板、轻质墙板，能够更好地满足建筑节能要求。同时，施工现场噪声、粉尘和建筑垃圾少，社会效益显著。

8. 钢材拆除后保值

假设到了超高层建筑寿命周期完成后，钢结构比传统钢筋混凝土结构的拆除更容易实施。而且钢材拆除后的构件可以直接利用，或经加工冶炼处理后，形成新的产品被重新使用，符合经济循环的要求。因此，以钢结构的建筑技术开发，刺激节能环保、废旧利用等新技术的开发和应用，是我国建筑行业贯彻科学发展观的必经之路。

9. 降低基础造价

较传统钢筋混凝土结构自重降低，将降低基础造价。

10. 降低结构外围柱与核心筒竖向变形差

在竖向荷载作用下，结构外围柱与核心筒由于应力水平及竖向刚度的不同，将产生竖向变形差，钢结构体系可以通过钢梁先铰接后固结的方式消除变形差产生的梁端弯矩，而传统钢筋混凝土结构较难消除该弯矩，致使梁端配筋较大，且部分竖向荷载由外围柱传递至核心筒，使核心筒承受较大的内力，轴压比偏大。

1.3 高层建筑钢结构发展趋势

高层建筑的发展离不开钢结构产业的发展，国际钢结构产业的发展浪潮从欧洲开始，以 1889 年埃菲尔铁塔为标志，现代钢结构已有 120 年历史。世界钢结构的发展又同工业化进程一样，沿着一条从欧洲到北美、再到东亚的发展途径演进。

同其他产业一样，钢结构产业的发展历程大体经过了四个阶段：萌芽发育期、逐渐发展期、高速发展期和成熟稳定期。美国从 1890 年开始发育自己的钢结构产业，成为继英国之后的世界钢铁工业中心；1953 年，钢结构行业伴随钢铁工业的发展在美国茁壮发育成长；1975 年钢结构在美国达到顶峰，钢构产量约 5000 万 t；随后进入成熟稳定的发展期。

日本的钢结构发展也大致经历了与美国相同的四个阶段。1925 年至 1945 年为发育期；1945 年到 1975 年为逐渐发展期；1973 年日本钢铁产量达到 1.19 亿 t，钢结构产业从 1975 年开始高速发展，到 20 世纪末达到顶峰；1995 年后，钢结构产量稳定在 2500 万 t 左右，进入成熟稳定期。

总结发达国家钢结构产业的发展规律，可以发现钢结构产业的发展与钢铁产业的发展呈明显的正相关关系，钢铁产业进入成熟期后，钢结构产业才开始进入高速发展期。其次，钢结构产业进入高速发展期的时间一般为即将进入工业化进程中期——其人均 GDP 达到 2000 美元左右，人口城市化率达到 50%。

中国钢铁产量在 1996 年超越美国和日本，成为世界新兴钢铁大国，钢结构行业也随之兴起。2010 年中国钢铁产量就已突破 6 亿 t，2012 年中国钢铁产量超过 7 亿 t，国内消费 6.9 亿 t，占全球消费钢铁总量的 70%，约相当于世界其他国家总和的 2.5 倍。

伴随中国钢产量的提高和经济的崛起，中国的钢结构产业已具备进入高速发展期的必要条件，国际钢结构产业发展重心已转到中国。

基于上述分析，可以看到，未来超高层的发展呈现以下趋势：

（1）在未来 20 年，中国钢结构产业进入高速发展期。

（2）未来超高层钢结构建筑的数量及高度还将持续攀升。

（3）相当长的时期内，整体"外框＋内筒"的结构体系，趋向较为稳定。

（4）钢结构在整体结构中的比重还会进一步加大，外框钢结构朝"巨型化"的方向发展。

根据 CTBUH（世界高层都市建筑学会）最新数据，全球 400m 以上的 35 幢超高层（不含 400m），包括竣工和在建的，几乎有一半在大中华地区，世界超高层的建设中心，与国际钢结构的发展路径一致，由先前的北美开始转移到中国。

研究超高层建筑的结构体系，由图 1.3-1 可以看到，现代超高层建筑的结构体系，绝大部分采用"外框内筒"的混合结构，且外框钢结构基本都是 4 柱或 8 柱的"巨型结构"。

随着高度攀升，无论是承重钢结构，还是抗侧力钢结构，其单位面积的用钢量都在快速增长，钢结构在超高层中的比重将进一步突出，如图 1.3-2 所示。

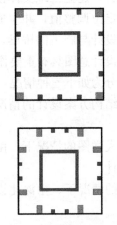

图 1.3-1　巨型外框混合结构

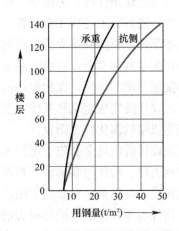

图 1.3-2　用钢量与结构楼层的关系

第2章 深化设计

2.1 钢结构深化设计概述

钢结构深化设计也叫钢结构二次设计，是以设计院的施工图、计算书及其他相关资料（包括招标文件、答疑补充文件、技术要求、工厂制作条件、运输条件，现场拼装与安装方案、设计分区及土建条件等）为依据，依托专业软件平台，建立三维实体模型，开展施工过程仿真分析，进行施工过程安全验算，计算节点坐标定位调整值，并生成结构安装布置图、构件与零部件下料图和报表清单的过程。作为连接设计与施工的桥梁，钢结构深化设计立足于协调配合其他专业，对施工的顺利进行、实现设计意图具有重要作用。

依据设计院施工图的深度，深化设计的工作内容可区分为如下三种情况：

（1）在建筑设计院完成建筑和其他专业施工图设计及结构方案设计的情况下，由深化设计单位直接完成结构深化施工图设计。

（2）在建筑设计院出具全套施工图但未给出结构节点大样图的情况下，由深化设计单位完成结构节点大样、构件与零部件下料图与报表清单设计。

（3）在建筑设计院出具的全套施工图已达到施工要求的情况下，由深化设计单位根据施工流程进行构件与零部件下料图与报表清单设计。

无论上述哪种情况，深化设计均应根据工程的复杂程度进行必要的施工过程仿真分析、安全验算和确定节点定位坐标调整值。

深化图纸必须满足建筑设计施工图的技术要求，符合相关设计与施工规范的规定，并达到工厂加工制作、现场安装的要求。

对高层钢结构建筑，深化设计是工程施工前最重要的工作之一，其重要性具体表现为如下几个方面：

（1）通过三维建模，消除构件碰撞隐患；通过施工过程仿真分析和全过程安全验算，消除吊装过程中的安全隐患；通过节点坐标放样调整值计算，将建筑偏差控制在容许范围之内。

（2）通过对施工图纸的继续深化，对具体的构造方式、工艺做法和工序安排进行优化调整，使深化设计后的施工图完全具备可实施性，满足钢结构工程按图精确施工的要求。

（3）通过深化设计对施工图纸中未表达详尽的构造、节点、剖面等进行优化补充，对工程量清单中未包括的施工内容进行补漏拾遗，准确调整施工预算，为工程结算提供依据。

（4）通过深化设计对施工图纸的补充、完善及优化，进一步明确钢结构与土建、幕墙及其他相关专业的施工界面，明确彼此交叉施工的内容，为各专业顺利配合施工创造有利条件。

（5）深化设计图纸可为物资采购提供准确的材料清单，并为竣工验收提供详细技术资料。

高层钢结构深化设计的工作内容主要包括如下几个方面：

（1）结构优化

钢结构与土建、机电设备、幕墙等其他专业联系密切，当结构设计与现场施工存在冲突或者部分节点结构设计不详时，需要对构件、节点，甚至结构形式及钢材用量进行相应的优化工作。

（2）节点深化

超高层钢结构节点形式主要包括：柱脚节点、支座节点、柱柱节点、梁柱节点、梁梁节点、桁架节点等，深化主要内容包括图纸中未指定的节点焊缝强度验算、螺栓群验算、现场拼接节点连接计算、复杂节点空间放样等。

（3）构件与零件加工图

构件加工图是工厂加工制作的重要依据，包括构件大样图和零件图。构件大样图主要表达构件的出厂状态，主要内容为在工厂内进行零件组装和拼装的要求，通常包括拼接尺寸、制孔要求、坡口形式、表面处理等内容；零件图表达的是在工厂不可拆分的构件最小单元，如板材、铸钢节点等，是下料放样的重要依据。

（4）构件安装图

安装图为指导现场构件吊装与连接的图纸，构件制作完成后，将每个构件安装至正确位置，并用正确的方法进行连接，是安装图的主要任务。一套完整的安装图纸，通常包括构件的平面布置图、立面图、剖面图、节点大样图、构件编号、节点编号等内容，同时还应包括详细的构件信息表，清晰地表达构件编号、材质、外形尺寸、重量等重要信息。

（5）材料表

材料表是深化详图中重要的组成部分，它包括构件、零件、螺栓等材料的数量、尺寸、重量和材质等信息，是钢材采购，现场吊装，工程结算的重要参考资料和依据。

2.2　钢结构分段技术

超高层钢结构的节点形式，常用的有梁梁节点、梁柱节点、托梁节点、对接节点、支撑节点和柱脚节点等，这些节点通常通过焊接，栓接，或者两种相结合的方式进行连接。

超高层钢结构深化设计时，巨型钢柱（简称巨柱）、支撑、钢板墙、环带桁架等部位形式较为特殊、复杂，深化设计时需重点考虑。

2.2.1　多腔体、巨型钢柱分段技术

巨柱、巨型支撑的深化，是超高层钢结构深化设计的重点，对整个工程的实施具有决定性作用。巨柱、巨型支撑通常具有如下特点：

1. 截面尺寸大，板材厚，重量大

钢结构巨柱截面单向长度通常大于 2m，板厚一般大于 50mm，加强层处可达 100mm 以上，由于大截面及超厚板，导致巨柱米重较大，可达几十吨。如天津高银 117 大厦，六边形巨柱组合截面，最大长度约 11m，最大板厚 120mm，最大米重达 37.8t。详见表 2.2-1。

典型工程巨柱截面

表 2.2-1

项目	图例		最大板厚（mm）	最大米重（t/m）
	示意图	截面尺寸图（mm）		
天津高银117大厦		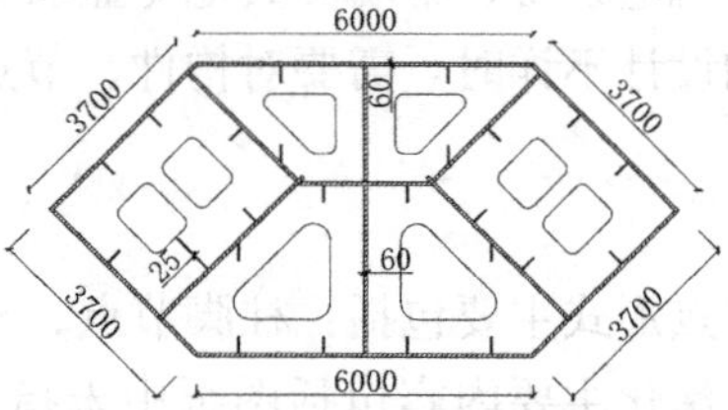	120	37.8
广州东塔	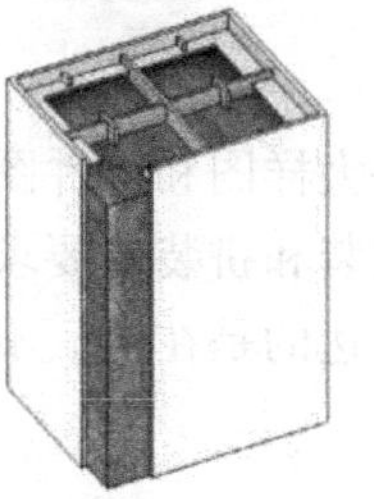	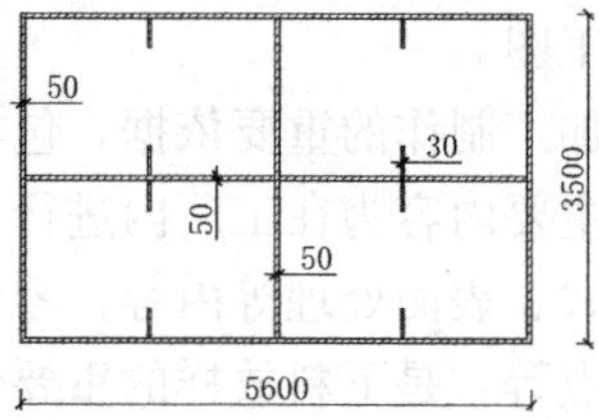	170	11.28
深圳平安	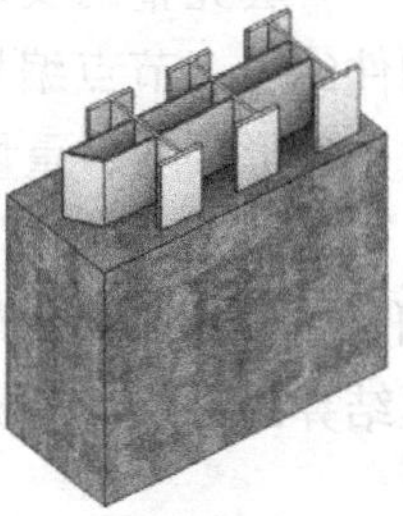	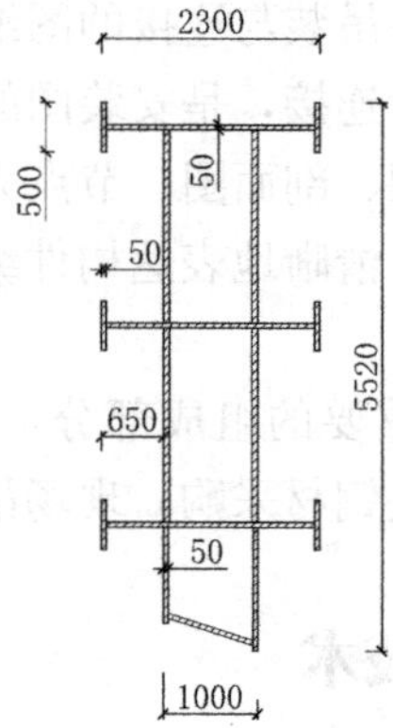	120	10.83
武汉中心		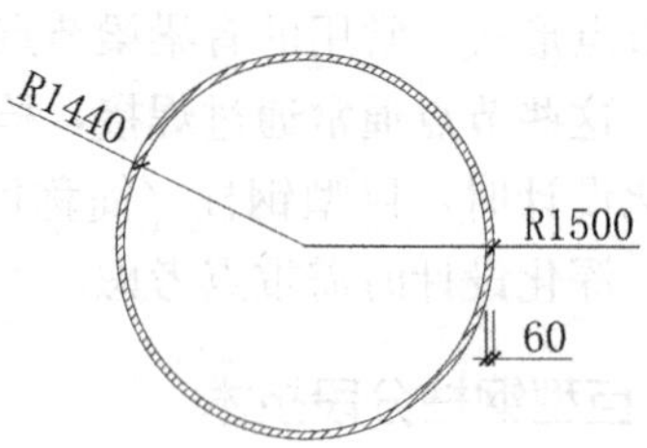	100	5.18
重庆瑞安二期	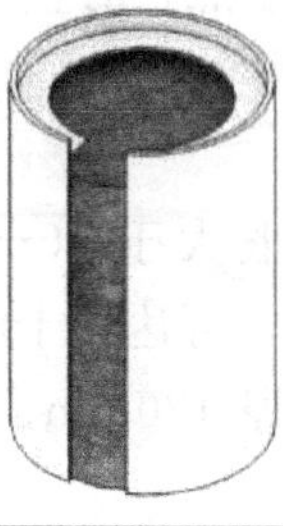	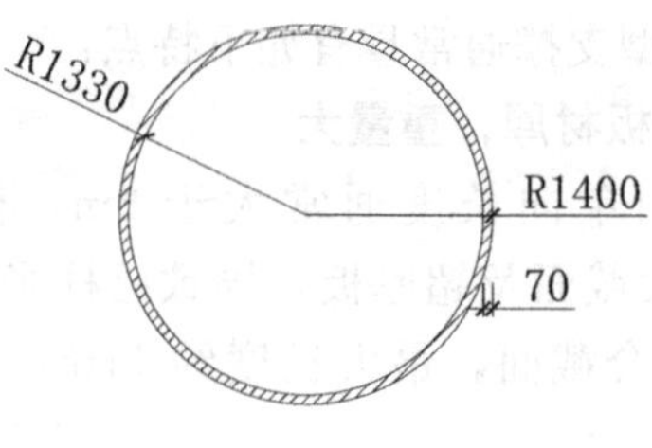	130	5.65

2. 对接节点多

巨柱除了与周围的钢梁、上下段钢柱对接外，在加强层处通常还会与伸臂桁架、环带桁架设置对接节点，最多时可达十余个（图 2.2-1）。

3. 焊接难度大

巨柱焊接时，除了厚板焊接质量控制难度大外，由于巨柱内部隔板设置复杂，与混凝土连接面积大，栓钉多，给焊接作业人员及设备带来诸多不便。

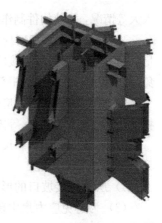

图 2.2-1　广州东塔加强层巨柱深化节点

针对超高层巨柱的这些特点，确保工厂制作和现场安装的顺利进行，巨柱在深化设计时，应重点注意以下事项。

（1）合理的分段分节不但可以确保结构吊装，而且可以减小构件变形，降低焊接难度，保证焊接质量。巨柱的分段分节应满足构件运输及现场设备的起重要求，当巨柱运输宽度不超高 4.5m 时，分段可采取沿截面划分的方式，如广州东塔（图 2.2-2）。

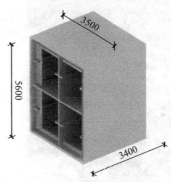

图 2.2-2　广州东塔巨柱分段

当大于 4.5m 时，由于运输车辆尺寸及道路运输的相关要求限制，巨柱分段需采取沿截面与高度方向划分相结合的方式，如天津高银 117 大厦（图 2.2-3），巨柱沿截面分段后，又在高度方向分成四块，分别为土字形、山字形、箱形 1、箱形 2。

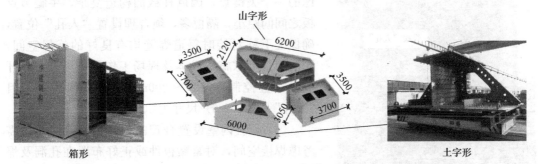

图 2.2-3　天津高银 117 大厦巨柱分段

分段分节时，应尽量减少工地焊缝和竖向焊缝，避免仰焊和焊缝交叉。避免焊缝交叉重叠时，可对一些位置的钢板实行归并、延长处理。

（2）合理的坡口及焊缝形式。

在构件焊接时往往由于坡口设计不合理而导致操作困难、焊接变形大、效率低、成本投入大等情况，为使构件制作能有序进行，在深化设计时，须设置合理的焊缝形式和坡口形式。

1）设计焊接坡口时应合理考虑角度、间隙及钝边等因素，确保电极与坡口面之间有足够有利于熔敷金属过渡的空间，避免未熔合或夹渣；确保电极电弧能达到坡口底部，避免焊透深度不足；保证根部焊道背面不至烧穿，促使焊缝更好地熔合和焊透。

2）焊接坡口的设计应综合考虑有利于焊接质量、坡口加工和施焊难易程度、焊接材料使用情况、焊接变形等因素，确保低耗高效、经济适用。

3）焊接坡口形状和尺寸的设计应充分考虑焊接设备和焊工技能水平，使焊接坡口更具有针对性和通用性。

4）所有焊接坡口的形状和尺寸均应依据焊接工艺评定结果确定。

（3）为避免应力集中现象产生，可对杆件端部及隔板镂空拐点处进行倒圆角处理，如图 2.2-4 所示。

（4）厚板与薄板对接位置按规范（如《钢结构设计标准》GB 50017 等）要求施行放坡处理，同时为了避免箱体巨柱的端部发生变形，可在端部设置工艺隔板，如图 2.2-5 所示。

图 2.2-4 隔板倒圆角处理

图 2.2-5 端部工艺隔板设置

图 2.2-6 巨柱焊接人孔

（5）工地焊接"人孔"的开设是巨柱深化时考虑的一个关键点，因巨柱截面构造复杂，牛腿节点板之间间距小，隔板多，须合理设置"人孔"位置，确保上下柱对接时每道焊缝均有良好的施焊空间，同时综合考虑施工成本及现场工作量等因素，其开设尺寸宜控制在 500～800mm，如深圳平安项目"人孔"（图 2.2-6）尺寸为 500mm×500mm。

（6）巨柱内壁设置合理的栓钉，栓钉建模时需考虑焊接空间，对紧贴板件或正好布置在孔洞及焊缝位置的栓钉进行间距调整或者取消。

2.2.2 钢板剪力墙分段技术

钢板墙在超高层建筑中的应用日益广泛，目前国内主要采用组合钢板墙，组合钢板墙又分为单层钢板墙和多层钢板墙等（图 2.2-7）。

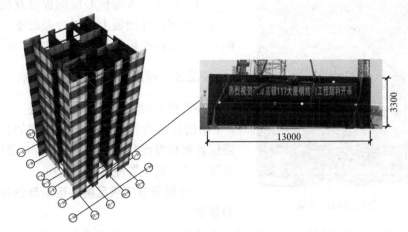

图 2.2-7　天津高银 117 大厦钢板墙分段示意图

一般钢板剪力墙的分段分节应从以下几方面考虑：

（1）宜与钢暗柱、钢暗梁连成一体，增强钢板墙的刚度。

（2）钢板剪力墙的分段分节尺寸在运输限制尺寸范围内。

（3）钢板剪力墙的钢板尺寸宜在轧制钢板板幅限制范围内。

（4）钢板剪力墙的现场对接焊缝宜采用横向对接焊缝。

其中单层钢板墙板面大，钢板厚度通常为 20～70mm，且钢板上往往设置较为密集的栓钉，制作时极易产生变形。为了减小钢板墙的变形情况，深化设计时可采用以下措施：

（1）在满足运输、安装要求的前提下，以减少工厂焊缝和现场竖焊缝的原则进行构件制作单元的划分。当采用焊接连接时，钢板墙在高度方向上分段不宜过高，如天津高银 117 大厦项目分段高度约为 3.3m，高度阶段最多划分为 20 个吊装单元，吊装单元最大长度为 13m。

（2）钢板墙厚度相对较薄，其两侧栓钉较多，深化设计时，设置必要的加劲肋，以防止制作变形，如图 2.2-8 所示。

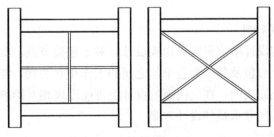

图 2.2-8　钢板墙设置加劲肋

（3）对机电设备图纸预留合理的孔洞作补强处理，例如空调预留孔、设备孔等，如

图 2.2-9　钢板墙洞口补强

图 2.2-9 所示。

（4）应充分考虑核心筒钢板墙及爬模架的安装施工方案，在钢板上设置合理的施工用措施孔洞，如设置钢模板拉筋孔，模架安装定位孔等。

2.2.3　超高层钢桁架分段技术

环带桁架设置于结构加强层处，高度通常为 2 个结构层或者以上，由于其结构的重要性，加强层处钢板厚度较大（可达 100mm 及以上）。其在深化设计时主要注意以下事项。

1. 分段分节应满足构件运输与设备起重能力的要求

通常将环带桁架在腹杆与上下弦杆连接处断开，腹杆交会处设置牛腿节点，避免多杆件相交焊缝重叠，同时保证杆件重心线在节点处汇于一点，避免偏心。

2. 当现场对接部位不方便施焊时，可设置焊接手孔

钢桁架根据运输工况及现场起重设备能力可采用以下两种分段分节方式：

（1）散件。桁架的上弦、下弦和腹杆分别独立成构件，在现场地面散拼或高空原位散拼。

（2）整件。一榀桁架按整节段或分割成几段在现场整榀或分片拼装。分段的桁架上下弦断口不宜在同一断面上，原则上宜错开 1m 左右。

2.3　复杂节点深化技术

2.3.1　海外超高层钢结构节点设计技术

在海外工程承包中，承包商是各专业细化设计的主要执行方。各专业深化设计相对独立又紧密联系结合，钢结构作为一个主体结构专业，必然与土建、综合管线、机电设备、幕墙、装饰装修电梯等多个专业，以及爬模、塔机等施工必要措施发生联系，多专业协调效率及结果直接影响着整个工程的质量与进度。海外超高层钢结构深化设计需要满足以下几个条件：

1. 保证深化设计可行性

海外工程中，结构设计单位只完成初步设计，对于连接节点、次杆件定位、二次结构等需承包商进行设计。总包及各个分包单位之间的工作相互关联，相互影响，由于深化设计工作是由各单位独立完成的，在交接面的设计上可能出现相互影响的情况，此时就需要各个单位进行协商，共同寻求最佳设计方案。

2. 保证加工可行性

钢结构节点设计和二次结构设计除了满足设计规范及各专业的设计要求外，还要考虑构件加工可行性。如果协调的结构设计出来的节点不能满足加工要求，那么就会造成需要重新协调与设计的情况，费时且费力。

3. 保证施工可行性

深化设计应满足现场施工要求。所以在前期设计协调时就要考虑到现场的施工可行性，尽量避免后期施工中各专业发生的碰撞及受限空间施工等问题。例如，钢梁核心筒埋件的锚固设计需要考虑核心筒墙体钢筋的布置，还要避免埋件与门洞、综合管线留洞等发生碰撞。

海外项目钢结构深化设计主要集中在以下几个阶段（图 2.3-1）：

（1）方案设计模型阶段（LOD200），此阶段是将所有原设计还原到模型中与原设计模型进行核对，并反馈主要的设计问题，如主杆件的碰撞、幕墙系统接缝等。

（2）杆件模型与节点模型阶段（LOD300 与 LOD400），此阶段需要精确定位模型杆件，同时完成节点设计及建模。此阶段直接面向加工和施工。

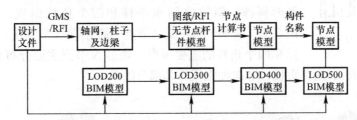

图 2.3-1　海外项目钢结构深化设计阶段

节点设计及三维模型最终需要以 2D 图纸进行体现。钢结构深化图纸进行钢结构深化单位自审、互审、专审完成后报给总包，由总包及相关分包对图纸进行审核、签字，然后将图纸报监理审批。深化图纸报审流程见图 2.3-2。深化图纸是对原设计图纸的细化及补充，能够很清晰地表示节点信息、构件定位及尺寸，用以工厂构件加工及现场安装，并作为验收的依据。

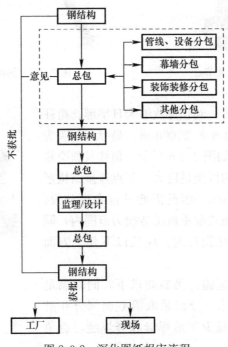

图 2.3-2　深化图纸报审流程

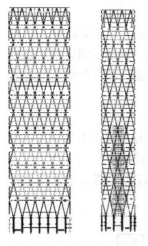

图 2.3-3　立面斜交网格

2.3.2　空间斜交网格结构的深化设计

1. 空间网格结构与普通结构的比较

相较于普通结构，空间网格结构自身结构形式复杂，安装精度要求高，结构楼层层高变化及网格杆件自身角度变化导致节点形式各异，当建筑造型要求与结构冲突时，给加工制作及安装均带来较大难度，详见图 2.3-3。因此在深化设计中应充分考虑这些问题，尽量降低加工和安装的难度。

2. 空间网格结构深化设计重难点分析

以某项目为例，东西立面斜交网格主要是由斜杆交叉节点、箱形斜撑、斜撑之间水平杆和四个角柱组成，如图 2.3-4 和图 2.3-5 所示。斜杆交叉节点（简称箱形 X 节点）是连接上下斜撑和四个角柱的重要节点。箱形 X 节点主要分布在核心筒外围，主要由底板、面板、两侧腹板、竖向加强板等几部分组成。

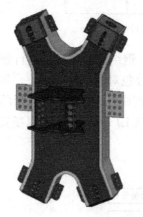

图 2.3-4　斜杆交叉节点

图 2.3-5　斜撑和水平杆

外框四个角柱为田字形，到顶部收缩为日字形，角柱最大截面尺寸为 2500mm × 2000mm，最大板厚为 100mm，材质为 Q420B，如图 2.3-6 所示。角柱及斜交箱形网格构件，构件体积及构件重量巨大，节点连接结构形式复杂，最大角柱重量达 60t。因此需要进行合理分段、分节，保证构件单重均在塔式起重机吊装能力范围内，同时满足构件运输要求。深化设计时，应从以下几个方面考虑：

（1）角柱分段在满足运输、吊装要求下，同时满足结构受力、构造、焊接要求，分段采取沿截面划分和沿柱高度划分的原则，尽量减少工地焊缝和竖焊缝，避免仰焊。

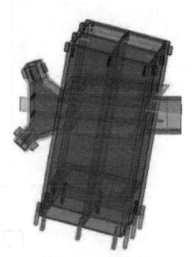

图 2.3-6　田字形角柱

（2）设置合理的现场用吊耳板，如图 2.3-7 所示。

（3）角柱箱形牛腿部位，建模时需仔细考虑工厂组装工序，确保焊接空间。

（4）田字柱工地焊接"活板"的开设预留及中间隔板坡口的方向是建模时考虑的一个关键点，在建模时应明确现场安装顺序及施工工艺，设置合理的焊接人孔，确保上下柱对接时每道焊缝能进行很好的焊接。

3. 深化设计临时措施

（1）考虑斜交网格跨度较大，整体安装时累计误差可能导致螺栓孔扩孔严重，因此，提前在部分铰接节点位置开设长圆孔，从而有效消减安装误差带来的影响，而不改变设计理念。

图 2.3-7　现场用吊耳板示意

（2）临时连接耳板及连接夹板厚度增加，提高网格结构临时节点连接承载力，使网格结构单元安装后能形成自身稳定体系，辅以立面体爬升式爬架，以保证网格结构临边施工安全保障。

（3）网格斜撑和斜杆交叉节点以散件发运现场，现场进行地面拼装后进行吊装，如图 2.3-8 所示。

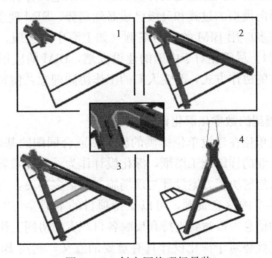

图 2.3-8　斜交网格现场吊装

2.4　信息化与物联网应用技术

2.4.1　基于三维信息模型全过程数字化深化设计技术

1. 三维信息模型（BIM）

BIM（Building Information Modeling）技术是一种应用于工程设计、建造、管理的数据化工具，通过对建筑的数据化、信息化模型整合，在项目策划、运行和维护的全生命周期过程中进行信息共享和传递。目前 BIM 已经在全球范围内得到业界的广泛认可，它可以帮助实现建筑信息的集成，从建筑的设计、施工、运行直至建筑全寿命周期的终结，各种信息始终整合于一个三维模型信息数据库中，设计团队、施工单位、设施运营部门和业主等各方人员可以基于 BIM 进行协同工作、有效提高工作效率、节省资源、降低成本、以实现节约建筑投资。

以北美、欧洲为代表的发达国家 BIM 应用发展迅速，相关数据显示，美国工程项目领域的前 300 强企业中有 80％以上的企业都应用到了 BIM 技术。近年来，BIM 在国内建筑业形成了一股热潮，除了前期软件厂商的大声呼吁外，各行业协会、专家、企业也开始重视 BIM 对施工企业的价值，尤其是住房城乡建设部发布的《2011—2015 建筑业信息化发展纲要》中明确指出"在施工阶段开展 BIM 技术的研究应用……实现对建筑工程的有效可视化管理"，大大推进了 BIM 在国内的应用进程。施工阶段 BIM 应用的基础是施工 BIM 模型的建立。目前，施工 BIM 模型的建立方式有两种。

一是将设计三维模型直接导入施工阶段的相关软件，实现设计阶段 BIM 模型的有效利用；

二是在施工阶段利用设计提供的二维施工图重新建模。由于目前我国建筑行业的割裂管理方式，第二种方式在施工阶段应用较多，虽是重复建模需要一定的成本投入，但 BIM 能够提供的价值远超过建模成本。

甩图板的运动已经帮助中国工程建设行业实现了从纸笔到计算机二维绘图的飞跃。目前，二维向三维、图形向模型的过渡和升级已成必然趋势，BIM 理念在国内的实践也开始初见成效，已经有了许多应用 BIM 的成功案例（如上海中心大厦、北京"水立方"等一系列大型、复杂的工程）。尽管相对于中国的建设大潮，BIM 的应用仅仅是开始，但 BIM 正在改变项目参与各方的协作方式，改变人们的工作协同理念，使每个人都能提高生产效率并获得收益。

2. 基于三维信息模型的数字化深化设计应用

深化设计是指承包单位在建设单位提供的施工图或合同图的基础上，对其进行细化、优化和完善，形成各专业的详细施工图纸，深化设计作为设计的重要分支，补充和完善了方案设计的不足，有力地解决了方案设计与现场施工的诸多冲突，充分保障了方案设计的效果还原。BIM 作为共享的信息资源，可以支持项目的不同参与方通过在 BIM 中插入、提取、更新和修改各种信息，以达到支持和反映各自职责的协同工作。BIM 具有的这种集成和全寿命周期的管理优势对于深化设计具有重要的意义，利用 BIM 可以很好地解决深化设计过程中的信息冲突问题，保证深化设计能够准确地体现设计意图并进行效果还原。

随着 BIM 在设计阶段的日益广泛应用，如何在设计阶段成果输出的基础上进行深化设计则是当下需要解决的问题。对钢结构专业而言，目前深化设计主流软件是 Tekla Structures，其提供了开放性的兼容性接口，可以让不同结构设计软件的计算模型导入 Tekla 深化软件中，钢结构深化设计可以直接在导入的计算模型的基础上进行节点深化设计，形成深化设计成果，即钢结构构件平面布置图，构件图，零件图等。此过程节省了在深化设计阶段再次建立建筑模型的步骤和时间，大大提高了协作效率，充分体现了基于三维信息模型的数字化深化设计是未来的发展方向和趋势。

2.4.2 钢结构深化设计与物联网应用技术

1. 施工过程仿真分析

超高层钢结构施工时，存在竖向的压缩变形和测量精度控制难度大（如交叉网格外框）的问题，这些问题可通过深化设计时对压缩、起拱等设置预调值，输出结构坐标等方法解决。

2. 钢结构深化设计与物联网应用技术的发展

建筑钢结构行业横跨设计、采购、制造、物流、施工等几大业务领域，产业链范畴广、管理难度大。当前，国内钢结构企业大多沿用传统的工程管理模式和经验，管理过程中主要依托会议、函件、检查等活动，存在信息交流不及时、不准确、反馈不足等现象，协作效率低。当前信息社会快速发展，各行业普遍都以科技创新来推动和引领行业发展，超高层建筑钢结构也不例外，钢结构工程的施工管理与互联网、信息集成、智能制造、产品创新等紧密结合，利用 BIM、物联网、传感、自动化等技术，可以为钢结构企业提供更有效的管理手段。因此，中建科工集团有限公司在此行业背景下探索了一条以 BIM＋物联网技术为核心提升钢结构工程管理水平的路径。

以钢结构深化设计模型（BIM 模型）为钢结构工程的建造施工管理的起点，并以工程主数据为核心，贯穿钢结构施工管理的深化设计、材料采购、构件制造、项目安装四大阶段，每个阶段又可展开获得更详细的施工过程信息，包括图纸、材料、设备、人员、进度、质量、成本等，这些信息之间或与实体之间都以物联网、系统接口、标准化编号体系相互关联和传递流转，形成庞大的信息网，并借助现代先进技术手段实现钢结构工程建造施工全生命期内信息的实时性、追溯性、可视化、可分析的目的，以展现表达给相关的管理者，实现对钢结构工程全生命周期的深度掌控。

要实现钢结构施工全生命期信息化管理，需要从管理理念、技术手段、软硬件等多方面综合考虑。通过引进国内外先进的管理软件和管理模式，结合国内钢结构行业管理现状和管理经验，中建科工逐步认识到了工序管理在钢结构施工管理流程中的"桥梁"作用，提出了钢结构施工全生命期的工序管理理念，明确了信息化管理的实施路径。通过集成应用 BIM、物联网、云计算、大数据等新一代信息技术，搭建了钢结构施工全生命期信息化管理系统，重点解决钢结构施工全过程中的信息共享和协同作业的问题。

钢结构施工全生命期主要包括：深化设计、材料管理、构件制造、项目安装四大阶段，各阶段又可以按照管理需要划分为若干个子阶段。如表 2.4-1 所示，构件制造阶段又可以划分为零件加工、构件加工、构件运输等子阶段。

施工阶段划分　　　　表 2.4-1

主要阶段	子阶段
深化设计	分段分节、深化建模、深化出图……
材料管理	计划编制、订单管理、堆场管理……
构件制造	零件加工、构件加工、构件运输……
项目安装	现场验收、堆场管理、吊装管理……

每个（子）阶段又可以划分为若干个工序，如拉杆件、做节点、图纸送审、材料采购、材料入库、材料出库、下料、组立、装配、焊接、外观处理、打砂、油漆、运输、现场验收、现场测量、现场吊装、现场焊接等，如图 2.4-1 所示。

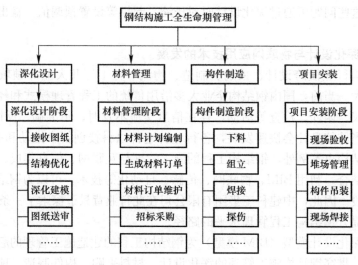

图 2.4-1 工序管理

施工工序信息化管理的核心在于通过信息系统将以项目为单位的工程信息转化为以工序为单位的建造信息，把传统的项目管理转变为工序管理，做到管理重心的下沉和精细化。工序信息化管理是实现全生命期管理的基础，通过将施工工作流程进行统一的编码，建立标准化管理体系，将具体的工艺流程与信息系统连接起来，将钢结构施工全生命期通过信息化的方式管理起来，如表 2.4-2 所示。

工 序 编 码　　　　　　　　　　　　　　　　　　　表 2.4-2

工序编码	描述	工序编码	描述
1001	深化建模	2001	材料计划编制
1002	图纸送审	2002	材料采购
……	……	……	……
3001	下料	4001	配套吊运
3002	坡口	4002	装车
3003	组立	4003	现场验收
3004	产品入库	4004	安装完成
……	……	……	……

在工序信息化管理模式下，借助各种先进的电子设备对施工过程进行状态跟踪，最后通过信息系统进行数据处理，实现产品的信息交换、智能识别、定位、追踪和监控管理。项目管理各方都可以通过系统获知产品当前所处的工序或生产阶段，能及时了解项目的进度情况。

BIM 应用成果展示如下：

（1）平台包括工程计量、库存管理、采购管理、工程管理、生产管理、图纸管理、综合管理、系统设置。

（2）多种格式模型数据导入。

（3）模型关联。在施工各阶段可关联地查看施工清单、图纸、模型。

（4）模型信息添加。施工过程中对模型信息进行更新和添加，如编号、工期、分班信息等。

（5）材料管理阶段。材料到达制造厂后需要进行验收入库，需按不同项目、规格、材质分区堆放。通过对材料粘贴电子标签，将材料规格、重量、数量、堆放位置等信息同步至管理系统内，实现材料使用的信息化管理。

（6）工程状态可视化管理。在平台中可实时查询模型，不同颜色信息区分材料采购、下料、组立、焊接、装配、涂装、运输、安装等不同状态。查看工厂现有任务量，进行科学排产，任务安排更直观、更合理（图 2.4-2）。

(a) 构件装焊阶段

(b) 打砂油漆阶段

(c) 产品运输阶段

(d) 构件安装完成

图 2.4-2　工程状态可视化

（7）工程进度、造价、施工信息可视化管理。

模型、清单、甘特图同步关联，进行进度可视化管理。

施工过程费用归集处理，进行造价可视化管理。

选中模型构件，可查询构件施工信息。

（8）数据分析。经过信息的收集和处理，形成施工过程数据库（图 2.4-3）。

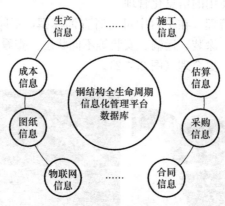

图 2.4-3　施工过程数据库

通过钢结构施工管理中应用 BIM 技术，实现了工序精细化管理，建立了施工全过程追溯体系，打通了传统钢结构建造过程的信息壁垒，解决了施工过程信息共享和协同工作的问题，为建筑工程管理模式转型升级、实现建筑工业化提供了新的发展思路。

信息化应用和数字化管理工作是实现建筑产品工业化的重要软件桥梁。随着建筑项目管理的日益规范化、标准化，以及新设备、新材料、新技术、新工艺的不断创新应用，计算机运算能力的不断提高以及网络硬件设施的不断升级，建筑产品工业化的发展步伐渐行渐近，同时也为实现建筑业生产自动化、网上办公等远景目标提供了可能性。同时我们也应清楚地看到，信息化应用工作也是一项非常严密而复杂的系统工程，它建立在标准化管理的基础之上，需要我们熟练而全面地把握传统工作的管理要点，并翻译成计算机能够识别的"标准"语言。当信息化、数字化、智能化这些新潮事物遇到粗放的、基础的、传统的建筑行业时，就注定了我们建筑工程信息化管理工作的艰巨性和复杂性，更需要我们做好抓机遇、迎挑战的准备工作。

第3章 制造技术

3.1 复杂构件制作技术

3.1.1 超厚型变截面多角度复杂桁架节点制作技术

1. 概述

超厚型变截面多角度复杂桁架节点解决了某项目桁架使用特殊高性能、超厚钢板钢结构，其节点复杂、工艺新颖，大量使用型材，合理转移施工荷载、施工难度极大等问题。

2. 结构特点及制作关键问题

超厚型变截面多角度复杂桁架节点由变截面超厚型箱形本体和一个支座、一个托座、两个树权形桁架节点组成，各组成部分结构复杂，板厚最大达 100mm，两个树权状桁架节点共形成 12 个箱形空间和 5 个斜向 H 结构，而支座与托座内部加强板密布，装配复杂，施焊难度大（图 3.1-1）。

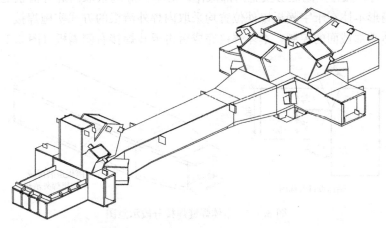

图 3.1-1 多角度复杂桁架节点示意图

根据本节点的结构特点，其制作的关键要点如下：

（1）托座节点，其内部加设有多道加劲板及内隔板，分成了多个封闭的狭小腔体（腔体净尺寸 300mm×400mm）；内部各零件的组焊流程、内隔板的焊接及焊接方式的选择是其制作难点。

（2）本桁架节点本体为多道变截面的箱形结构，其本体内部加设有多道内隔板，且本体厚度最大达 100mm，箱形本体的组焊流程、超厚板的焊接及质量控制是重点。

（3）桁架节点外侧连接有多个牛腿，部分牛腿间距离较近，且牛腿的方向各异；牛腿的定位精度直接影响现场构件的安装精度，组合牛腿的组焊、牛腿的定位精度控制是其重难点。

3. 技术要点

（1）桁架本体分段组焊

考虑到该桁架构件较长（长度超过 15m），为较好地控制变形，保证制作精度，将构件分为左右两个节段分别进行组焊（在变板厚、变截面位置实施分段处理）；两段组焊完成后实施对接并完成构件本体制作，具体分段如图 3.1-2 所示。

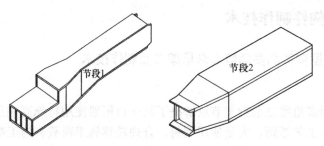

图 3.1-2　桁架节段示意图

（2）超厚型箱形主焊缝焊接

本桁架节点中，部分位置的本体使用板厚达 100mm，且焊缝要求均为全熔透，采取衬垫焊施焊焊接时，焊缝填充量极大，且热输入量大变形控制不易。鉴于本桁架端部截面尺寸在 1m 左右，操作空间足够实施内部操作，对本体焊缝采取内焊外清根的方式实施焊接，节段 2 箱形本体在十字隔板以外位置均采取内焊外清根的方式实施焊接，利于焊接变形控制及箱体端部截面的控制。本体焊接完成后再退装焊接右侧隔板（图 3.1-3）。

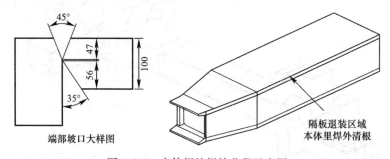

图 3.1-3　本体焊缝焊接分段示意图

（3）组合型牛腿坡口优化

本桁架节点中存在大量组合型牛腿，其主要由三个箱形牛腿组合而成，方向各异。组合型牛腿组焊后与构件本体组立，组合型牛腿翼板与构件本体存在角接接头，鉴于牛腿翼板厚度较大（厚度＞60mm），对角接位置，牛腿翼板在直牛腿段采用衬垫焊实施焊接，其余位置均采取两侧清根方式实施焊接（内焊外清根）。牛腿组立时暂不组焊两侧斜向牛腿的端部腹板，待牛腿翼板与构件本体焊接完成后实施组立、焊接（图 3.1-4）。

4. 制作流程

（1）节段 1 本体组焊

节段 1 下翼板下料折弯完成后，进行侧边托座位置工字形装焊，除端头外的内部加劲板均为三面焊接，同时装焊其他位置的隔板。然后进行托座位置外侧腹板以及加劲板装焊，内部加劲板同样为三面焊接，如图 3.1-5 所示。

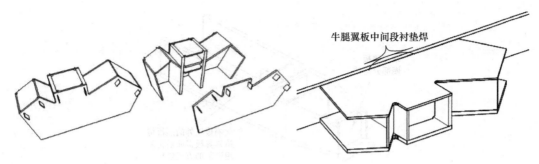

图 3.1-4　组合型牛腿组焊示意图

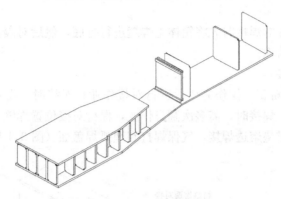

图 3.1-5　节段—支托节点组焊示意图

将节段 1 箱体两侧腹板先进行折弯对接，然后装配，同时装焊托座上侧隔板，焊接隔板与翼腹板之间的焊缝。然后装焊节段 1 上侧翼板以及端部封板；先将箱体主焊缝进行打底，然后对隔板进行电渣焊，最后对主焊缝进行埋弧焊盖面，焊接过程中做好焊前预热以及焊后保温工作（图 3.1-6）。

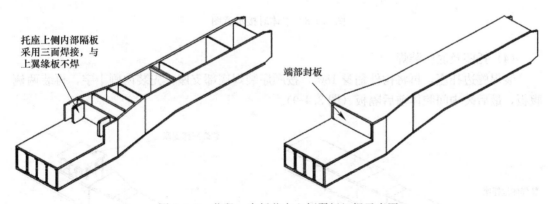

图 3.1-6　节段—支托节点上侧翼板组焊示意图

（2）节段 2 本体组焊

节段 2 下翼板折弯后，组焊内部十字纵向隔板、十字横向隔板以及左、右侧隔板。装焊右侧隔板，采用一圈衬垫焊，其中中间两块隔板采用电渣焊，内部十字与后装隔板一侧由于空间受限按角焊缝焊接（图 3.1-7）。

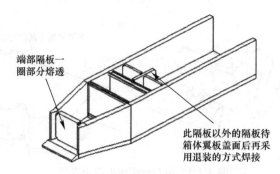

图 3.1-7　节段 2 内隔板组焊示意图

装焊上翼板，主焊缝焊接时先将箱体主焊缝进行打底，然后对隔板进行电渣焊，最后对主焊缝进行埋弧焊盖面。

（3）桁架本体对接

节段 1、2 焊接、矫正、探伤完成后进行对接作业；对接时，需对尺寸进行校核，对整体对角线进行测量，焊接时，需多次翻身作业，保持对接位置焊缝均匀受热，控制构件变形；节段对接采用衬垫熔透焊接，气保焊打底埋弧焊盖面（图 3.1-8）。

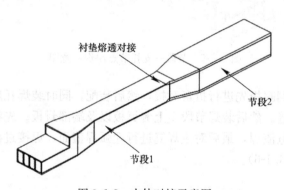

图 3.1-8　本体对接示意图

（4）托座及底座装焊

装焊侧边托座，再将构件翻身 180°，按顺序装焊底部支座，先装内侧十字，再装两侧腹板，最后装中间腔体前后隔板（图 3.1-9）。

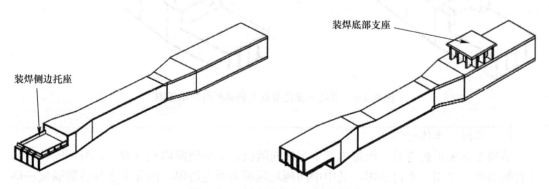

图 3.1-9　托座及底座组焊示意图

（5）组合型牛腿组焊

装焊箱形异形牛腿，按照先组焊直向腹板、厚组焊斜向腹板的顺序进行牛腿组立，因斜向牛腿倾斜角度较大且焊缝要求较高，对自然角较大的一侧腹板先装配，其与直牛腿之间采用清根焊接。

由于牛腿竖直腹板板厚为 80mm，两侧翼板板厚为 40mm，为厚焊薄形式，经优化可采用部分熔透形式，熔深需达到翼板厚度值，坡口开设单坡朝外侧，角接部分需开设防撕裂坡口。这样在满足质量要求的同时，有效规避了厚板焊薄板带来的焊穿风险，减少了焊接应力（图 3.1-10）。

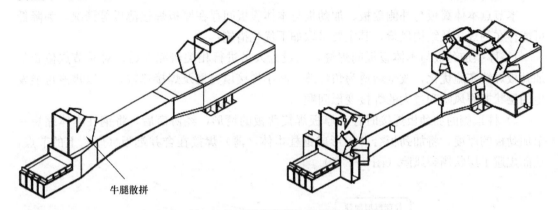

牛腿散拼

图 3.1-10　桁架外侧牛腿组焊示意图

（6）剩余牛腿组焊

剩余斜牛腿可采用散拼焊接，充分利用零件间的自然角度进行焊接。待变截面直牛腿、H 型斜牛腿单独组焊成型，并检测合格后，分别与构件本体进行二次组装，焊缝均为 T 接形式，采用单坡衬垫焊，坡口朝外。此外为了控制变形，单个牛腿两侧焊缝需两名焊工同时进行焊接，待牛腿焊接完成后，依次装焊耳板、吊耳以及连接板等附属零件。

3.1.2　多隔板王字复杂型柱加工制作技术

1. 概况

王字形柱为建筑钢结构领域中应用较多的构件形式，其广泛应用于钢柱、钢梁等构件中。该结构形式在马来西亚吉隆坡标志塔项目顶层桁架结构中所采用。

2. 结构特点及重难点分析

马来西亚标志塔项目中的王字形钢柱构件，其截面规格为较小，本体厚度介于 30～50mm 之间。王字形本体外侧连接有厚板封板，封板内侧加设有多道加劲板、内隔板，将整个构件分割成了多个密闭的小腔体，其整体的施焊空间较小，操作难度较大。

根据多隔板王字复杂型柱的结构特点，其制作的重难点主要有如下几点：

（1）厚板焊接薄板

王字形钢柱外侧需与桁架构件连接，本节点通过在钢柱外侧设置节点板进行连接（节点板贴于钢柱翼板外侧，角接或 T 接连接）；节点板厚度均为 50mm，钢柱腹板厚度 25～32mm，外侧牛腿翼缘板厚度 20～32mm，其焊缝要求均为全熔透，存在较严重的厚板焊接薄板问题。厚板焊接薄板，极易发生焊接变形、焊穿等问题，对构件的整体性能影响很大。

（2）双角接接头的防层状撕裂

王字形钢柱柱顶侧的加劲板厚度均为 50mm，钢柱腹板厚度 25～32mm；加劲板与钢柱腹板间形成一个典型的双角接接头，其焊缝要求均为全熔透；全熔透焊缝焊接过程中热输入大、焊接道次多且焊缝要求高，极易出现层状撕裂；控制构件整体的焊接质量是此节点加工制作的重点。

3. 技术要点

本节点本体翼板与外侧盖板、加劲板与本体腹板间存在厚板焊接薄板等情况，为降低可能存在的焊接及结构风险，其主要采取如下优化措施：

1）厚型加劲板与本体腹板间焊缝，与设计人员进行相关研究探讨，对非节点位置的加劲板焊缝实施优化，改全熔透为角焊缝，减小焊接填充量及焊接热输入，以规避可能发生的层状撕裂风险和过大的焊接变形问题。

2）柱顶侧的加劲板焊接时存在厚板焊接薄板的情形，经协商后，将钢柱本体缩短一个加劲板的厚度，将加劲板合并，形成钢柱本体（薄）焊接在合并端板（厚）上的节点，从而规避了层状撕裂风险（图 3.1-11）。

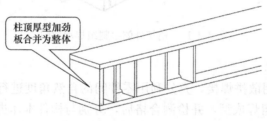

图 3.1-11 柱顶加劲板节点优化示意图

4. 制作流程

（1）本体组焊

根据深化设计图，在钢柱翼板上划定位线，中间腹板与钢柱翼板组立成 H 形，加设支撑固定；组入部分加劲板，控制构件整体的截面尺寸，按顺序依次进行内部加劲板的焊接。

加劲板焊接完成后，对本体焊缝实施焊接处理，采取气保打底、埋弧焊填充盖面，控制本体焊缝的焊接质量（图 3.1-12）。

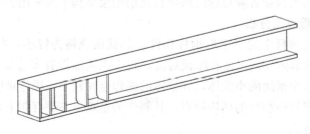

图 3.1-12 H 形本体组立示意图

（2）组焊厚型盖板

厚型盖板贴于构件本体外侧，待 H 形本体焊接完成后组立盖板，点焊固定；因 H 型钢内部施焊空间较小，中间侧的加劲板与外侧盖板间顶紧、不焊接，端部加劲板均需完成四面焊接（图 3.1-13）。

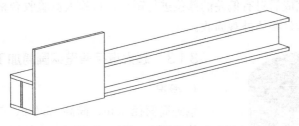

图 3.1-13　外侧后续盖板组立示意图

（3）T 形钢组焊

依次组立 T 形钢腹板及两侧加劲板；组立时需注意，外侧加设有盖板区域的腹板坡口需朝向无盖板的一侧，确保足够的空间施焊腹板本体焊缝。组立完成、点焊固定后，焊接 T 形两侧的加劲板焊缝（盖板区域的加劲板三面焊接，与 T 形翼板间顶紧不焊接）（图 3.1-14）。

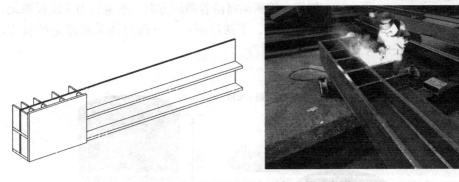

图 3.1-14　T 形腹板及加劲板组焊示意图

待加劲板施焊完成后，组立外侧 T 形翼板，完成 T 形钢本体焊缝、厚型盖板与 T 形翼板间焊缝的焊接。本体焊缝在无盖板区域开设双坡口，清根焊接；盖板区域采取衬垫焊，坡口朝向盖板背侧；施焊时采取气保焊打底，埋弧焊填充盖面，过程中辅以预热、保温等工艺措施，保证焊缝的整体质量（图 3.1-15）。

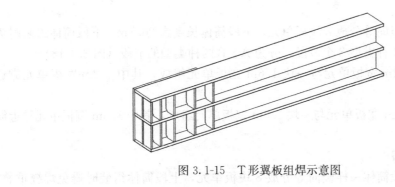

图 3.1-15　T 形翼板组焊示意图

（4）牛腿及支撑板组焊

根据深化设计图，将钢柱外侧所有牛腿进行定位，定位时注意牛腿与翼腹板的垂直度与倾斜角度。焊接完成后对有偏差的部位进行矫正，自检人员验收合格方可通知质检员和驻厂监造人员进行构件整体外观验收。

图 3.1-16　钢圆筒结构示意图

3.1.3　超大直径薄壁钢圆筒加工制作技术

1. 概况

钢圆筒筒径 30m、筒高 33.5m、单筒重量 600t，钢圆筒主体壁厚 22mm，顶部 1m、底部 0.5m 范围内加强钢板厚 30mm，主体钢材选用 Q345B。钢圆筒筒壁纵向加强肋采用截面 T250×200×10×16 的型钢，横肋采用截面 PL16 板条，材质均为 Q235B。

钢圆筒结构示意图如图 3.1-16 所示。

2. 圆筒分段

为了降低作业高度和施工难度，采用垂直分块法加工制作，将钢圆筒沿着圆周方向，垂直分为 8 块板单元，总体分成上、下两段制作，下段筒体采用固定的长度，即 20.8m，上段筒体长度为 12.7m（图 3.1-17）。

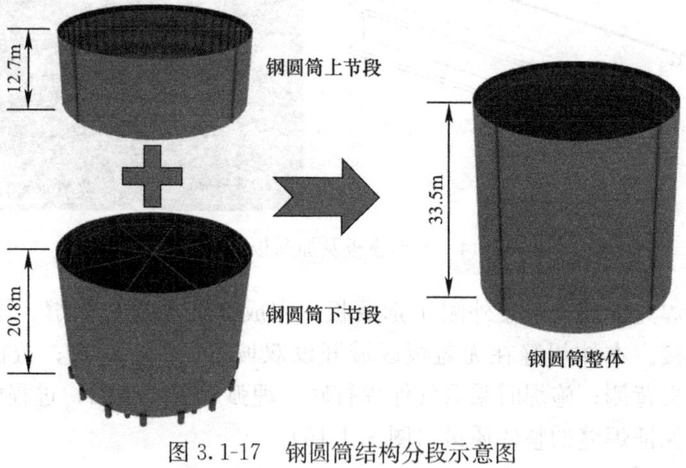

钢圆筒上节段

钢圆筒下节段

钢圆筒整体

图 3.1-17　钢圆筒结构分段示意图

（1）下段筒体分段

下段钢筒体采用竖向等分成 8 块板单元，下段筒体长度为 20.8m。下段筒体组装时为避免焊缝重叠，分为 2 种类型 8 个节段，分为 A、B 两种类型的节段（图 3.1-18）。

A 节段由 6 块 3.2m 宽板单元与一块 1.6m 宽板单元组成，其中 3.2m 宽板单元靠近筒体底侧（图 3.1-19）。

B 节段由 6 块 3.2m 宽板单元与一块 1.6m 宽板单元组成，其中 1.6m 宽板单元靠近筒体底侧（图 3.1-20）。

（2）上段筒体分段

上段钢筒体与下段筒体一样竖向等分成 8 块板单元，上段筒体组装时避免焊缝重叠，分为 2 种类型 8 个节段，分为 C、D 两种类型的节段（图 3.1-21）。

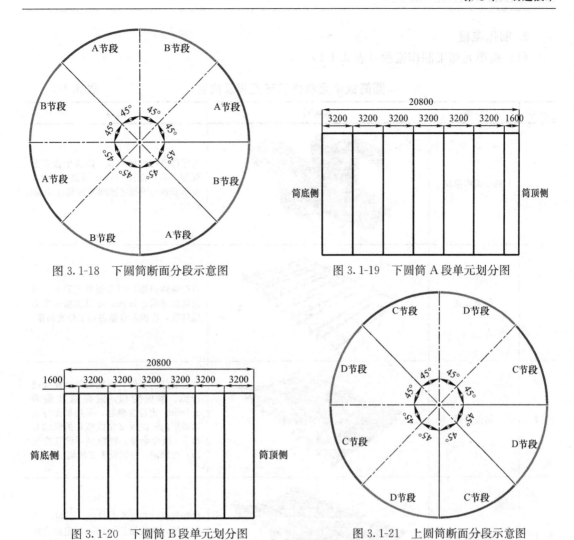

图 3.1-18　下圆筒断面分段示意图

图 3.1-19　下圆筒 A 段单元划分图

图 3.1-20　下圆筒 B 段单元划分图

图 3.1-21　上圆筒断面分段示意图

C 节段由 3 块 3.2m 宽板单元与一块 1.6m 宽板单元组成，其中 3.2m 宽板单元靠近筒体底侧（图 3.1-22）。

D 节段由 3 块 3.2m 宽板单元与一块 1.6m 宽板单元组成，其中 1.6m 宽板单元靠近筒体底侧（图 3.1-23）。

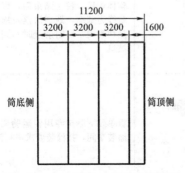

图 3.1-22　上圆筒 C 段单元划分图

图 3.1-23　上圆筒 D 段单元划分图

3. 制作流程

（1）板单元加工制作流程（表 3.1-1）

圆筒板单元制作工艺流程及内容   表 3.1-1

序号	步骤	示意图	内容
1	钢板弧形卷制	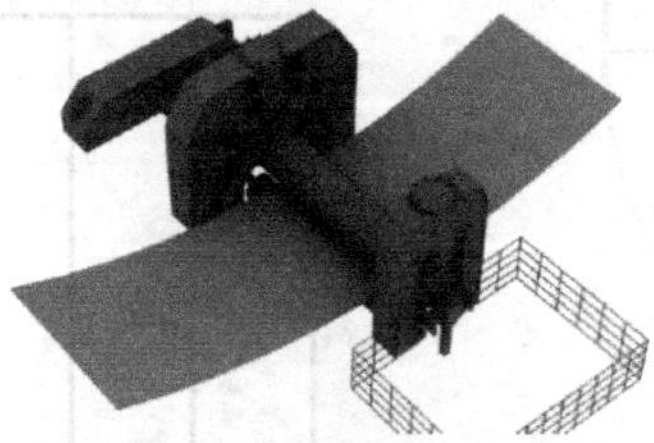	将零件进行机械卷弧，圆弧壁板在卷弧加工后，需用圆弧样板进行检验，要求壁板与模板之间间隙控制在 3mm 以内
2	胎架设置	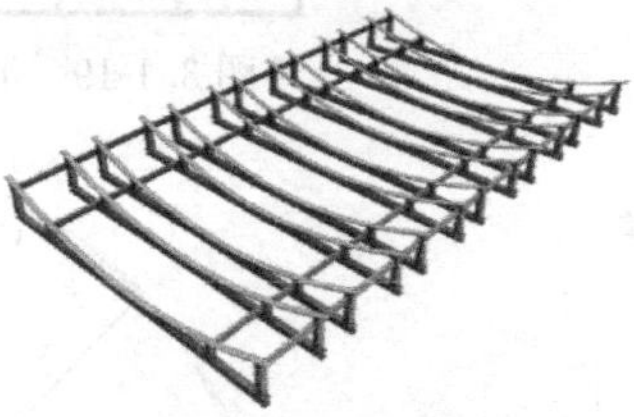	依据筒体弧形，制作板单元胎架，线形精度要求±1mm，并设置胎架中心地样线，需验收合格再用于单元制作
3	钢板拼接	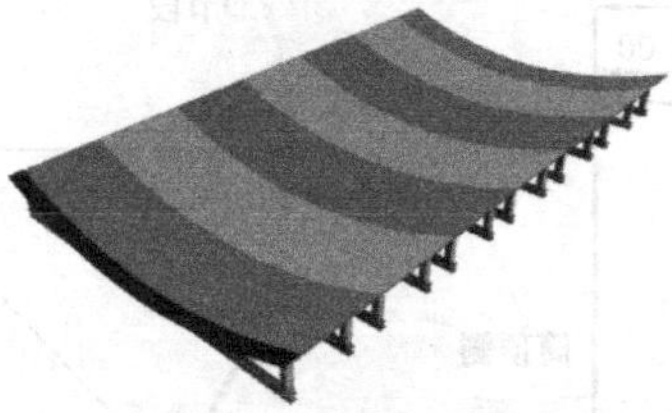	将卷制好的零件，根据胎架地样线进行纵、横向定位，定位精度偏差±1mm。定位合格后，采用单面焊双面成形的气保焊接完成板片的纵向对接。（板片余量：在纵向，设置在筒顶；在横向，分别设置在两侧）
4	纵肋组装		以胎架纵向基准线为基准，划制 T 肋位置线，划线偏差±1mm，定位合格后，完成 T 肋与圆筒壁板的角焊缝（气体保护焊）
5	横肋组装		以塔底基线为基准，划制横肋中心位置线，并定位、焊接联结焊缝。整体焊接、校正结束后，以胎架纵横基线为基准，划制筒顶及横向两侧余量切割线，切割余量时并同时开设出坡口
6	防腐涂装		板单元下胎至专用转运胎架，转运至涂装车间，按涂装要求进行涂装

（2）钢圆筒整体拼装流程（表 3.1-2）

圆筒板整体拼装工艺流程及内容

表 3.1-2

序号	步骤	示意图	内容
1	胎架设置	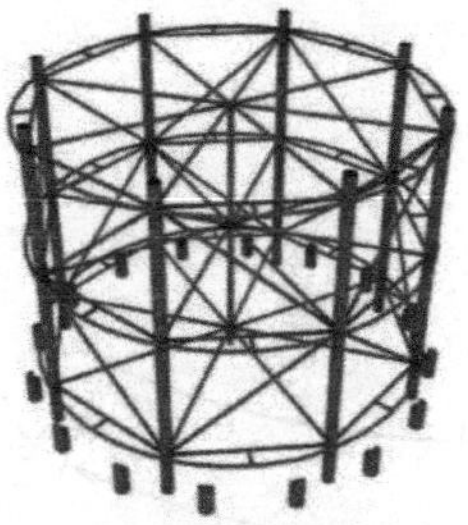	依据圆筒内壁尺寸，制作圆筒组拼用胎架，胎架进行设计，并经过力学模型计算合格后，方能制作
2	板单元吊装就位进行组拼	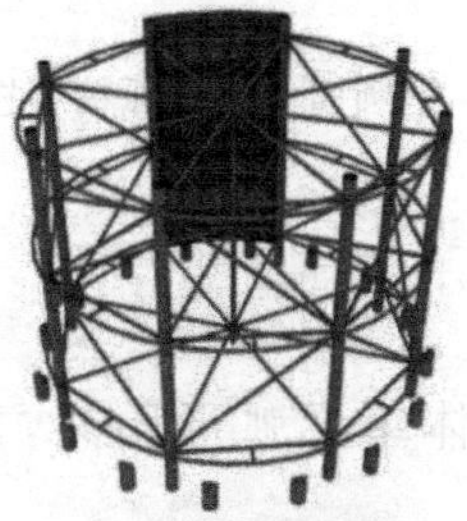	依据胎架地样尺寸，并配合利用全站仪，完成壁板单元的组立、定位，需重点控制单元的标高及垂直度。定位合格后，将板单元与筒体胎架进行临时联结
3	依次进行板单元就位和组拼		参照第 2 步骤（序号 2），依次定位相邻各壁板单元，定位合格后，采用单面焊双面成型焊接工艺，完成各单元块体之间的立焊缝
4	纵缝焊接，完成单个节段整体拼装	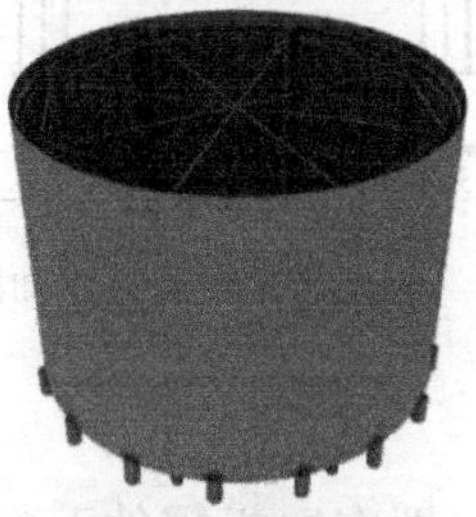	依次完成剩余板单元的组焊
5	榫槽等组拼，及时对焊缝进行打磨涂装		利用全站仪，完成榫槽等附属设施的整体划线，并完成组立、焊接。整体焊接工作结束后，完成焊缝位置的打磨及涂装

4. 技术要点

（1）壁板零件圆弧

壁板零件在卷弧前，需完成对接坡口的开设，再根据弧形半径，进行卷弧。圆弧壁板在卷弧加工后，需用圆弧样板进行检验，要求壁板与模板之间间隙控制在 3mm 以内（图 3.1-24）。

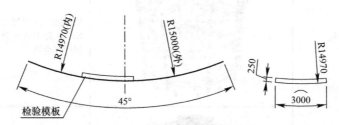

图 3.1-24　钢圆筒单元卷弧精度控制

（2）筒体单元制作

1）单元胎架准备

依据筒体外弧形半径，制作筒体单元弧形胎架，胎架需具备较强的整体刚度（图 3.1-25）。

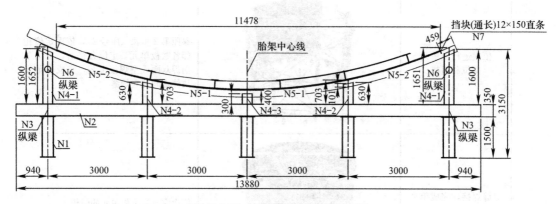

图 3.1-25　钢圆筒单元胎架剖面图

2）片体单元组装

板片定位采用基线方式精确定位，即在壁板零件下料后，需划出零件的中心线（基线），以作为后续单元拼装定位基准；胎架上壁板零件之间焊前定位时，应以筒体中心线为基准，其中中心线的理论间距应增加 2mm 焊接收缩量，以保证焊后中心间距满足精度要求；另外在单元筒顶侧设置 20mm 余量，在筒体两侧各设置 10mm 余量，用于单元焊后的尺寸修正（图 3.1-26）。

3）片体单元弧形调整

弧形精调，可以通过上部加设配重块、弧形零件下侧设置千斤顶拉紧、火焰校正等综合措施辅以进行弧形调整（图 3.1-27）。

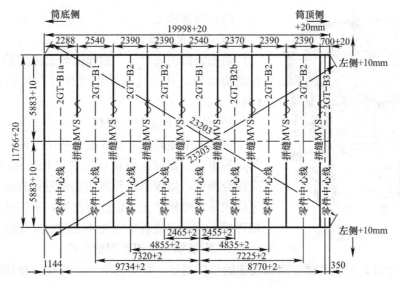

图 3.1-26 钢圆筒单元定位示意图

图 3.1-27 筒体单元弧形调整

4）圆筒单元结构焊接

按照先单元本体焊缝后加劲焊缝顺序，完成单元片体焊缝的焊接，单元本体焊缝采用衬垫熔透焊缝，气保焊打底、埋弧焊填充及盖面形式，加劲结构等焊缝采用气体保护焊焊接（图 3.1-28）。

图 3.1-28 筒体单元结构焊接

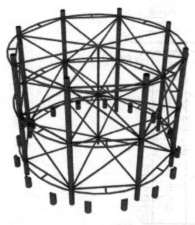

图 3.1-29　圆筒总装胎架

（3）筒体总装

1）总装胎架准备

依据圆筒内壁尺寸，制作圆筒组拼用胎架，胎架进行结构设计，并经过力学模型计算合格后，方能制作（图 3.1-29）。

2）总装片体定位、组焊

依据胎架地样尺寸，并配合利用全站仪，完成壁板单元的组立、定位，需重点控制单元的标高及垂直度。定位合格后，将板单元与筒体胎架进行临时连结。依次定位相邻各壁板单元，定位合格后，采用单面焊双面成形焊接工艺，完成各单元块体之间的立焊缝。

3）附属措施组焊及焊缝补涂

利用全站仪，完成榫槽等附属设施的整体划线，并完成组立、焊接。整体焊接工作结束后，完成焊缝位置的打磨及涂装。

3.1.4　十字与箱形组合异形钢柱加工制作技术

1. 概述

十字与箱形组合异形钢柱构件在靖江文化中心项目予以应用。该项目高层文化区、商业剧院区上侧均布设有大体量的桁架构件（用钢量约 2.2 万 t），钢桁架最大跨度 101.3m，最大悬挑 18.5m，均为国内房建领域中的第一跨度、第一悬挑。为对桁架层构件提供稳定有力的支撑体系，该项目主体结构中设置有四个巨型核心筒，使用特殊高性能、超厚钢板，核心筒内部布设有巨型钢柱、钢板墙、铸钢件等，其节点复杂、工艺新颖，施工难度极大。十字与箱形组合异形钢柱即位于核心筒内部。

2. 结构特点及重难点分析

十字与箱形组合异形钢柱构件主要由采用十字与箱形组合而成，此结构相对单一的箱形、十字结构，截面大，结构复杂，稳定性更高，故该类构件制作质量对工程整体的结构稳定尤为重要。其构件制作主要重难点如下：

（1）十字构件与箱形构件间连接焊缝存在较大的自然角度，且构件整体的板厚差较大，构件整体焊缝的焊接、构件外观尺寸及变形控制等难度较大，其是此类构件制造的难点。

（2）构件外侧连接大量加劲板、搭接板等零件，其均需与外侧的混凝土钢梁构件相连接；构件内部对应位置加设有内隔板，箱形构件内部、十字与箱形连接处形成的五边形密闭空间处的内隔板焊接难度较大，是此类构件制造的重难点（图 3.1-30）。

3. 技术要点

（1）十字与箱形对接

本钢柱构件中，十字腹板与箱形腹板间存在斜角度对接；鉴于构件实际的施焊空间，为保证构件本体的焊接质量，采取通长衬垫焊进行处理；根据对接焊缝的角度，制定合理的坡口大样；因构件长度较大，施焊过程中变形控制困难，采取两名焊工分别从两侧向中间对称焊接，焊接过程中控制焊接的电流、电压及焊接速度等参数保持一致，减小焊接变形（图 3.1-31）。

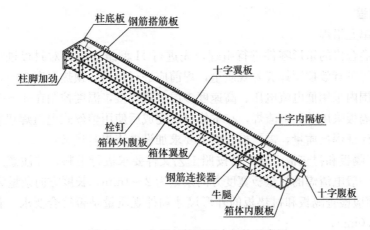

图 3.1-30　十字与箱形组合钢柱示意图

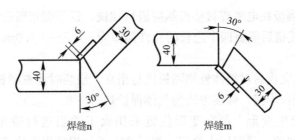

图 3.1-31　斜角对接主焊缝坡口大样

（2）五边形内隔板施焊

十字与箱形连接位置形成了一个密闭的五边形空间，其在节点位置加设有多道内隔板，其内部施焊空间较小，隔板焊接难度较大。

根据内隔板的实际情况，采取分段一侧十字窄腹板的方式实施焊接，断缝位置距离五边形内隔板 200mm，依次完成内隔板焊接。待内隔板与腹板、箱体内腹板与柱底板焊接完成后，再对分段的十字窄腹板进行对接处理（图 3.1-32）。

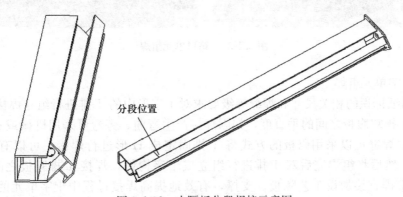

图 3.1-32　内隔板分段焊接示意图

4. 制作流程

（1）箱体单元组焊

将下料打磨合格的箱形零件进行组焊，先进行 H 型组立后再对封板进行组焊，焊接优先采用埋弧焊可有效控制焊缝外观质量，焊前应进行预热，预热温度 60～80℃，焊接时在规定参数范围内采用低电流电压、高速度多层多道焊接，温度控制在 80～250℃。

箱体内侧隔板采用单面电渣焊，在本体打底完成后使用熔丝式电渣焊机对隔板进行电渣焊焊接。为保证焊接质量，需严格按以下要求加设电渣焊衬垫条：

1）电渣焊隔板和衬垫板必须严格按照工艺文件要求进行下料，并注意工艺规定的加工余量控制，一般电渣焊的衬垫板宽度方向余量为 2～4mm，长度方向余量为 1mm；

2）组立前应检查隔板和衬垫板的外形尺寸和外观质量是否符合要求，长、宽允许偏差＋0.5～＋1.0mm；

3）组立时所有焊接垫板与隔板必须贴紧，间隙不得大于 0.5mm，并在背面按要求点焊牢固、垫板不得变形；

4）组立后的内隔板在电渣焊衬垫板侧应进行端铣，铣平面粗糙度为 25μm，端铣直线度不大于 0.5mm，端铣后隔板四个边长的允许偏差为＋0.5～＋1.0mm，对角线允许偏差为 0～＋1.0mm。

待本体焊缝焊接完成后对箱体外侧隔板进行组立，组装时注意隔板与箱形本体的垂直度并按照工艺要求进行焊接，焊接方法为气体保护焊。

如焊接过程中产生变形，可在变形位置采用火工适当进行矫正，矫正温度 600～800℃，不得有过烧现象，严禁用水冷却，焊后 24h 进行焊缝探伤检测（图 3.1-33）。

图 3.1-33　箱形单元组焊

（2）十字单元组焊

根据图纸标识的相关尺寸和焊缝等级要求对十字形中的 T 排进行组立焊接，组焊过程中注意 T 排翼腹板之间的垂直度，如因焊接产生弯曲、旁弯可采用机械或火工矫正。焊接 T 排主焊缝可以采用码板的方式将 T 排固定成 H 形进行焊接，可以有效地控制焊接变形。然后将组焊完后双 T 排进行组立成十字构件，焊接 T 排腹板之间的焊缝，过程中在 T 排直接加设工艺隔板、支撑，有效地提高焊接过程中十字单元的变形控制（图 3.1-34）。

图 3.1-34　十字单元双 T 排翼腹板组焊

（3）十字箱形整体组装

待箱形和十字两个单元焊接完成并经矫正合格后，进行两个单元参照内侧五边形内隔板的形状整体组装，组装时柱底位置进行划线定位，余量留置在柱顶位置，待整体焊接完成后进行端铣。组装时需注意十字与箱体两侧对接位置，严禁出现错边现象，否则将影响整体焊缝焊接质量（图 3.1-35）。

（4）十字与箱形组合异形钢柱焊接

待单元件组焊合格后安排四名焊工同时对两条斜角对接主焊缝进行对称焊接，焊接方法为气保焊，因构件截面尺寸较小无法进入构件内侧焊接，为保证焊接质量故采用单面坡口衬垫焊；焊接过程中采用小电流小电压进行施焊防止构件因焊接产生较大变形，并随时检查各端口的截面尺寸，焊接完成后对构件整体进行火工矫正，矫正温度控制在 $600 \sim 800^\circ\text{C}$ 之间，严禁超过 900°C，并按要求 24h 内进行本体主焊缝超声波检测，合格后方将构件倒运至端铣机胎架上，对柱顶位置进行端铣，切除多余的余量（图 3.1-36）。

图 3.1-35　十字箱形整体组装　　　　　　图 3.1-36　十字箱形整体斜对接焊缝焊接

（5）钢柱外侧附属零部件焊接

根据图纸中的相关零件定位尺寸对钢柱外侧的钢筋搭接板、牛腿进行组焊，焊接方法为气体保护焊。其次根据深化图纸中栓钉分布位置进行装焊，栓钉采用植焊，并配备相应的磁环，焊接操作采用平焊位置。成品构件车间自检合格通知质检进行验收，最后提交监

图 3.1-37　钢柱外侧附属零部件焊接

理验收，并形成书面记录（图 3.1-37）。

3.1.5　复杂米字形交叉转换连接节点加工制作技术

1. 概况

本技术依托于宁波国华项目，建筑面积 15.18 万 m²，地上建筑面积约 11 万 m²，由一栋 43 层约 208m 高的办公塔楼与一栋 4 层约 23.35m 高的商业裙房组成。本工程塔楼外筒结构形式新颖，为巨型斜交网格结构；裙房主体结构为钢筋混凝土结构，顶部钢屋架由方管柱与变截面钢梁组成。地上部分塔楼外框部分布着 18 个类"米"字形节点，节点构件均由拉板、水平牛腿、四个箱形牛腿及其他附属零部件组成。H 形牛腿与中间插板呈 90°直角，两侧箱形牛腿与未伸出的中间腹板夹角仅为 28°，且腹板板厚达 80mm，牛腿板厚 40mm（图 3.1-38）。

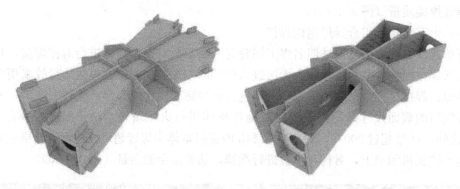

图 3.1-38　复杂米字形交叉转换连接节点示意图

2. 创造性和先进性

（1）针对性强、应用范围广：本技术主要针对类米字形交叉转换连接节点的加工制作，本复杂节点全长约 5m，以贯穿整个节点的中间腹板为中心对称布置，单侧的 H 形牛腿及上下两个箱形牛腿以中间腹板为对称线，样式新颖、应用范围广、指导性较强，对于普通非箱形转换连接节点同样适用，覆盖范围较广，适用板厚范围较大。

（2）小角度厚板熔透焊接技术：H 形牛腿与中间插板呈 90°直角，两侧箱形牛腿与未伸出的中间腹板夹角仅为 28°，且腹板板厚达 80mm，牛腿板厚 40mm，此处焊缝的焊接采用外焊内清根的方式焊接，克服了小夹角难以施焊的难题，保证加工焊接质量符合要求。

（3）生产效率高：构件采用散拼式组装，"分步制作，分步检验"，先对称组焊 H 形牛腿，后 U 形组焊箱形牛腿，待箱形牛腿翼缘板与中间腹板小角度焊缝焊接完成后，再组焊其他附属结构，整体把控构件的精度。本技术改变以往常规构件的组焊顺序和焊接方法，减少构件翻身次数，优化焊接方法，既保证构件的制作质量，又提高构件的制作效率。

3. 工艺流程（表 3.1-3）

节点工艺流程及内容

表 3.1-3

序号	工序	示意图	工艺要点
1	中间拉板、水平牛腿定位组焊	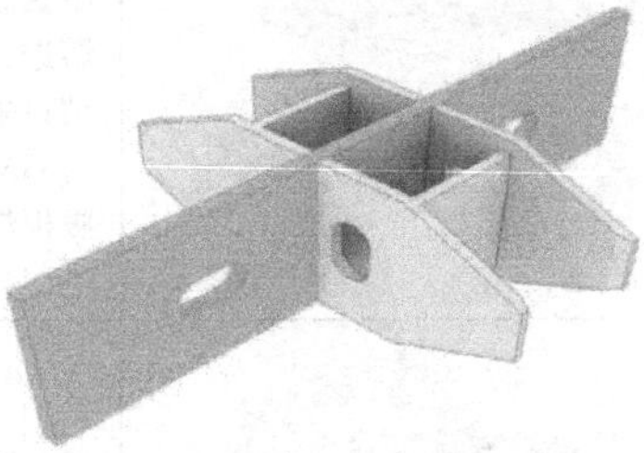	根据地样进行中间拉板定位，牛腿组装需控制好垂直度。牛腿翼板与中间拉板焊缝为全熔透二级，采用一面焊接另一面清根形式，焊接方法采用 GMAW
2	牛腿内侧劲板、外侧腹板组焊	 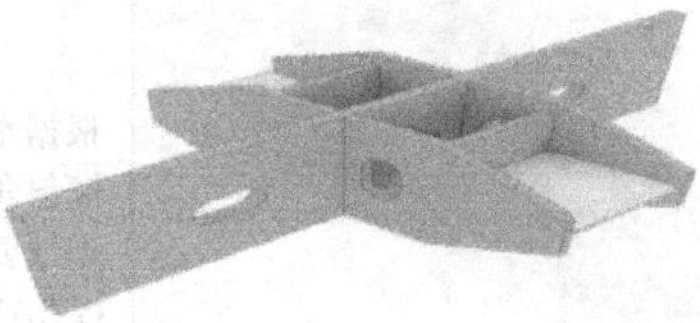	组焊内侧劲板及外侧牛腿腹板，控制垂直度，焊缝为三边部分熔透，熔深为 $t/3$，开设双面坡口，焊接方法采用 GMAW
3	封板组焊	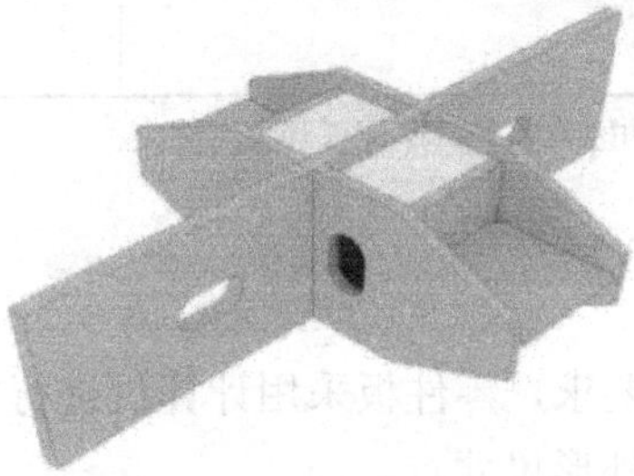	封板板厚 60mm，封板与中间拉板、牛腿焊缝为全熔透二级，开设单面坡口，焊接方法采用 GMAW，焊接时需对称施焊，控制焊接变形
4	箱形牛腿 U 形组焊		箱形牛腿先组 U 形，自身焊缝为全熔透二级，焊接方法为 GMAW+SAW；U 形与中间拉板及水平牛腿组焊，考虑到两侧翼板与本体之间存在自然角度，采用内焊外清根形式，底侧腹板与本体采用单面坡口衬垫焊，焊接方法为 GMAW
5	箱形牛腿端部封板组焊	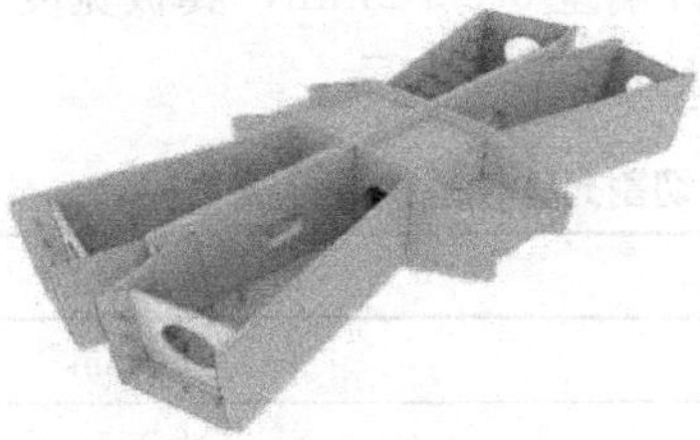	定位组焊端部牛腿封板，控制好封板与牛腿翼腹板之间垂直度，焊缝要求为部分熔透，采用单面坡口衬垫焊，焊接方法为 GMAW

序号	工序	示意图	工艺要点
6	箱形牛腿腹板定位组焊	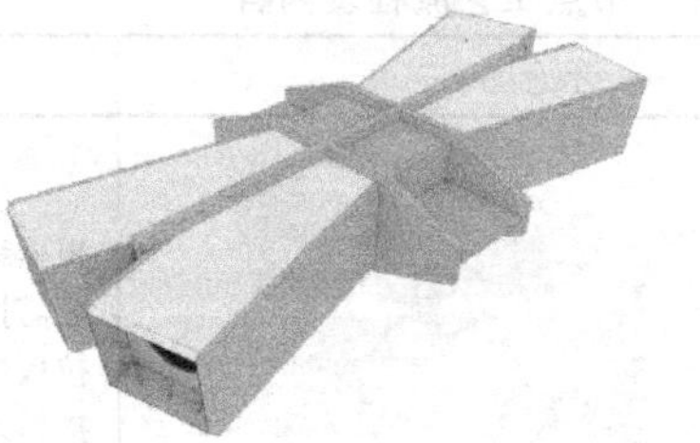	牛腿腹板定位前需将栓钉值焊合格,牛腿腹板与翼板、中间拉板焊缝为全熔透二级,因箱形截面小,内置栓钉,坡口采用单面坡口衬垫焊,焊接方法为 GMAW+SAW。完成封板与牛腿腹板焊缝,并打磨处理
7	吊装耳板组焊	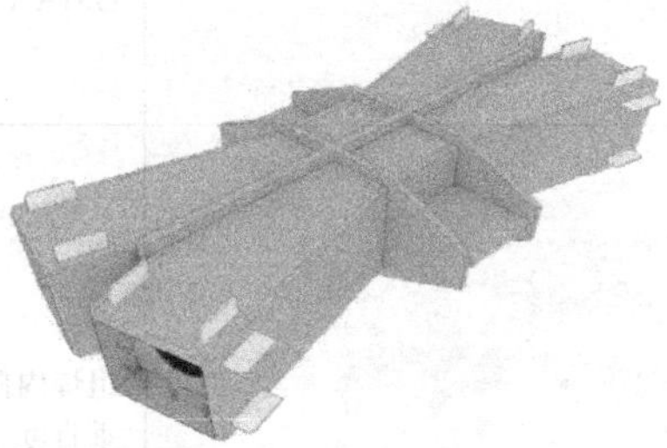	以各端口为基准面对外侧连接板进行定位,定位完成与节点主体进行焊接,注意连接板与节点主体之间的垂直度。焊缝要求为部分熔透焊缝,焊接方法为 GMAW
8	连接板组焊		根据水平牛腿翼板及封板确定连接板倾斜角度,角度确定无误后进行焊接,焊缝要求为双面角焊缝,焊接方法为 GMAW

注:t 为厚度;GMAW 为熔化极气体保护电弧焊;SAW 埋弧焊。

4. 技术要点

(1) 放样、号料

号料前,号料人员应熟悉工艺要求,零件板采用计算机进行放样,下料加工的每个零件必须标示清楚构件号、零件号、外形尺寸。

号料时,凡发现材料规格或材质外观不符合要求的,须及时上报材料、质量及技术部门处理。

(2) 下料

1) 零件下料

钢板下料切割前用矫平机进行矫平及表面清理,切割设备主要采用数控等离子、火焰多头直条切割机等。所有零件板切割均采用自动或半自动切割机或剪板机进行,严禁手工切割,一般箱形柱腹板宽度下料允许偏差 $0\sim+2$mm,翼板宽度下料允许偏差 ±2mm,其余零件下料允许偏差执行表 3.1-4 规定。

切割允许偏差执行标准   表 3.1-4

切割项目	允许偏差
长度和宽度	±3mm
切割缺棱	不大于 1mm

续表

切割项目	允许偏差
端面垂直度	不大于板厚的 5％且不大于 1.5mm
坡口角度	±5°
板边直线度	不大于 3mm

该节点中间拉板为矩形，板厚为 80mm，水平牛腿封板板厚 60mm，对于厚板切割需严格执行切割工艺参数，选用合适割嘴才能保证零件切割后符合组装定位尺寸，经过相关试验，选用 5 号割嘴，切割速度控制在 260～200mm/min，切割氧压力 0.7～0.8MPa，丙烷压力为大于 0.04MPa，零件切割面良好，未出现锯齿现象。通过选取合适的切割参数、加强切割过程控制，提高了切割面质量与效率（图 3.1-39）。

2）零件坡口制定与开设

对于特殊材质 40mm 板厚的节点翼、腹板在焊接时极易出现在板厚度方向发生层状撕裂现象，为防止该现象发生优化和制定合理的角接接头坡口形式，在翼、腹板两个板厚方向均开始防层状撕裂坡口，因节点的主焊缝为通长全熔透，且构件截面尺寸仅为 750mm×750mm，只能采用单面坡口衬垫焊（图 3.1-40）。

图 3.1-39　米字形交叉连接节点零件切割

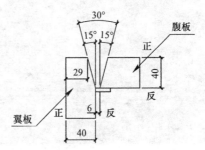

图 3.1-40　角接坡口开设示意图

（3）组装及焊接

1）水平牛腿与中间拉板组焊

水平牛腿本体先部分组焊完成后，再与中间拉板组焊，组焊时应控制好垂直度。其中牛腿翼板厚度为 60mm，中间拉板厚度为 80mm，为控制焊接变形，牛腿翼板与中间拉板开设双面坡口，内侧焊接，外侧清根，焊接时，安排两名焊工对称施焊，焊接参数严格按照焊接作业指导书进行（图 3.1-41、图 3.1-42）。

图 3.1-41　水平牛腿与中间拉板组装

图 3.1-42　水平牛腿与中间拉板焊接

图 3.1-43　箱形牛腿 U 形组立

2）箱形牛腿 U 形组立

箱形牛腿先散拼组 U 形，组立时控制好翼腹板垂直度，箱形牛腿自身翼腹板之间的角接焊缝要求为全熔透二级焊缝，焊接形式采用单面坡口衬垫焊，焊接方法为 GMAW＋SAW，先采用气保焊打底，熔深达到板厚 $t/3$ 时，用埋弧焊填充盖面，注意此 U 形箱体焊接时内部可加设临时支撑防止变形（图 3.1-43）。

3）箱形牛腿 U 形组焊

U 形牛腿与本体组立时，注意控制好牛腿与中间拉板角度及端面尺寸，复核端部控制点无误后进行定位焊接，并加设临时支撑。靠近中间拉板的牛腿翼板与拉板间角度仅为 14°，为解决小夹角焊接问题，采用外焊内清根的焊接方式（图 3.1-44）。

图 3.1-44　U 形牛腿焊接

4）箱形牛腿腹板定位组焊

将节点箱形牛腿翼板进行定位，定位合格后进行主焊缝整体焊接，此处焊缝要求为通长全熔透，焊接方法采用气保焊打底，埋弧焊填充盖面。焊前应进行预热，温度为 150～180℃，层间温度 150～250℃，焊后采用电加热至 250～350℃，保温 2h（图 3.1-45）。

5）连接耳板、吊耳板定位焊接及打磨

按照深化图纸组焊连接耳板及吊耳板等零部件，根据水平牛腿翼板及封板确定连接板倾斜角度，角度确定无误后进行焊接，整体焊接

图 3.1-45　节点主焊缝焊接

完成 24h 后，进行端部吊耳板焊缝探伤。构件制作完成后进行整体验收，检验外观尺寸、焊缝成型等是否合格（图 3.1-46）。

图 3.1-46　构件成品验收

3.1.6　箱形复杂多角度交叉 K 形连接节点加工制作技术

1. 概况

构件主要为四个箱形牛腿与拉结板组成的交叉 K 形连接节点，外形尺寸为 1837mm×2468mm×7309mm，最大板厚 80mm，最小板厚 16mm，材质为 Q345B（Z15/Z25/Z35）。四个箱形牛腿截面尺寸为 750mm×750mm，内侧布置有栓钉，节点上顶端和下顶端各自两个箱形牛腿之间呈 90°直角分布，不在同一个平面内，上下顶端箱形牛腿呈 152°夹角（图 3.1-47）。

图 3.1-47　箱形复杂多角度交叉 K 形连接节点示意图

2. 创造性和先进性

该技术通过调整组装顺序、优化焊接方法，降低了工厂制造复杂节点的难度和成本；同时采用三维坐标控制精度，保证构件整体外观质量符合技术要求。该技术适用面较广，多个高层建筑采用此节点形式组成大面积联方网格，建筑造型奇特美观，如宁波国华、镇江苏宁和深圳华润总部大厦等均应用了此加工制造技术，效果显著。

3. 工艺流程（表 3.1-5）

节点工艺流程及内容　　　　　　　　　　　　　　　　　　　　　　　表 3.1-5

序号	步骤	示意图	内容
1	拉板固定、两侧水平 H 形牛腿定位焊接		将合拢合格的两侧 H 形牛腿与中间 80mm 的拉结板进行装焊，过程中主要控制牛腿与拉结板的垂直度以及两牛腿之间的间隔尺寸大小

序号	步骤	示意图	内容
2	牛腿内侧劲板、牛腿腹板定位焊接	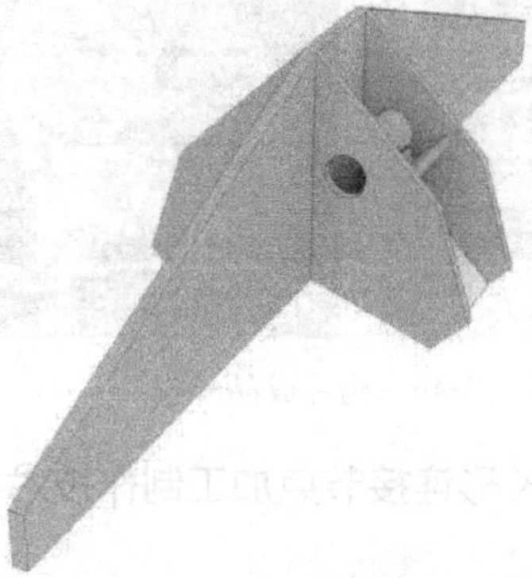	待上步骤装焊合格后将牛腿内侧及边侧的劲板、腹板进行定位组焊，控制零件与牛腿翼板之间的垂直度，无误后方可焊接，焊接方法为 GMAW
3	牛腿外侧封板定位焊接		封板与牛腿、中间拉结板的焊缝要求为全熔透，采用单面坡口一圈衬垫焊，焊接完成后对四个角口位置过焊孔进行封堵
4	箱形牛腿 U 形定位焊接	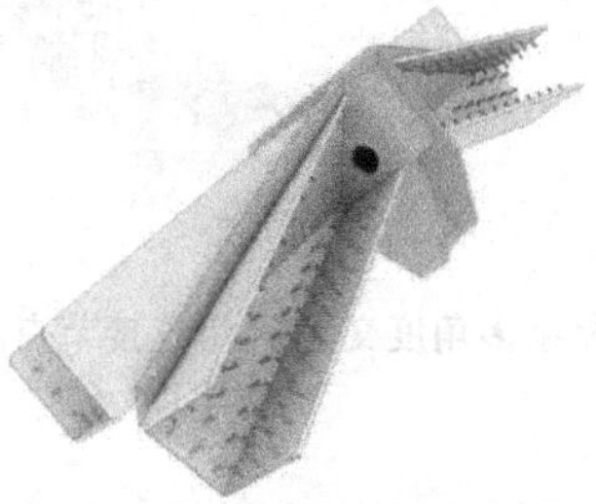	将焊接合格的箱体 U 形与本体组立焊接，考虑到箱体一侧与中间拉结板接触部位的翼腹板之间存在自然角度，采用内焊外清根形式，焊接方法为 GMAW，过程中应注意四个箱体各个控制点端口截面尺寸
5	箱形牛腿端部封板、隔板定位焊接		为防止在焊接过程中造成本体局部区域变形，对四个箱体顶部和底部加设封板及工艺隔板，保证构件在焊接后端面尺寸在允许公差范围之内
6	箱形牛腿腹板（盖板）定位焊接	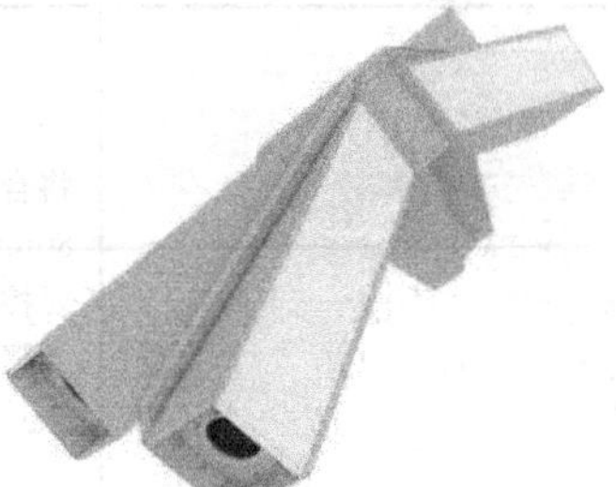	因箱体截面尺寸较小，无法进行内侧焊接，对外侧主焊缝采用单面坡口衬垫焊，焊接方法为 GMAW＋SAW，外侧主焊缝采用气保焊打底、埋弧焊填充盖面，保证主焊缝外观成型美观

续表

序号	步骤	示意图	内容
7	吊装耳板定位焊接		1. 以各端口为基准面对外侧连接板进行定位，定位完成与节点主体进行焊接，注意连接板与节点主体之间的垂直度。 2. 焊缝要求为双面角焊缝，焊接方法为 GMAW
8	外侧连接劲板定位焊接		1. 待上步骤装焊结束后对外侧的连接劲板进行组焊，注意劲板与牛腿之间的倾斜角度，无误进行焊接，焊接方法为 GMAW。 2. 最后进行构件整体打磨处理，并提交质检人员进行验收，合格后方可流入下道工序

4. 技术要点

（1）放样、号料

号料前，号料人员应熟悉工艺要求，零件板采用计算机进行放样，下料加工的每个零件必须标示清楚构件号、零件号、外形尺寸。

号料时，凡发现材料规格或材质外观不符合要求的，须及时上报材料、质量及技术部门处理。

（2）下料

1）零件下料

钢板下料切割前用矫平机进行矫平及表面清理，切割设备主要采用数控等离子、火焰多头直条切割机等。所有零件板切割均采用自动或半自动切割机或剪板机进行，严禁手工切割，零件下料允许偏差执行表 3.1-4 要求。

该节点拉结板为等腰梯形零件，板厚为 80mm，材质为 Q345B-Z35，对于厚板切割需严格执行切割工艺参数，选用合适割嘴才能保证零件切割后符合组装定位尺寸，经过相关试验，对 80mm 钢板选用 5 号割嘴，切割速度控制在 $260\sim200$mm/min，切割氧压力 $0.7\sim0.8$MPa，丙烷压力为大于 0.04MPa，零件切割面良好，未出现锯齿现象。需要注意的是厚板切割应从板边缘或割缝中起弧，避免穿孔伤及零件；切割过程中随时检查零件尺寸（切割零件宽度$+3$mm，长度$+1$mm，一般冷却后宽度$+2$mm，长度$-1\sim$$0$mm）。通过选取合适的切割参数、加强切割过程控制，提高了切割面质量与效率（图 3.1-48）。

图 3.1-48　厚板切割实体照片

2）零件坡口制定与开设

因节点四个箱形牛腿本体板厚均为 40mm，为防止在焊接过程中板厚厚度方向发生层状撕裂现象，对焊接坡口大样进行优化并制定合理的坡口形式，在箱体翼腹板板厚方向均开设坡口，因节点箱形截面尺寸仅为 750mm×750mm，无法采用内侧焊接外侧清根焊接形式，只能采用外侧焊接内侧清根＋外侧单面坡口衬垫焊进行焊接，具体见图 3.1-49 与图 3.1-50。

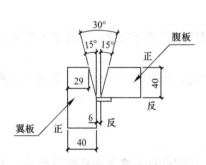

图 3.1-49　角接坡口开设示意图　　　　图 3.1-50　节点翼腹板坡口开设

（3）组装及焊接

1）中间拉结板与牛腿组焊

中间拉板规格为 PL80×1358，材质为 Q345B-Z35，两侧水平的 H 形牛腿规格为 PL60×1358，材质为 Q345B-Z25。牛腿自身拼接焊缝要求为全熔透二级焊缝，翼腹板之间采用双面坡口形式，一侧焊接另外一侧清根，待牛腿小合龙合格后与拉板进行定位，定位时注意牛腿翼板与中间拉板的垂直度，无误后进行点焊固定，此处牛腿翼板与拉板之间的焊缝要求为全熔透二级焊缝，采用双面坡口焊接，两侧牛腿安排两位焊工对称进行焊接，以防止焊接产生局部变形。

如焊接过程中产生变形，可在变形位置采用火工适当进行矫正，矫正温度 600～800℃，不得有过烧现象，严禁用水冷却，焊后 24h 进行焊缝探伤检测（图 3.1-51）。

2）牛腿腹板定位组焊

内侧劲板规格为 PL60×600，牛腿腹板规格为 PL28×644，材质均为 Q345B，牛腿内侧劲板与 H 形牛腿腹板之间的 T 接焊缝要求为两边全熔透，坡口形式为双面坡口形式采用里侧焊接外侧清根焊接坡口形式；牛腿腹板与牛腿翼腹板之间的焊缝要求为全熔透，坡口形式为单面坡口形式，钝边 2mm，一侧焊接一侧清根焊接坡口形式，焊接方法均为 GMAW，定位时注意劲板、牛腿腹板与牛腿翼腹板之间的垂直度，无误后进行焊接（图 3.1-52）。

图 3.1-51　拉结板与牛腿组焊

图 3.1-52　牛腿腹板定位组焊

3）箱形本体组立

在箱形牛腿与节点拉结板焊接之前，预先对箱体进行组立，组立时应保证翼腹板相互之间的垂直度，无误后进行点焊固定，因其中的一块翼板、腹板与中间拉结板存在自然角度需采用清根焊，其余两侧采用坡口衬垫焊（图 3.1-53）。

图 3.1-53　箱形本体组立

4）箱形牛腿 U 形定位焊接

将焊接合格的箱体 U 形与本体组立焊接，焊缝要求为全熔透二级，考虑到翼腹板与本体之间存在自然角度，采用内焊外清根形式，边侧翼板与本体采用单面坡口衬垫焊，焊接方法为 GMAW，焊接时应遵循对称焊接，采用小电流小电压进行施焊，防止因电流过大造成局部焊接变形，过程中应严格控制各端口对角线尺寸，保证各个箱形牛腿自身的垂直度，如有偏差及时调整（图 3.1-54）。

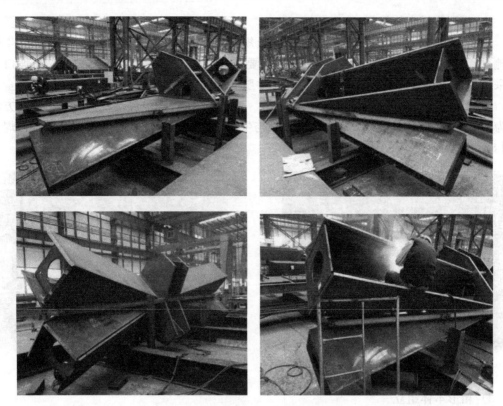

图 3.1-54　箱形牛腿 U 形定位焊接

5）箱形牛腿腹板定位整体焊接

在腹板定位前需将栓钉植焊合格后方可进行下道工序，腹板定位合格后进行主焊缝整体焊接，需安排四名焊工对箱形牛腿进行气体保护焊对称焊接，此处焊缝要求为通长全熔透，焊接方法采用气保焊打底，埋弧焊填充盖面。焊前应进行预热，温度为 150～180℃，层间温度 150～250℃，焊后采用电加热至 250～350℃，保温 2h。在装焊过程中应注意两侧翼板与地面之间的垂直度，如图 3.1-55 所示，必要时可采用全站仪进行控制点辅助测控。

图 3.1-55　箱形牛腿腹板定位整体焊接

6）连接耳板、吊耳板定位焊接及打磨

按照深化图纸组焊连接耳板及吊耳板等零部件，如图 3.1-56 所示。整体焊接完成 24h

后，进行端相关焊缝检测。构件制作完成后进行整体验收，检验外观尺寸、焊缝成型等是否合格，合格后方可流入下道工序。

图 3.1-56　构件端部打磨及成品验收

7）除锈、涂装

根据设计要求的除锈等级、粗糙度以及涂装体系对构件外表面整体进行除锈并油漆涂装，保证构件整体抗腐蚀能力，提高耐腐年限（图 3.1-57）。

图 3.1-57　构件油漆

3.1.7　变截面小管径十字转圆管柱制作技术

1. 概况

本十字转圆管柱构件主要为某会议中心地下一节柱，十字转圆管柱构件全长约 6.2m，十字柱截面为 600mm×600mm，圆管直径为 800mm，十字与圆管转接部位采用圆锥管过渡，转接过渡部位布置多块内隔板，结构模型如图 3.1-58 所示。其中圆锥管及过渡区域的劲板被十字柱腹板分割成多块板，因此圆锥管采用瓦片制作，瓦片弯曲程度及内部隔板的焊接及整体十字转箱形的制作流程是重要的制作难点。

图 3.1-58　十字转圆管柱结构模型

2. 加工的难点

结合构件的结构特性，十字转圆管柱的制作关键点在于圆锥管过渡区域的弯弧、定位、装配及焊接，制作难度具体体现在如下几点：

（1）过渡区域的圆锥管被十字本体分割成四片瓦片，瓦片的弯曲及组装精度是控制难点；

（2）十字转圆管柱为地下一节柱，制作精度要求较高，如何制定合理的组装焊接顺序，可有效减小焊接变形，保证截面尺寸精度。

3. 制作流程

（1）板材下料

本工程内的板材下料严格按照现行行业标准《钢结构工程施工质量验收标准》GB 50205 的有关规定，其中气割的允许尺寸切割偏差范围如表 3.1-6 所示。

气割的允许偏差（mm） 表 3.1-6

项目	允许偏差
零件宽度、长度	±3.0
切割面平面度	$0.05t$，且不大于 2.0
割纹深度	0.3
局部缺口深度	1.0

十字柱与圆管柱过渡区域的瓦片采用数控下料，然后再采用压力机压出弧度，压弧过程中注意多次施压，保证弧度的精度。

（2）构件制作流程

1）H 形定位

十字转圆管柱制作首先是将钢柱十字形部分的 H 形腹板与圆管进行定位，定位合格后再将 H 形的翼板与腹板进行组立定位，定位无误后点焊固定，如图 3.1-59 所示。

2）十字柱的组焊

将钢柱十字部分的两侧 T 排腹板与圆管部分进行定位，合格后再对 T 排翼板进行组立定位，十字部分整体组立完成后，进行整体的焊接，如图 3.1-60 所示。焊接过程中注意多翻几次身进行主焊缝的焊接，保证 T 排翼腹板垂直度及端部截面尺寸的精度，其中十字部分的四块翼缘板与圆管的对接位置需要将圆管端部进行火工加千斤顶辅助校平后再进行焊接。

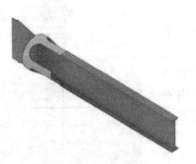

图 3.1-59　H 形部分组立 　　　　 图 3.1-60　十字柱组焊

3）柱底板焊接

上述的主焊缝及圆管与十字对接焊缝焊接完成检测合格后，组装定位十字柱底侧的柱底板，焊接十字柱的翼腹板与柱底板的焊缝，十字柱翼板与柱底板之间采用坡口清根焊，十字柱腹板与柱底板之间采用双面角焊缝（图 3.1-61）。

4）圆管柱部分组焊

根据设计图纸中的尺寸依次定位圆管单元件内侧的隔板及端部封板，采用退焊法依次焊接内隔板与圆管本体的焊缝，隔板采用单面坡口衬垫焊，封板采用单面部分熔透坡口焊（图 3.1-62）。

图 3.1-61　柱底板焊接

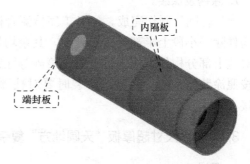

图 3.1-62　圆管组焊

4. 整体组焊

将检验合格的上部圆管柱部分与下部的十字单元部分进行整体组装，十字单元的腹板与圆管隔板及圆管内壁均要求一级全熔透，采用单面坡口衬垫焊焊接（图 3.1-63）。

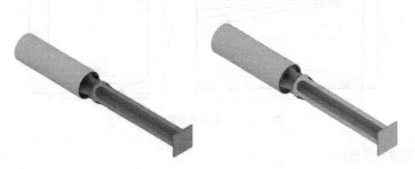

图 3.1-63　整体组焊及内环板组焊

组装定位圆管与十字部分的最外侧的内环板，装焊时注意环板与十字腹板之间的垂直度，经检测偏差无误后方可进行施焊，采用单面坡口衬垫焊。

5. 瓦片组焊

将加工合格的四个瓦片与钢柱本体进行定位焊接，注意瓦片与圆管对接位置是否有错边现象，如有偏差及时进行调整，瓦片与圆管及十字腹板的焊缝均采用衬垫焊焊接（图 3.1-64）。

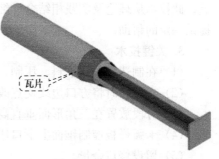

图 3.1-64　瓦片组焊

图 3.1-65　附属结构焊接

6. 附属结构焊接

上一道工序焊接完成检测合格后，对钢柱柱顶位置的耳板及外侧的水平钢筋搭接板进行装焊，注意控制零件与钢柱本体之间的垂直度，确定无误后进行焊接。随后焊缝检测合格后，根据深化图纸中栓钉的分部位置进行划线定位，采用栓钉焊机植焊，栓钉及焊枪需与构件成 90°垂直焊接，以保证焊接质量（图 3.1-65）。

7. 除锈及涂装

十字转圆管制作完成，经各工序检测合格后，按照设计要求对构件进行涂装，由于本构件除一小段上半部分露出地上，其余均处在地下部分，因此在涂装前，按照设计标高对地上部分构件表面进行打磨、喷砂等除锈处理，除锈等级满足 Sa2.5 级的要求，而后按照涂装体系进行涂装。涂装时要对柱顶坡口区域进行保护，不影响现场安装时的焊接。

3.1.8　大尺寸超厚板"天圆地方"复杂变截面过渡节点加工技术

1. 概述

天圆地方管由四个四分之一锥面和四个三角形平面组成，由 2100mm×2100mm 方口渐变成 φ2100mm 圆口，δ＝10mm，材质 Q235B，长度为 3m（图 3.1-66）。

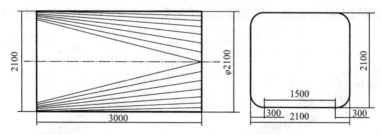

图 3.1-66　天圆地方管示意图

2. 创造性和先进性

大型天圆地方管在水利工程中使用在压力管道与闸井结合处，技术含量高、制作难度大，特别是天圆地方的展开计算、瓦片分片位置的选择和圆锥面的成型都是重点也是难点。此技术从理论及实践相结合详细阐述口天圆地方管制作过程，为以后天圆地方管制作提供一定的帮助。

3. 关键技术

（1）在制造厂分片下料、压制、组拼、焊接成型，整体运至工地安装。

（2）在设计时将方口边线交点改为圆弧过渡。

（3）分段放置在三角形面垂直高的位置上。

（4）卡弧样板控制锥面上下口压制成型。

（5）留设修口余量。

4. 技术要点

（1）展开画法

1）圆锥面素线长度的确定

如图 3.1-67 所示，首先将俯视图圆口 32 等分，并将等分点投影到主视图上，连接各等分点到方口交点 A2，测量 A2 点到各等分点的距离标注到侧视图上，连接方口交点 A 与等分点 1～9 即为圆锥面实际素线，测量等分素线长度，以备画展开面。

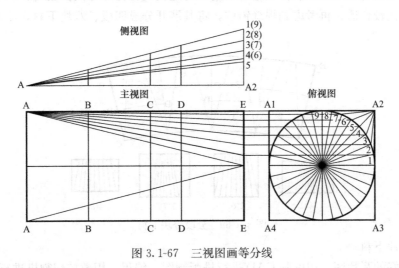

图 3.1-67　三视图画等分线

2）画展开面

首先画出以 A-A 为底边 A-1（9）为腰线的等边三角形，然后以等边三角形两脚点为顶点以实测 A-2（8）、A-3（7）、A-4（6）长度画出圆锥面素线，连接各等分点形成圆弧线，用同样的方法画出其他各面（图 3.1-68），再根据分段尺寸分别画出 B-B 面、C-C 面、D-D 面、E-E 面展开图。

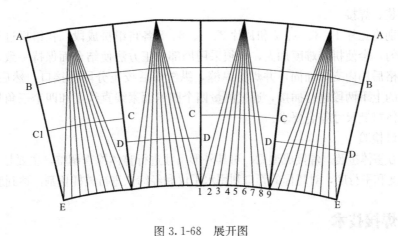

图 3.1-68　展开图

3）留修口余量

由于在制作过程中局部变形不一致，会使管口端面平面度超差，为防止此类情况发生，在上下口增加修口余量，组拼焊接成型后采用二次切割保证管口平面度达到规范要求。

（2）瓦片分片位置的选择

瓦片分片位置的选择是保证天圆地方成型质量的关键，主要是纵向分片位置的选择，锥面瓦片通过压力机压制锥面素线成型，锥面在压制成型过程中其边通过压力机压制时会发生延伸，不易保证其直线度，如果将瓦片分段位放置在锥面边线与三角形边线的结合位上，就会造成瓦片成型后锥面边线变形不一致，在组对过程中锥面与三角形平面结合位无法就位，增加组对难度，不能保证组对质量。为此我们将瓦片分段位放置在三角形面垂直高的位置上比较合适，再考虑到焊缝错位，将其展开分成四段、八块下料，压制成型进行组对（图 3.1-69）。

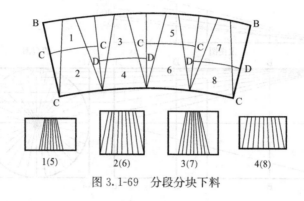

图 3.1-69　分段分块下料

（3）瓦片下料

将已分好的瓦片图，用电脑 CAD 进行排版制图、编程，用数控切割机进行下料切割，并划出压制素线。

（4）压制成型

瓦片成型采用压力机，将瓦片放置在 400t 压力机上，按素线压制锥面弧度，利用已做好的卡弧样板控制锥面上下口，使弧度达到设计值要求，并使两端三角形面成 90°位，进行检测，合格后进入下一道工序。

（5）拼装、焊接

首先分别将瓦片 1、3、5、7 和瓦片 2、4、6、8 各自组拼成段，在组拼过程中由于局部压制不均匀，会使拼装难度加大，必须采用局部校正方法使结合面保持一致，检测各部位尺寸，合格后用内支撑加固，并焊接纵缝，纵缝焊后校正分段插接口，然后进行整拼，将制作合格的上下两段进行插接，通过测量四个圆锥面素线直线度和四个三角形垂直高直线度保证整体拼装尺寸符合要求。

（6）修口检验

天圆地方整体拼装、焊接成型后，对其外形尺寸进行整体检查调整，主要是测量圆口和方口的平面度和平行度，对超标的管口利用水平仪和经纬仪进行放样切割，达到质量要求。

3.2　焊接技术

3.2.1　建筑钢结构冷丝复合埋弧焊技术研究与应用

1. 技术背景

随着钢结构发展，超高层及大跨度结构形式越来越多，超厚板也越来越多地应用到工程建设中，这些超厚板的大量应用迫切需要优质高效的焊接技术。埋弧焊是目前工业领域应用最为广泛的焊接方法之一，其高效化焊接方法的研究与应用，可在保证焊接质量的前提下大幅度地提高熔敷率，从而对在实际生产中提高焊接效率，节约能耗具有重大意义。但当前广泛使用的多电源串列多丝埋弧焊由于高热输入导致熔池存在过多的热量，致使母材受到过热损害，其热影响区晶粒组织变得粗大，易产生脆化等不利于接头性能的现象，同时导致后续校正工作量大等问题。

因此为克服多丝埋弧焊对母材损伤大的这一缺点，研发双/双丝串列埋弧焊方法，将两套双丝并联埋弧焊机头串列组合使用既提高了熔敷率，又加快了焊接速度，降低了焊接热输入，提高了接头的塑性和韧性。为了进一步提高焊接效率的同时大幅降低焊接热输入，在此基础上开发了添加冷丝埋弧焊接方法，在提高焊接效率的基础上，改善了焊缝性能（图 3.2-1）。

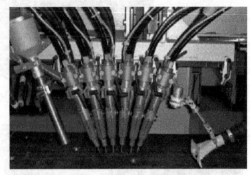

图 3.2-1　串联 6 丝埋弧焊技术

2. 技术原理

（1）创新利用通电的粗丝（热丝）产生的电弧热量熔化后面的细丝（冷丝），发明集成双细冷丝的三丝复合埋弧焊工艺装备。根据埋弧焊原理确定送丝装置的结构形式，利用焊接电弧热平衡规律建立冷丝填充过程热量动态分配平衡方程，实现冷丝填充埋弧焊过程的自适应控制。

（2）根据焊接冶金学基本原理，提出集成细冷丝的复合埋弧焊焊丝排布方式及匹配参数控制技术。首创双细冷丝＋热粗丝的三角形排布方式，分析冷丝插入位置、送丝速度、热丝焊接电流、焊接电压、焊接速度等工艺参数匹配关系，建立集成冷丝复合埋弧焊工艺标准。

3. 关键技术

通过对冷丝复合埋弧焊机理进行了深入研究，提出埋弧焊热粗丝与细冷丝集成系统，利用通电的粗丝 $\phi5.0mm$（热丝）产生的电弧热量熔化后面的细丝 $\phi1.6mm$（冷丝）。发明集成双细冷丝的三丝复合埋弧焊工艺装备，根据埋弧焊原理确定送丝装置的结构形式，利用焊接电弧热平衡规律建立冷丝填充过程热量动态分配平衡方程，实现冷丝填充埋弧焊过程的自适应控制。

（1）集成冷丝复合埋弧焊装备整体设计

为验证设计可行性，首先进行一代机设备研制，以验证工艺的可行性。在成都振中型号 MZ-1000 的小车埋弧焊上直接加装冷丝控制箱和冷丝送丝机构，进行焊接试验。试验结果表明：在冷丝送丝速度控制在 15mm/s 及以下时，焊缝质量符合规范要求（图 3.2-2）。

在一代机的基础上，联合设备厂家，对冷丝控制系统和热丝控制系统进行集成，如图 3.2-3 所示。机头采用立柱加横臂的结构固定在小车上，热丝焊丝盘与冷丝焊丝盘分置于横臂的两侧，控制盒设置在热丝焊丝盘侧，保持设备操作重心平衡。冷丝与热丝经由导丝机构进行引导，并在机头部分上端设置引导环引导送丝位置。双细冷丝枪头采用固定板件集成在热丝焊枪上，冷丝高度和插入位置可调。冷丝送丝速度可在 0～60mm/s 范围内调节。

图 3.2-2　第一代集成细冷丝复合埋弧焊设备研制

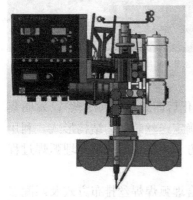

图 3.2-3　第一代集成细冷丝复合埋弧焊设备研制

经过大量工艺试验，设备运行平稳，通过试验对比可得出不同焊接电流、电压及焊接速度下，冷丝送丝速度的推荐值，从而指导实际焊接作业。

（2）焊丝排布

1）冷丝最佳插入位置

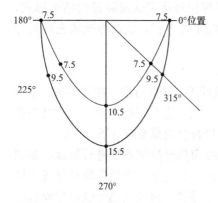

图 3.2-4　冷丝插入位置范围

冷丝埋弧自动焊是在常规单丝埋弧焊过程中，从侧面给焊接熔池另外再加填充焊丝以实现双丝焊接的。冷丝填充位置的不同，形成熔池的热平衡区域是不同的，对最终焊接的质量影响也是不同的。由此可知，为保证焊接质量和焊接过程顺利完成，冷丝填充应该存在一个合理的速度区间和最佳的送入区域。通过前期的理论分析，冷丝插入的位置必须是熔池中，冷丝的最佳填充位置是热丝后方的一个区域，其极限边界位置如图 3.2-4（长度单位：mm）所示。

2）热粗丝与细冷丝的排布方式

燃弧丝的电弧放热使母材局部熔化形成熔池，电弧持续放热及前移是形成连续焊缝的基本条件，大线能量是前端母材不断熔化的热动力，但会导致热影响区及母材产生过热损害。当冷丝插入到熔池的合理位置时，不仅可以减小母材的过热损害，而且还能提高填充金属的熔敷率。冷丝插入位置应根据熔池尺寸的动态变化而调节，才能保证冷丝填充过程的顺利进行。熔池长度可由公式 $L = P_2 U I$ 确定（P_2 为比例常数，U 为电弧电压，I 为焊接电流），该公式表明，熔池长度与电弧热功率成正比。以冷丝插入点与燃弧丝轴心间的距离 d 作为冷丝插入位置的调节参数。通过大量试验表明：当距离 d 较小时，冷丝熔化主要消耗电弧辐射热，使得母材熔化量显著减少，产生了未熔合、未焊透等缺陷；当距离 d 较大时，冷丝插入位置超出了液态熔池尺寸，会导致冷丝不能熔化，甚至产生粘丝等引起焊接过程中断的后果。

① 在热丝后面设置两根冷丝，冷丝细于热丝；热丝和冷丝共同作为焊道填充金属，且冷丝的填充位置在相对焊接前进方向上位于电弧中心后方的高温熔池部位，如图 3.2-5 所示。

② 热丝的端头中心在待焊构件表面的投影点位于焊缝中心线上，两个冷丝的端头中心在待焊构件表面的投影点分别位于焊缝中心线的两侧。

图 3.2-5 冷丝与热丝布置

③ 热丝的端头和两个冷丝的端头中心在待焊构件表面的投影点构成等边三角形，该等边三角形边长为 5～8mm，且其中热丝的端头中心在待焊构件表面的投影点位于焊缝中心线上、两个冷丝的端头中心在待焊构件表面的投影点分别位于焊缝中心线的两侧且两者连线垂直于焊缝中心线。

④ 在焊接过程中，热丝与焊接中心线的夹角为 75°～90°，冷丝与焊接中心线的夹角为 74°～76°。

⑤ 在焊接过程中，两个冷丝的端头位置齐平且比热丝的端头位置高 2～3mm。

3）集成双细冷丝的复合埋弧焊焊接工艺参数

通过大量的工艺试验，总结出最佳的焊接工艺参数，并且开展对比试验，对焊缝组织及性能进行检测，焊缝力学性能满足要求，焊接工艺可行（表 3.2-1）。

不同焊接方法所对应的对接接头力学性能　　　　　　　　　　表 3.2-1

焊接方法	板厚（mm）	抗拉强度（MPa）	冲击功（J）	
			热影响区	焊缝
冷丝复合埋弧焊	40	503	231	194
单粗丝埋弧焊	40	535	104	77

从金相组织角度分析，与复合冷丝焊相比，单粗丝埋弧焊焊缝区晶粒粗大，呈现过热魏氏组织特征；热影响区块状先共析铁素体呈网状沿原奥氏体晶界分布，呈魏氏组织特征，晶内为针状铁素体、粒状贝氏体、少量珠光体，原奥氏体晶粒较为粗大。复合冷丝焊组织：粒状贝氏体、针状铁素体，晶粒较为细小均匀。

集成冷丝埋弧焊焊接工艺参数推荐如表 3.2-2 所示。

推 荐 参 数				表 3.2-2
焊丝直径（热/冷）（mm）	焊接电流（A）	焊接电压（V）	焊接速度（cm/min）	冷丝送丝速度（mm/s）
5.0/1.6	600～650	30～32	25～40	12～20

4. 工程应用

建筑钢结构冷丝复合埋弧焊技术研究与应用的成果完成了科技成果评价，经评价，该成果达到国内领先水平。该技术已在郑州奥体、长沙大王山冰雪世界、武汉绿地金融中心、深圳平安南塔等项目钢构件加工制造过程中成功地应用，在不增加能耗的情况下利用焊接过剩能量实现焊接效率提升，同时可显著降低焊接热输入对母材的损伤，提高接头塑性，减少焊接变形，达到高精度控形，低损伤控性，具有广泛的应用前景（图 3.2-6）。

图 3.2-6　冷丝复合埋弧焊技术应用

3.2.2　厚板组合焊缝埋弧焊全熔透不清根技术的研究与应用

1. 技术背景

随着钢结构的快速发展，厚板、超厚板焊接组合焊缝在钢结构中的应用也越来越广泛，焊接接头的性能要求也越来越高。目前，中厚板全熔透组合焊缝的焊接方法主要包括传统反面清根焊、反面衬垫焊工艺、窄间隙、大钝边大电流、无钝边间隙、背衬水泥石英砂混合物等工艺。对于熔透焊缝，传统的碳弧气刨清根工艺存在环境污染、成本浪费、焊缝成型差、焊接质量不可控、工艺重复性差等缺点。

近年来，随着环保、节能、智能工厂、品牌制造等理念的不断深入，行业内部对优化组合焊缝生产工艺流程、减少成本浪费的呼声也越来越大。为了克服已有工艺的上述缺点，本技术结合实际的工程应用，以焊接 H 型钢为载体，开发一种耐高温轻质的焊缝防护衬垫，合理设计 T 形接头的坡口参数和组立方法，优化焊接电流、电压、速度等参数，从而形成一套完成的组合焊缝不清根埋弧焊技术。

2. 技术原理

针对现有传统工艺的不足，我们通过大量试验创新，提出了全熔透埋弧焊不清根工法，在一定程度上避免了传统工艺中因背面碳弧气刨造成的材料浪费和环境污染，且工艺过程较为简单，焊缝成型良好，构件变形小。本技术在一定程度上解决了传统工艺在实际生产中的难题，其技术原理主要有以下几点：

（1）在埋弧焊首层打底焊的焊接过程中，为了保障接头焊透，本技术首次提出采用"对称、无钝边且预留间隙"的坡口及 4～6mm 的组立间隙，并开发了过程中确保坡口角度和组立间隙的工艺措施。这些工艺参数及其保证措施是改进工艺的关键技术之一。

（2）埋弧焊虽然不会产生弧光、噪声等污染，但焊接的电流电压参数较大，焊接熔池具有更大的深度和宽度。为了防止大电流大电压打底焊过程中的焊缝焊穿或焊流，本工法采用了一种轻质的耐高温复合衬垫，在保证焊缝不被焊穿的同时，也保证了焊缝后焊面的成型质量。

（3）本技术减少了背面碳弧气刨清根的工序，首层打底焊缝的焊接质量及背面成型效果将直接决定创新工艺是否能取得成功。为保证首层打底焊缝的质量和成型效果，本工法采用 650～720A 电流打底，正面焊接 3～4 道后，采用 720～750A 电流实施背面首道焊。施焊工程中焊枪角度为 15°～20°。

3. 工艺流程及要点

（1）工艺流程

工艺流程见图 3.2-7。

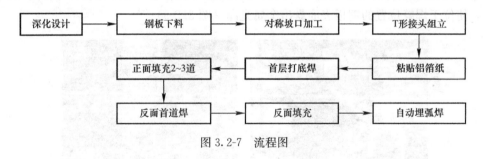

图 3.2-7 流程图

（2）操作要点

1）深化设计

采用先进的钢结构三维制图软件，对零件进行准确放样，绘制零件详图，作为绘制下料图及数控编程的依据。另外在零件下料前，对每种规格的钢管进行 1∶1 尺寸的展开放样，这样可以保证零件下料的准确性。

2）钢板下料

钢板下料采用三维放样技术绘制的下料图及数控编程对零件下料进行控制。在宽度方向上，翼缘板加放 1～2mm 的焊接收缩余量，腹板须考虑工艺要求的组立间隙（本工艺的组立间隙为 4～6mm）。在长度方向上的收缩余量，翼缘板和腹板均可按照 3/1000mm 考虑。

3）对称坡口加工

将下料后的腹板零件送至开坡口工序，图 3.2-8 左侧为双枪坡口开设示意图，双面同时开坡口会大大降低切割旁弯变形，从而提高后续组立工序的装配精度。为了有效控制熔敷金属量和焊接变形，本工艺采用45°对称坡口（角度误差为±2°）。如图3.2-8右侧所示，设置坡口钝边为0mm，有助于首层打底焊时将接头全部熔透，并配合适当的组立间隙和背部防护，以保障背面焊缝成型效果良好。

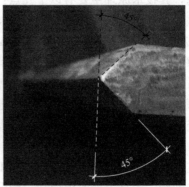

图3.2-8　坡口开设

4）T形接头组立

专职的质检人员对下完料翼缘板、腹板进行检测，以测定变形量、坡口角度是否在规定的误差范围之内。合格的零件将会被送到组立工序。组立要求如下：

①组立前采用打磨机、钢刷等工具清除翼腹板焊缝位置两侧的铁锈、油污、灰尘等杂物，使位于焊缝位置的钢板表面露出金属光泽（图3.2-9）。

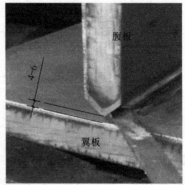

图3.2-9　组立过程及间隙控制

②由于在焊接主焊缝时采用的埋弧焊丝直径为$\phi4.8$，为了有效避免首层打底焊时不发生未焊透和焊穿的现象，设置翼腹板间的组立间隙为4～6mm，勉强让埋弧焊丝穿过。如图3.2-9所示，在组立时将厚度为5.0～6.0mm的带钢衬垫设置在翼腹板之间，可方便高效地控制组立间隙。

③按照规范要求，组立工序中定位焊缝厚度不应小于3mm，长度不应小于40mm，间距宜控制在300～600mm。试验研究发现，定位焊位置是各种不同工艺焊缝极容易产生缺陷的地方。众所周知，大部分H型钢的主体焊缝一般仅会要求节点区域为全熔透焊缝。所以，通过减少全熔透范围内的定位焊缝并适当加密部分熔透焊缝范围的定位焊，以降低

定位焊对全熔透区域焊缝质量的影响。全熔透和部分熔透区域定位焊的间距分别设置为 1000mm 和 300mm，且厚度不宜超过 5mm。

5）粘贴铝箔纸

首层打底焊时背部加设陶瓷衬垫可以有效控制接头熔透，且使焊缝背面成型良好。由于价格较为昂贵，陶瓷衬垫一直没有被广泛应用。众所周知，埋弧焊过程中焊剂对焊缝起到良好的保护作用，若将焊剂填充在焊缝背面势必会使得背面成型较好。但焊剂为干燥的颗粒状物质，无法自行附着在焊缝的背面。为解决上述问题，决定采用耐高温、价格低廉的铝箔纸作为背部的支撑。图 3.2-10 所示为新型耐高温复合型轻质衬垫的结构及原理图。

现场粘贴铝箔纸要注意以下三点：

① 粘贴铝箔纸工序要在背面填充焊剂前完成；

② 粘贴铝箔纸前，要清除焊道内的铁锈、灰尘、油污、焊渣等杂物；

③ 铝箔纸中心与背侧焊道的中心应对齐，整条焊道被密封在铝箔纸内，不能遗留任何孔隙（图 3.2-11）。

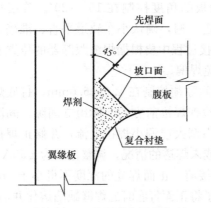

图 3.2-10　新型耐高温复合型
轻质衬垫的结构及原理图

图 3.2-11　粘贴铝箔纸的现场施工图

6）填充焊剂

粘贴完铝箔纸并确认无任何遗漏后，如图 3.2-12 所示将构件放平，粘贴铝箔纸的一侧朝下。由于翼腹板之间组立间隙为 4.0～6.0mm，将焊剂倒在焊道上后焊剂将自行流到背侧焊道，填满背侧焊道与铝箔纸之间的空隙。注意事项如下：

图 3.2-12　背面填充焊剂施工图

① 焊剂要按照规范烘干，烘干制度为 350℃×2h；

② 在铝箔纸和背侧焊道之间均匀填充焊剂，不能留死角；

③ 要对背侧焊道内的焊剂进行振荡捣实处理。

7）打底填充焊接参数

检查确认背侧焊剂密实填充无遗漏后，采用半自动小车埋弧焊设备进行首层打底和填充。表 3.2-3 给出了首层打底焊的焊接工艺参数。

单丝半自动埋弧焊的打底和填充焊参数   表 3.2-3

序号	工序	电流（A）	电压（V）	焊枪角度	焊接速度（cm/min）	备注
1	正面打底	650～720	33～36	15°～20°	35～50	——
2	正面填充	680～730	34～36	——	35～50	填充 2～3 道
3	背面首道	720～750	35～38	15°～20°	35～50	——
4	背面填充	680～730	34～36	——	35～50	填充 2～3 道

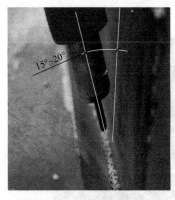

图 3.2-13　打底焊焊枪角度

焊接注意事项如下：

① 焊枪与翼缘板的角度控制在 15°～20°。首层打底焊前要沿着焊道空走一遍，确认小车轨道平直、准确，如图 3.2-13 所示，焊接过程中要根据焊缝跟踪器的位置实时调整焊丝走向，以免焊偏。

② 按规定组立间隙须控制在 4.0～6.0mm，打底焊过程中，焊工要时刻检查焊枪前方的实际组立间隙。间隙较小或较大时，应适当调大或调小焊接电流，并修正焊接电压，以免发生烧穿或未焊透的情况，调整范围为 ±50A。

③ 背部首道焊接前，正面焊缝的深度不得小于 8mm。背部首道焊时，为了将正面打底时的焊缝缺陷熔化并消除，要采用较大的电流施焊。

④ 两条主焊缝要同时同向对称施焊焊接过程中，要采用卷尺、板尺、三角靠尺等工具实时检测焊接变形。当焊接变形超过《钢结构工程施工质量验收标准》GB 50205 规定时，应将构件翻身，并焊接背侧焊缝。

8）自动埋弧焊填充盖面

采用半自动小车埋弧焊将单侧填充厚度超过 8mm 后，将构件交接至龙门双丝自动埋弧焊工序，采用多丝埋弧焊，以提高生产效率（图 3.2-14）。

图 3.2-14　埋弧焊填充盖面

4. 工程应用

经过大量试验后，本厚板组合焊缝埋弧焊全熔透不清根技术成功应用至 H 形构件、圆管柱等类型的构件制作中。在沈阳宝能项目 T1 塔楼外框桁架 100mm 厚弦杆构件成功应用，全熔透埋弧焊不清根工艺与传统工艺相比单根构件缩短工时 13～15 个；新工艺的首次探伤合格率平均为 90％左右，与传统工艺相比提高了 30％。本工艺在北京新机场项目中成功应用于钢柱、普通钢梁、大跨度主梁和钢桁架构件中，在满足各工程的工期要求同时，加工质量得到了业主及监理的一致好评。本技术对于未来建筑工程中厚板组合焊缝构件的焊接有着指导性意义，具有广阔的推广应用前景（图 3.2-15）。

(a) 沈阳宝能   (b) 北京新机场

图 3.2-15 工程应用实例

3.3 装焊技术

3.3.1 复杂钢结构装焊工艺高效设计技术研究与应用

近年来，随着城市建设的快速发展，钢结构建筑向着高度更高、跨度更大、造型更加新颖别致的方向发展。随之而来的是，因为建筑及结构设计的需要，各类复杂钢结构节点不断涌现。对于复杂钢构件，存在着组装次数多，组焊顺序复杂，焊接坡口多样化等问题，所以如何快速直观地表达构件的组焊工艺流程是急需解决的问题。

但是目前复杂钢结构节点装配流程设计效率低、智能化程度低，存在大量手工操作，降低了生产效率，影响构件加工周期。为实现钢结构制造工艺的智能化、信息化，我司自主研发钢结构复杂节点装焊工艺设计软件，提升了工艺设计智能化水平，减少人为操作的局限性，降低错误率的发生，大大提高装焊工艺设计效率。通过直观展示各类复杂构件每一步装焊流程，提高了工人装焊效率及准确性，为车间生产提供更优的指导和服务。同时，也为其他行业类似装配流程设计提供借鉴和技术思路。

1. 钢结构装焊工艺设计概述

钢结构装焊工艺设计，是指利用计算机设计复杂钢结构节点的装焊顺序，采用装焊工艺卡的形式直观展现构件的每一个装焊步骤，同时，标注每条焊缝的焊接坡口形式及焊接方法，便于车间工人理解和执行（图 3.3-1）。

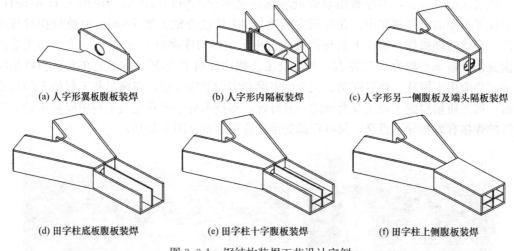

(a) 人字形翼板腹板装焊　　(b) 人字形内隔板装焊　　(c) 人字形另一侧腹板及端头隔板装焊

(d) 田字柱底板腹板装焊　　(e) 田字柱十字腹板装焊　　(f) 田字柱上侧腹板装焊

图 3.3-1　钢结构装焊工艺设计实例

2. 钢结构装焊工艺设计难点

由于 Tekla 软件导出的构件模型为面模，并非实体模型，且不带构件零件信息，无法进行有效编辑，不能生成装配流程图。目前是通过工艺人员手动进行 AutoCAD 实体建模，删除零件，生成轮廓图，来实现装焊工艺卡的功能，存在以下弊端：

（1）人工手动建模效率低，特别对于复杂构件节点，建模需要耗费大量时间（图 3.3-2）。

图 3.3-2　复杂钢结构节点示例

（2）由于装焊工艺卡编制耗时耗力，未能大范围推广，不利于车间技术工人理解复杂构件的装配顺序。

3. 钢结构装焊工艺设计软件总体思路

基于上述情况，我们研发了复杂钢结构节点装焊工艺设计软件，该软件研究过程：分析现状，提出需求→寻找软件解决方案→分析和排除不合理方案→软件试用和优化，通过对软件不断优化和功能补充，最终形成一套操作简便、效率高、质量优的装焊工艺设计软件。

该软件总体思路分为准备阶段、模型操作阶段、绘图与工艺设计阶段进行开发。

4. 软件主要功能介绍

（1）三维模型单向数据解析及智能创建

针对创建构件三维模型，以往的做法是从钢结构深化设计软件中导出面模模型，然后在面模的基础上进行三维实体建模。由于模型中未附带零件信息，零件信息在编辑装焊流程图的过程中手动输入。人工建模效率低，对于复杂钢结构，一般需要 1～2d 建模时间。

通过研发"智能模型单向解析"算法，对源三维模型进行实体轮廓抽离、空间信息读取、智能数据转换后，在 AutoCAD 中智能创建附带零件信息，并且可以用于编辑流程的三维模型，创建时间约 2~3min，省去了 AutoCAD 中手动建立三维实体建模的冗长工作。

新技术操作流程：选择命令导入钢结构深化设计构件→选中需要编辑的模型→CAD中创建三维模型→生成附带零件信息并且可用于编辑流程的模型。

（2）视图方向坐标法指定及预览

针对指定构件的视图方向，以往的做法是实体建模后，根据模型摆放的角度作为视图方向，生成构件轮廓图。模型摆放角度随意，表达不统一。

为直观地展示构件的组装流程，需要选择一个合适的视图方向。该技术通过三点坐标系法指定构件的视图方向，并可以实现 90°、180°自动旋转模拟构件翻身，采用最佳角度展示构件装焊流程。

新技术操作流程：选择命令设置构件属性→选中需要编辑的模型→指定模型三点坐标系→选择轴侧视图，并可以实时预览。

（3）复杂钢结构节点装焊流程快速编辑

针对编辑构件装焊流程步骤，以往的做法是实体建模后，通过删除零件，再生成轮廓图，然后逆向排列作为构件组装流程图。每一个步骤要生成轮廓图，人工排列顺序，效率低，易出错。

新技术创新性地通过零件选择生成加工步骤，只需通过简单点击，即可在 AutoCAD中智能生成整套组装流程。通过自动化、智能化技术代替繁琐的人工操作，具有自动生成、操作简便、准确率高等优点。

新技术操作流程：选择命令编辑构件加工步骤→输入当前步骤的名称→选择当前步骤安装的零件→添加步骤，编辑下一个步骤→步骤编辑完成后可进行预览→显示每一个步骤需要安装的零件。

为了便于零件选择，增加了零件框选、零件隐藏、取消上一步隐藏、取消全部隐藏、零件选择过程中构件旋转、选择剩余所有零件、漏选零件显示等功能（图 3.3-3、图 3.3-4）。

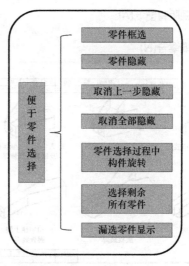

图 3.3-3　构件加工过程编辑命令

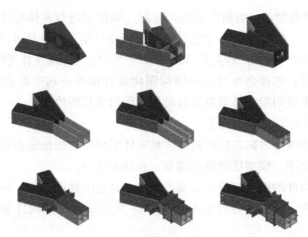

图 3.3-4　装焊步骤设计

（4）装焊工艺流程图自动绘制

绘制装焊流程图，以往的做法是将每一步生成的轮廓图进行排列，填充到图框中，并进行手动编号。人工排列图形，绘制图框，手动编号，效率低。

新技术采用高效集成法将以往人工操作的大量内容，转化为一键自动生成，简便快捷，大大提高了绘图效率。

选择命令绘制装焊流程图，可以单独生成首页、索引页与详情页，后台运算编辑约2~3min，就可以生成全套装焊流程图（图 3.3-5）。

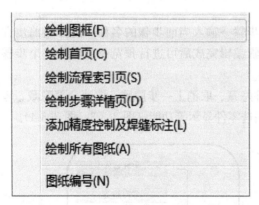

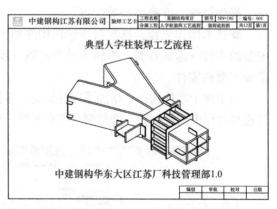

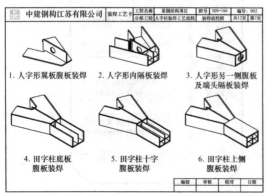

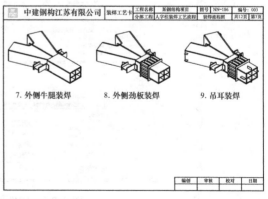

图 3.3-5　装焊流程图快速生成

5. 软件实施效果

该软件提升了工艺设计智能化水平，减少人为操作的局限性，降低错误率的发生，大大提高装焊工艺设计及工艺放样效率。同时，通过直观展示各类复杂构件每一步装焊流程，提高了工人装焊效率及准确性，降低了制造成本。不仅取得了良好的社会效益，而且起到了良好的示范作用。

该软件已成功应用于深圳国际会展中心、靖江文化中心、泰国素万那普机场、淮安食博会展中心、宁波新世界等项目复杂钢结构节点装焊工艺设计工作，并取得了良好的成果。

3.3.2　多支腿异形锻钢节点组焊技术

1. 概况

此构件属于复合型构件，由方形锻钢件、焊接 H 型钢、箱形等截面组成，主要材质为 Q390GJC、Q345B，板厚达到 100mm（图 3.3-6）。

2. 创造性和先进性

此节点制造包含锻钢件的加工、锻钢件与合金钢的焊接、超厚板切割和焊接以及空间异形节点的组焊精度控制等多项重难点，通过锻钢件的工序把控和验收、锻钢件组焊前的清理、焊接工艺评定、厚板切割和焊接过程控制、地样＋三维坐标定位结合等多种工艺方法和措施，保证了节点的制造质量，为后续此类节点的制造提供借鉴。

图 3.3-6　节点构件效果图

3. 工艺流程（表 3.3-1）

工艺流程　　　　　　　　　　　　　　　　　　　　　　　表 3.3-1

序号	步骤	实景图	内容
1	下料		钢板上胎调平和固定，切割前需模拟切割，选择正确的切割参数等。切割后进行零件尺寸、切割面等检查
2	验收锻钢件，组焊前清洗		按设计文件等要求，严格验收锻钢件，合格后在组焊前清洗锻钢件

序号	步骤	实景图	内容
3	分部组焊	 牛腿单独组焊  暗梁单独组焊	牛腿、暗梁等组件分别进行组焊验收，严格按图纸划线定位，做好焊前预热、焊后后热保温，采用小电流多层多道焊接，避免厚板出现层状撕裂及冷裂纹
4	暗梁与锻钢件组装		按照图纸尺寸画出暗梁在锻钢件上的定位尺寸，并进行组装
5	暗梁与锻钢件焊前预热		采用电加热片对待焊区域进行焊前预热，定位焊接
6	暗梁与锻钢件焊接		为减少焊接变形，多名焊工对称焊接，配合构件多次翻身，控制构件制造精度

序号	步骤	实景图	内容
7	暗梁与锻钢件焊后热保温		按要求对焊接完成后的构件进行后热保温
8	牛腿与锻钢件定位组装		根据图纸尺寸,在锻钢件上标记出牛腿定位尺寸,并利用地样和全站仪辅助进行牛腿定位安装
9	牛腿与锻钢件焊前预热		按要求进行焊前预热,定位焊接
10	牛腿与锻钢件焊接		焊接采用小电流多层多道施焊,并安排多名焊工对称焊接,控制层间温度,控制焊接变形
11	牛腿与锻钢件焊后后热保温		按要求进行焊后后热保温处理,直至构件缓冷至环境温度,并按要求进行探伤等验收

续表

序号	步骤	实景图	内容
12	涂装		按设计和工艺要求进行除锈，并在规定时间内完成油漆喷涂作业

4. 技术要点

（1）锻钢件加工

锻造与其他工艺相比，由于保证了金属纤维的延续性，金属流线完整，因此锻材具有更好的力学性能和使用寿命。锻造工艺主要分为下料、进炉加热、锻造、锻后热处理、粗加工、热处理、精加工等步骤（图 3.3-7～图 3.3-10）。

图 3.3-7 加热

图 3.3-8 锻造

图 3.3-9 热处理

图 3.3-10 机加工

锻造主要生产环节工艺控制要点如下：

1）下料：将原材料切割成所需尺寸的坯料。

下料前应根据工艺规程和工序卡核实材料牌号、规格、数量与材料批号。并检查表面质量，有特殊要求时，还应检查头尾部标记。

下料必须按照锻件名称、材料牌号、规格和材料批号分批进行，并在工序卡上注明下料个数，以防止有异料混入。如遇材料代用，必须严格按材料代用制度的规定办理代用手续后，方可下料。

下料时，应严格执行"首件三检"（自检、互检和专检）制度。检验合格并作出明显标记后方可投入生产。

坯料的重量、尺寸公差、表面及端面质量，按工艺规程要求。

剩余料应标明材料牌号和熔炼炉（批）号及时退库，严格分类管理。

2）加热：提高金属的塑性，降低变形抗力，便于锻造成形。

坯料加热前应检查材料牌号、材料批号、尺寸规格、数量是否与工序卡相符。

坯料装炉前必须清除炉膛内的杂物，在电炉中加热的坯料表面不得沾染油污。

坯料入炉时，应放在工作区内，以保证坯料加热均匀。

坯料加热温度及加热时间（中频炉加热严格控制相关参数），应按相应锻件的工艺规程要求进行。坯料加热的全过程应做好加热记录，以便归档备查。

坯料加热时的料温，应用测温仪器检测，并做好加热记录，归档备查。

3）锻压：得到所需锻件的形状和尺寸。

根据锻件的材料、形状、尺寸及工艺要求选择相应的锻压设备。锻件必须在工艺文件指定的设备上进行锻压。

锻压前操作人员应熟悉锻件图及工艺文件。

根据锻件复杂程度、材料和工艺要求，选用合适的润滑剂。锻压时，必须严格控制始锻温度、终锻温度、变形程度和变形速度。锻压操作过程中，必须严格按照工艺规程和工序卡进行。并随时注意坯料变形是否正常，如发现褶皱、裂纹等缺陷，必须立即采用适当方法加以清除，在不影响锻件质量的情况下方可继续锻压。锻件的冷却、切边应按锻件工艺规程规定的方法进行。

锻件表面应按如下的要求进行清理：

① 表面清理应按工艺要求选用喷砂、抛丸、滚筒、酸洗或其他方法。清理后的锻件表面质量应符合技术文件要求。

② 锻件表面缺陷允许清理，清理深度及宽度比按相应锻件技术标准规定。

（2）厚板下料

厚板下料需严格按照工艺要求选取切割参数，对于首次遇到的钢板厚度切割，无参考参数的情况下，通过试验确定下料切割参数，正式下料前进行模拟切割，切割前应预热，以降低切割后的切割面硬度。切割完成后严格执行首件验收制度，重点检查零件尺寸、切割面质量等（图 3.3-11、图 3.3-12）。

图 3.3-11　核实零件尺寸　　　　　　　图 3.3-12　切割面硬度检测

（3）焊接工艺评定

按要求进行锻钢件与合金钢的焊接工艺评定，根据批准合格的焊接工艺评定制定焊接坡口、焊接参数和焊接方法等（图3.3-13）。

（4）锻钢件组焊前清理

锻钢件组焊前使用松香水清洗，完成后进行外观验收，严禁表面有油污、杂物等（图3.3-14）。

图3.3-13　焊接工艺评定试件　　　　　　图3.3-14　锻钢件组焊前清洗

（5）厚板焊接

严格按要求进行焊前预热、焊道层间温度控制、焊后后热保温，防止出现冷裂纹及层状撕裂等问题。

1）焊前预热

采用电加热片进行焊前预热，预热的加热区域应在焊接坡口两侧，宽度应为焊件厚度的1.5倍以上，且不应小于100mm。锻钢件整体预热，预热温度100～120℃。

2）层间温度控制

使用红外测温仪量测焊缝层间温度，层间温度控制在110～220℃。不得无故停焊，如遇特殊情况必须采取措施，达到施焊条件后，重新对焊缝进行加热，加热温度比焊前预热温度相应提高20～30℃。

3）后热、保温

后热主要是消氢，防止冷裂纹的产生。同时，将焊缝加热到规定温度后用石棉布包裹进行保温，保温时间不低于4h（图3.3-15、图3.3-16）。

图3.3-15　电加热　　　　　　　　　　图3.3-16　温控设备

　4）组焊精度控制

　　遵循分部组装分部焊接原则，将牛腿及暗梁等组件分别组焊验收合格，再进行整体组焊控制。因节点均为全熔透焊缝，且大部分只能采用单面衬垫焊接，焊缝填充量大，为控制焊接变形，首先采用小电流多层多道焊接，同时根据构件焊缝形式，安排多名焊工对称施焊，配合构件多次翻身焊接。另外对于空间异形节点形式，采取地样＋三维坐标点相结合的方法，控制组焊精度。

3.4　钢结构模拟预拼装技术

　　钢结构预拼装是钢结构工程控制质量、保证构件在现场顺利安装的一种有效措施。其主要是将分段制造的大跨度柱、梁、桁架、支撑等钢构件和多层钢框架结构，特别是用高强度螺栓连接的大型钢结构、分块制造和供货的钢壳体结构等，在出厂前进行整体或分段分层临时性组装的作业过程。

　　采取实体预拼装作业时，不仅需要占用工厂的场地、设备，还要设置诸多胎架、工装，耗费大量的人力物力，其成本很高。

　　目前很多钢结构项目，为了确保现场安装的精度，往往设计、监理要求部分重要节点、单元出厂前须进行预拼装；采用传统的实体预拼装时，将极大地增加钢结构制造的整体成本。

　　与实体预拼装相比，模拟预拼装无需占用场地，且不需要搭设预拼装胎架，可极大地降低单位的制造成本，具有广泛的应用前景，目前已在多个项目的构件预拼装中予以应用，效果极佳。

　　根据采用的设备的不同，可分为传统全站仪测量计算机模拟预拼装和三维激光扫描仪测量计算机模拟预拼装。

3.4.1　全站仪测量计算机模拟预拼装

1. 原理

　　采用钢结构三维设计软件构建三维理论模型，对加工完成的实体构件进行各控制点三维坐标值测量，用测量数据在计算机中构造实测模型，并进行模拟拼装，通过测量的模拟预拼装与理论模型进行拟合比对，检查拼装干涉和分析拼装精度，得到构件加工所需要修改的调整信息。模拟预拼装流程见图 3.4-1。

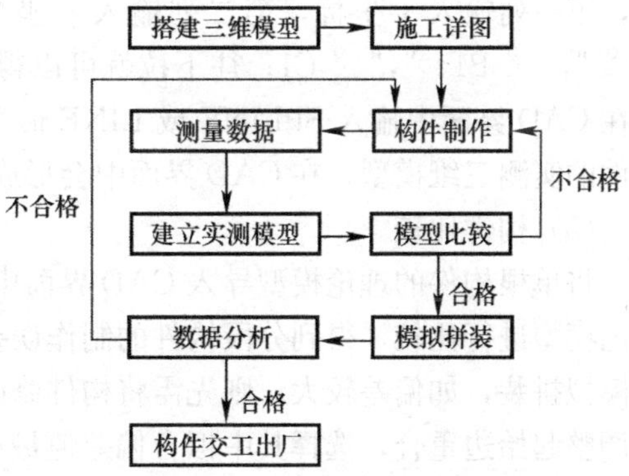

图 3.4-1　模拟预拼装流程图

2. 预拼装流程

（1）三维模型的建立

　　运用钢结构三维设计软件，依托相对应的图纸建立桁架的结构三维模型，通过模型导出供车间生产制作的构件详图及相关零件图。

（2）各单元控制点的划分

根据设计提供的模型及配套的深化设计图纸，结合现场构件的安装要求合理地进行单元划分。

（3）各单元控制点测量

构件制作完成后，车间自检人员通知专职质检员及驻厂监理对相关构件进行验收，同时由专业测量人员利用全站仪对制作完成的构件进行实测，主要对构件外轮廓控制点进行三维坐标测量。

在测量过程中因其他原因全站仪无法一次性完成对构件所有控制点进行测量且需要多次转换测站点。在转换测站点时，应保证所有测站点坐标系在同一坐标系内；同时由于不能保证现场测量地面的绝对水平，每次转换测站点后仪器高度可能会不一致，因此在转换测站点后设置仪器高度时应以周边一固定点高程作为参照；对于同一构件上的控制点坐标值的测量保证在同一时段完成，以保证测量坐标的准确和精度（图 3.4-2）。

图 3.4-2　构件中各单元控制点测量实景

（4）数据转换

将全站仪与计算机连接，导出测量所得坐标控制点数据，将坐标点导入到 EXCEL 表格，将数据在 EXCEL 表格同一单元格里把坐标换成（x，y，z）格式：在 EXCEL 文件里，第一列输入 x 坐标，第二列输入 y 坐标，第三列输入 z 坐标，在第四列中输入＝A1&"，"＆B1&"，"＆C1；往下拉就可以得到 x，y，z 坐标样式，然后选择复制全部数据在 CAD 界面中输入 SPLINE 或 LINE 命令，在命令行中粘贴复制的坐标数据即可得到构件的实测三维模型，在 CAD 界面中会形成线条轮廓线（图 3.4-3）。

（5）构件比较

将单根构件的理论模型导入 CAD 界面中，采用"AL"命令拟合方法将构件实测模型和理论模型进行比较，得到分段构件的制作误差，若误差在规范允许范围内，则可进行下一步模拟拼装，如偏差较大，则先需将构件修改校正后再重新测量。在构件拟合过程中应不断调整起始边重合，选择其中拟合偏差值最小的为准。

（6）模拟预拼装

对各控制点进行三维坐标数据收集、整理汇总并依据设计提供的理论模型将其合理地放在实测的坐标系中，检查各连接关系是否满足设计及相关要求，如有偏差及时进行调整，并形成相关数据记录。模拟预拼装理论与实际坐标值比对见表 3.4-1。

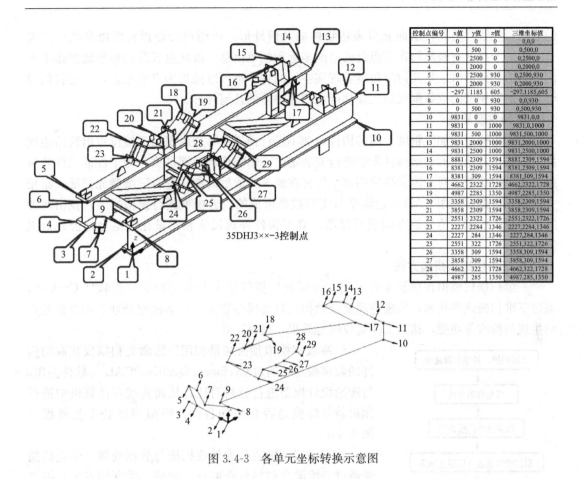

控制点编号	x值	y值	z值	三维坐标值
1	0	0	0	0,0,0
2	0	500	0	0,500,0
3	0	2500	0	0,2500,0
4	0	2000	0	0,2000,0
5	0	2500	930	0,2500,930
6	0	2000	930	0,2000,930
7	−297	1185	605	−297,1185,605
8	0	0	930	0,0,930
9	0	500	930	0,500,930
10	9831	0	0	9831,0,0
11	9831	0	1000	9831,0,1000
12	9831	500	1000	9831,500,1000
13	9831	2000	1000	9831,2000,1000
14	9831	2500	1000	9831,2500,1000
15	8881	2309	1594	8881,2309,1594
16	8381	2309	1594	8381,2309,1594
17	8381	309	1594	8381,309,1594
18	4662	2322	1728	4662,2322,1728
19	4987	2285	1350	4987,2285,1350
20	3358	2309	1594	3358,2309,1594
21	3858	2309	1594	3858,2309,1594
22	2551	2322	1726	2551,2322,1726
23	2227	2284	1346	2227,2284,1346
24	2227	284	1346	2227,284,1346
25	2551	322	1726	2551,322,1726
26	3358	309	1594	3358,309,1594
27	3858	309	1594	3858,309,1594
28	4662	322	1728	4662,322,1728
29	4987	285	1350	4987,285,1350

35DHJ3××-3控制点

图 3.4-3　各单元坐标转换示意图

模拟预拼装理论与实际坐标值比对　　　　　　　　　　表 3.4-1

序号	理论坐标值			实测坐标值			公差			备注
	X	Y	Z	X	Y	Z	X	Y	Z	
A1	998	11560	1510	997	11558	1508	−1	−2	−2	
A2	997	11550	−489	995	11549	−490	−2	−1	−1	
A3	995	11551	−790	994	11550	−792	−1	−1	−2	
A4	8005	12259	1501	8002	12259	1503	−3	0	2	

　　最终根据统计分析表的数据偏差大小是否超出规范要求来调整相关杆件的尺寸，调整后再重新进行计算机拟合比对，直至符合要求为止。

3.4.2　三维激光扫描仪测量计算机模拟预拼装

1. 三维激光扫描原理

　　传统的测量方法是基于单点测量的，得到的是稀疏的二维点数据，它无法充分表现物体的几何外形。现在应用三维激光扫描技术，可以获得清晰而又完整的点云数据以及物体的表面彩色纹理信息，从而充分表达物体的几何外形。所谓点云是指密度极高的点阵集合，每一个点含有被测物在该点处的空间坐标和颜色信息。借助点云我们形象地描述了被测物体的几何形状。从几何学角度看现实空间的物体都可以抽象为点的集合，只要我们能够获得足够稠密的点数据我们就能精确地描述物体的几何外形。

2. 预拼装思路

对于结构复杂加工精度较高的构件，如不进行预拼极易造成现场对接位置出现错边现象，以致与之相连的桁架构件无法进行安装定位，影响现场工期进度，为了保证构件质量外观在可控状态，对于需预拼装的每个构件在加工完成后需逐一进行三维激光扫描收集相关控制点数据，利用 CAD 理论模型与实测数据形成的点云模型进行模拟拼装，找出两者之间的最大的偏差值反馈车间进行修改，直至构件外观尺寸和质量在规范允许公差范围之内。

3. 三维模拟预拼装方法

三维扫描仪模拟预拼装主要采用三维激光扫描仪徕卡 P40 及配套分析软件 Cyclone，通过三维扫描成像技术，实现空间复杂结构的自动模型建立、自动模型处理、构件偏差自动生成与验收等功能，达到实体验收同等效果，提高工效。

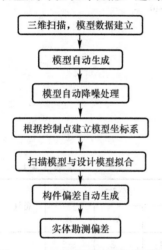

图 3.4-4 三维模拟预拼装流程图

三维数字模拟预拼装是利用三维激光扫描仪获取钢构件的数字模型，通过 Cyclone、Qualify、CAD 等软件协作，与理论设计模型进行分析对比，从而实现在计算机中进行预拼装并检验是否合格的目的。模拟预拼装工艺流程见图 3.4-4。

数字模拟预拼装分为外业扫描与数据处理。外业扫描是通过三维激光扫描仪获取点云数据，并利用点云数据进行逆向建模，扫描前，需要确定构件受控制的关键点，如现场连接部位的截面控制点等，利用标靶将关键控制点标记为特征点。在数据处理过程中，首先在设计模型中确定关键点坐标，利用 Cyclone 软件，依次将需要预拼装构件的数字模型按照关键点坐标依次导入软件中，这样就实现了模拟预拼装。

4. 三维模拟预拼装实施流程

三维激光扫描进行数字模拟预拼装的作业流程主要分为预拼装方案制定、外业点云采集和内业模型处理三大部分。

（1）预拼装方案的制定

根据实际工程量、构件结构情况、制作周期和扫描任务量等重要因素，制定预拼装方案。

在方案制定过程中，要事先收集工艺设计 CAD 图纸，单根构件至少获取三个定位点位置信息（图 3.4-5），并与车间生产确定单根构件的制作完成时间，把所获信息按照构件编号在 Excel 中进行统计。然后将单根构件信息的 Excel 统计表，按照预拼装单元进行分组分类。

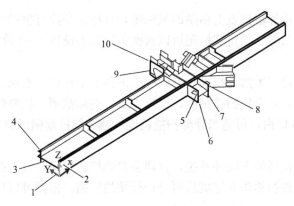

图 3.4-5 构件定位点分布示意图

（2）外业点云采集

本书中外业点云采集的仪器以 Leica P40 三维激光扫描仪（一台脉冲式三维激光扫描仪）为例，其外业点云采集主要涉及如下内容：

1）现场考察

现场考察要结合预拼装方案、构件加工制作的图纸，重点确定现场构件的定位点。扫描作业周围环境应相对稳定，避免过多的震动、干扰，在构件周围留出足够的工作空间以便设站。测量过程中，构件不能发生相对移动。扫描作业一般发生在构件堆场，还需确认扫描作业周围的安全情况。

2）设站方案

对于单根构件现场扫描关键在于确保钢构件定位点点云数据的采集，其次再确定测站与标靶的位置。测站应尽量设在对构件观察较为全面的位置并避免过多设站。此部分方案的制定多以现场草图的形式在原始记录上反映。如图 3.4-6 所示，后者的设站方案优于前者。

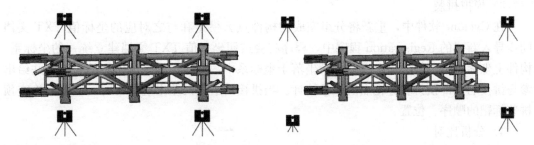

图 3.4-6 设站方案示意图

3）标靶放置

在预拼装过程中，标靶分为拼接标靶和预拼装标靶。两者的位置的变化需要随时反映在扫描方案的草图中，以便后续出现异常情况进行查证。

拼接标靶是两站之间拼接的重要依据，应选择稳定、方便观测的地点设立标靶，两个标靶应拉开距离，以便提升拼接精度，如在测量过程中需要增加标靶，可在某一站位置获取共用标靶后，再次获取新增标靶，在下一站再次扫描新增标靶，确保两站之间正常拼接，一般两站之间的拼接标靶为 2 枚。

预拼装标靶是在构件定位点上粘贴的纸标靶，其特征参数与拼接标靶相同，与拼接标靶同步扫描但要分开命名，预拼装标靶可以根据实际需要设置 3～5 枚。

4）参数设置

按照设站方案架设三维激光扫描仪，调整水平和水平补偿，确保仪器在整个扫描作业过程中保持稳定状态，并设置扫描精度、标靶类型、扫描范围、拍照像素等参数。构件扫描一般距离都在 10m 以内，可适当降低扫描精度、减少扫描范围以提高扫描作业效率。

5）扫描

启动扫描作业后仪器处于闭环系统，仪器会自动旋转扫描并进行拍照，可通过设置进行局部精细扫描，构件扫描作业完成后再进行标靶的扫描，拍照可以用于建立三维模型的纹理映射。

（3）内业模型处理

以 Cyclone 软件作为内业模型处理软件进行说明，其主要进行模型输出、坐标系建立、模拟拼装和分析比对四部分内容。

1）模型输出

在 Cyclone 软件中，利用拼接标靶自动将不同测站扫描得到的点云数据拼接成单根构件的完整点云模型，并用 Unify 功能自动优化去除重复冗余的点云数据。

在保证构件数据完整性的情况下，进行降噪处理，将与构件本体无关的点云数据删除，再对构件的点云模型按照比例进行输出，输出的点云模型优先选择 PTX 文件格式。

按照上述方法步骤，依次对扫描的构件点云数据进行处理输出，输出的点云模型要按照构件编号进行命名，并按照预拼装内容需要进行分组存储。

2）坐标系建立

按照预拼装分组情况，依次在设计模型中找出预拼装标靶（即构件制作定位点）坐标值并按顺序输入于 TXT 文档中，坐标点的命名要和预拼装标靶保持一致。

3）模拟拼装

在 Cyclone 软件中，重新将分组完成的构件点云模型和与之对应的坐标值 TXT 文档同步导入新建的 Registration 程序中，程序将会按照坐标值 TXT 文档建立统一的坐标系，构件上坐标点会以最小综合误差自动坐落于坐标系中，从而自动完成模型的拼接，并给出参与拼接的全部预拼装标靶点的误差统计。当拼接的最大误差出现异常时，应返回检查预拼装标靶的顺序、位置。

4）分析比对

分析比对的平台基于 Geomagic Control 软件对点云数据的分析处理功能，待测模型是由 Cyclone 软件输出的点云模型，参照模型是钢结构预拼装的 CAD 理论模型。

经过 Cyclone 软件输出的点云模型要在 Geomagic Control 软件中进行二次处理。对导入 Geomagic Control 的待测模型进行着色、二次降噪和排出体外孤点等操作，处理无序点云的法线信息，将点云数据移至统一的正确位置以弥补扫描仪的误差，并删除与大多数点存在明显偏差的点，这样点的排序会更加平滑规整。

在模型比对时，要将参照模型设置为数字拟合的标准模型，然后才能进行数字拟合参数的设置。参数需要根据预拼装构件的尺寸大小、空间结构形式、拼装精度要求等因素进行设置，测头半径决定比对的精细程度，主要的比较方法有对称性分析、自动偏差校准、高精度对齐和微调试等。其中对称性分析和自动偏差校准联合使用较多，它可以三维立体分析预拼装整体或局部的对称性并自动进行校准，使得待测模型和理论模型能够进行最大化的数字拟合。

通过输入上下偏差临界值、色谱颜色段等参数，Geomagic Control 软件自动计算出平均偏差、标准偏差和 RMS 估计值等数据，绘制 3D 比较色谱分析图，并自动生成 3D 比较分析报告。从分析报告中查出预拼装偏差超过设计及规范要求时，可以及时通知相关方面进行校正措施。

3.5　能像系统在钢结构制造中的应用技术

1. 概述

基于物联网技术开发设备能像管理系统，利用智能电表、互感器、Wi-Fi 模块，对供电线路进行监控，应用仿真技术模拟出车间设备的实时动态，设备开关机、空带载状态及实时用电量通过能像系统看板直观呈现。建立能耗监控，包括：能耗数据采集、设备状态实时监控、能耗信息处理、信息反馈。

2. 应用价值

以能像为切入点，通过能像系统与资产系统相结合，采用物联网、仿真等技术精准采集设备不同时间段的用电量数据，加强车间设备用电监控，全面掌握企业生产运行期间核心设备的使用情况，不仅可实现设备运行的成本管控，同时为生产布局、产线调整以及排产优化提供真实可靠的参考数据。

3. 关键技术

（1）能像系统与资产系统对接；（2）数据实时采集与分析；（3）可视化管理。

4. 技术要点

（1）能像系统与资产系统对接

能像系统与资产系统对接，所有监控点的电能数据，每天都会上传到资产系统。设备的电能数据在资产系统中汇总，并以报表的形式自动形成分析结果，为成本管控提供参考。

（2）数据实时采集与分析

系统可根据用户需求对信息进行分类查询，可分时段，分设备，分车间进行查询，于历史记录可查询某时间段能耗最大值、最小值、平均值、累计值及准点值，查询结果还可以报表形式输出。通过 Excel 报表模板文件，定义报表的样式，通过 XML 配置文件，对 Excel 报表单元格进行测点信息的配置。可以对报表进行分组、分类，然后发布到 WEB 上。

系统还提供趋势曲线图功能，图包括能耗趋势图、设备利用率对比分析图、设备能效分析图、横向对比分析图等。在固定时间段内通过曲线显示能耗变化，能够更直观观察能耗变化，并为进一步分析提供依据。

1）设备利用率分析

设备利用率＝开机时间/排产时间（18h）。能像系统统计设备的利用率信息，可供车间判断设备的使用情况，更好地利用设备（图 3.5-1）。

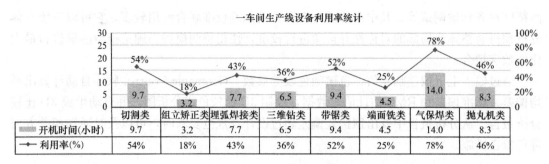

图 3.5-1 设备利用率统计

2）设备效率统计分析

带载时间＝开机时间－辅助工作时间（包括上料、更换工装、更换刀具等活动所用时间）－设备检修时间；设备开动率＝带载时间/开机时间。时间开动率密切反映了生产效率，能像系统可以让车间更直观地了解生产效率，强化计划管理，合理排产（图 3.5-2）。

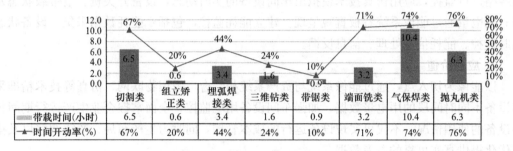

图 3.5-2 设备效率开动率统计

（3）可视化管理

与传统设备管理模式相比，应用能像管理系统的一个重要优势就是实现了可视化的管理模式，大大增强了设备管理的直观性和车间生产管理的调度。车间生产过程中通过数据采集设备将信息传递至软件系统，通过可视化模型中的设备运行状态，为车间排产和任务协调提供参考。

第4章　测量与监控技术

4.1　超高层结构施工测量控制技术

1. 概况

超高层施工测量作业须应对施工过程结构始终处于动态变化的情况。由于塔楼为钢骨及钢筋混凝土混合结构，在钢结构安装过程中，结构受风荷载的影响，而且随日照、温度、风力等气候条件变化，固定在核心筒的塔式起重机的运行等，使大楼的空间位置始终处于动态变化状态。需合理选择控制点测量时间和分段传递的高度。受施工工期限制，施工轴线、标高基准点多次向上传递后，下部楼层面封闭作业，以提前插入内装饰施工。因此轴线、标高基准点不能每次都直接从底板向上传递，需要制订合理的分段传递方案。焊接变形对钢柱垂直度影响较大，现场大量的焊接连接，必须确定合理的焊接顺序，利用焊接变形来提高安装精度，变不利为有利。钢结构安装过程需考虑结构压缩和底板沉降对标高的影响，钢结构安装与土建、幕墙、装饰等专业施工应使用统一的标高基准。

2. 关键技术

某超高层建筑高约500m，主体结构为钢骨及钢筋混凝土混合结构，位于周边的巨型结构和中部核心筒以及连接两者的伸臂桁架是塔楼受力体系的核心部分。

（1）测量控制的重点与难点

1）本工程主楼高492m，属超高层建筑。随着楼层的增高、筒体的收敛，主楼高处受到风、现场施工塔式起重机运转、温差等影响引起晃摆，因此合理选择控制点引测时间和分段传递的高度，保证轴线控制网的垂直引测精度，建立一套稳定可靠的测量控制网是本工程测量工作的重点。

2）本工程钢柱、桁架、巨型斜撑构件截面大、板材厚、焊口多，焊接收缩引起钢柱垂直度发生变化。对钢柱垂直度采取外偏预控，是本工程测量工作的难点。

3）本工程施工过程的楼层高度压缩变形、底板沉降需提前考虑对策。

（2）测量坐标系转换

建设方提供的一级控制网控制点，其坐标系为城市坐标系。坐标位数多，且与建筑物的定位轴线不平行。为了方便现场钢结构安装测量，利用CAD软件将城市坐标系转换成与建筑定位轴线相平行的假定施工坐标系。

（3）平面控制网的建立

本工程结构平面几何尺寸随着高度增加而变化，从地面的正方形变化为六边形至顶部变为长方形，测量控制网的点位位置随结构形状的变化作相应的调整。如1层～57层平面控制网首层（±0.000m）楼板浇筑完毕，混凝土达到一定强度后，在二级控制网的基础上，将控制点引测至主楼内建立8个内控点，内外筒各4个点，如图4.1-1和图4.1-2所示：A点向西距Y9轴500mm、B点向南距X9轴500mm、C点向东距Y9轴500mm、D

点向北距 X9 轴 500mm；垂直方向距离核心墙面均为 300mm。使用区段为 1 层～57 层。

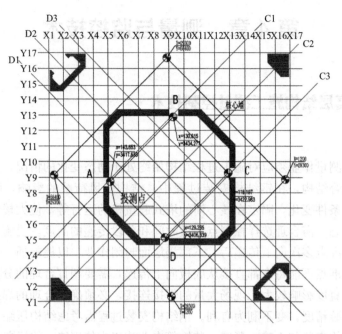

图 4.1-1　1 层～57 层测量控制网平面布置图

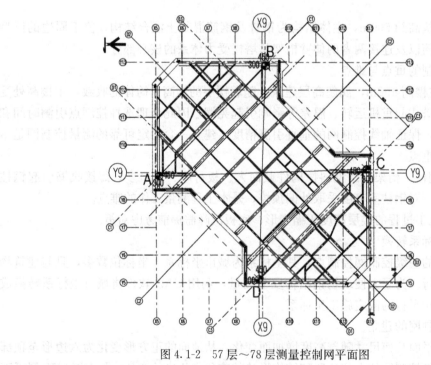

图 4.1-2　57 层～78 层测量控制网平面图

（4）轴线控制网垂直传递

本工程采用苏一光 1/45000 的激光铅直仪垂直引测轴线控制网，操作方法如下：

1）架设激光铅直仪于控制点上，仪器整平、对中，通知上方安置激光接收靶，做好投点准备。

2）接通激光电源，打开激光器，上方人员收到激光后，通知仪器操作人员进行调焦，待光斑直径达 1～2mm 时，由下方测量人员将激光铅直仪缓慢做 360°水平旋转，以消除水平轴、视准轴误差影响。

3）测量人员在激光接收靶上用笔描光斑的移动轨迹（图 4.1-3），由于旋转仪器操作用力的影响，图形轨迹近似圆形。如圆形轨迹直径大于 20mm 时，再次精确调整仪器重做一次，以圆形轨迹的直径在 5mm 左右为好。确定圆心点，此点即是本次引测的平面坐标控制点。

图 4.1-3 点位接收架与控制点校核

4）依据同样的方法引测各点，待四个控制点全部向上投测后，进行点位之间的角度和距离的闭合检测，调整闭合差，确定所投点楼层的测量控制网，相对误差精度可达到 1/20000 以上。

（5）标高控制与传递

施工过程标高采用钢卷尺丈量，每 50m 分段中转传递，为便于标高控制，分段中转后的基准标高点不考虑施工过程出现的底板沉降和楼层压缩变形影响。内外筒的竖向变形不同步，但顶面施工标高始终保持水平。

（6）钢柱、桁架用全站仪快速测量定位

倾斜钢柱、巨型斜撑主要用全站仪测量定位，配置电脑和 AutoCAD 绘图软件，按照 1：1 比例绘图，捕捉要定位的点位坐标，将设计坐标值依编号存入全站仪中，操作人员利用仪器具有的测量放样程序，测量构件上的控制点坐标，仪器显示该点的坐标偏差值，校正人员及时进行校正。

（7）变形监测

为了掌握大楼沉降、压缩变化规律，在地下室底板布置 29 个沉降观测点，从 6 层开始每隔 11 层左右每层分别在内外筒共布置 6 个压缩观测点，定期观测。

1）沉降观测：在主楼基础底板建立了 29 个沉降观测点，总包每两月一次进行沉降观测。对沉降观测数据整理和结果分析。

2）标高点下沉观测：巨型柱、核心筒墙体以及周边柱受压产生压缩变形，竖向标高发生变化。在主楼的 6、17、29、41、52、65、77 层内外筒墙体或柱上埋设高度距楼面 500mm 的观测点。观测点采用定制螺杆埋设，每层对称布置 6 个。高程传递从 19 层开始观测，每次以±0.000 层的基准标高作观测起点，用全站仪将标高传递至大楼上部的观测楼层，再用精密水准仪测量观测点螺杆球顶的标高，计算压缩值。高程传递利用楼层原有轴线传递的激光预留孔洞采用全站仪直接测高。然后进行数据整理和结果分析。

（8）GPS 复测点位精度

为掌握大楼定位轴线偏差和顶部晃摆情况，由某测绘学院专门进行了 5 次 GPS 观测，第 1～4 次对不同施工高度的构件定位轴线进行复测，以监控测量精度，第 5 次为顶部结构晃摆动态观测。

3. 结论

采用超高层结构施工测量控制技术，工程顶面最大偏差 X、Y 方向分别为 15、26mm，满足钢结构施工验收规范允许偏差要求。其测控技术集深圳发展中心、深圳地王、北京银泰等国内多座超高层钢结构建筑施工经验，施工过程对基础底板进行沉降观测，对多个楼层的标高控制点下沉变化进行观测，运用 GPS 先进技术复测构件定位精度和测量大楼的晃摆规律以指导施工测量。其测量作业人员少、定位快、精度高，测控技术先进，方法科学合理。建议进一步细致分析各种测量数据，总结积累更多的超高层施工测量经验。

4.2 全钢结构超高层测量施工技术

1. 概况

常规的超高层结构形式多为框架＋核心筒、框架＋剪力墙、筒体结构，此部分超高层结构测量施工一般依附于稳定的混凝土筒体或剪力墙进行内控测量施工，或者运用附近已完的高于自身的建筑进行外控测量。

常规测量内控法将控制点布设在核心筒角部，用于轴线观测及垂直引测，如图 4.2-1 所示。

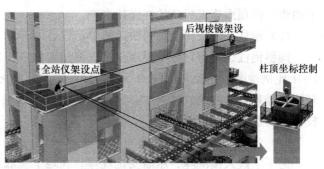

图 4.2-1 常规测量方法高程引测、钢柱安装测量校正示意图

某全钢结构工程，无混凝土核心筒结构，整体结构高度为 350m，采用 30 层巨柱作为主体竖向支撑，采用大型斜撑与巨柱联系，作为整体结构抗侧力体系，其中斜撑标准层时每层为 36 根，桁架层时每层为 66 根，楼层为钢梁相互联系，形成全钢框架体系，其钢梁平均每层为 85 根。该建筑高度远远超过附近已完成的构筑物。采用传统内控法时，建筑物上无稳定结构满足控制点布设要求，造成钢结构安装测量误差较大，并且一定楼层以上

无法采用邻近建筑物作为外控测量控制点。

基于上述问题，采用全钢结构超高层测量施工技术，针对施工各阶段测量方法进行优化研究，由下至上随结构逐渐升高，分别采用外控法、角度后方交会法、GPS 静态测控＋角度后方交会法进行钢结构施工测量控制，从而保证钢结构安装精度。

2. 关键技术

（1）测量方法选择

为保证全钢结构塔楼施工精度，且考虑在项目的整个安装周期中采用唯一的一套坐标控制体系（避免不同控制网转换带来的结构定位偏差），项目部决定采用 GPS 静态测控法在主塔楼附近建立一套整体的测量控制网（二级），控制网中的基准点位涵盖项目整个安装过程中的测控设站点，点位布置及测量施工思路如下：

1）地下室至 100m 标高范围采用外控法。在项目附近的超高层建筑上设置 GPS 静态测控点作为测量施工设站点，依此控制地下室至 100m 标高段全部钢柱安装精度；

2）100～350m 标高段采用外控法＋角度后方交会法。项目施工至 100m 以上时，附近的超高层上的控制点已无法对全部钢柱进行测量控制，只能满足辐射范围内的外排钢柱测量控制。项目部采用在地面围绕主塔楼 350m 半径（确保建筑物封顶前观测仰角均在 45°以下）的圆周上建立测站点，并结合之前的外控点进行外排钢柱的测量施工。

采用在已施工（测控完，加固后）完成的外排钢柱上设站，并且角度后方交会测量控制网中的基准点的方法进行测量施工。

（2）主塔楼地下室至 18m 标高段

地下室至 18m 标高段可以直接采用业主提供的一级控制网 Ⅱ89、Ⅱ90、Ⅱ91 进行闭合后引测施工二级控制网 KZ1、A3、S9，并以此进行结构施工测量控制（图 4.2-2、图 4.2-3）。

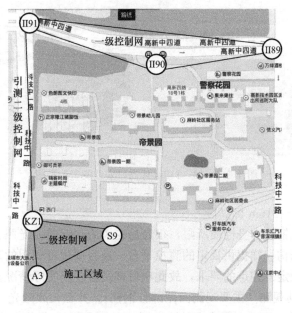

图 4.2-2　塔楼地下室至 18m 标高段测量控制网

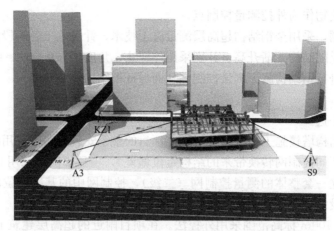

图 4.2-3　地下室至 18m 标高段安装测量示意图

（3）主塔楼 18～118m 标高段

随着钢柱高度不断增长，K1、A3、S9 组成的地面二级控制网测控仰角已经过高，无法满足施工需要。此时，在西侧大族激光大厦楼顶设置一个稳定的外控点，进行外控测量施工，步骤如下：

1）闭合一级控制网Ⅱ89、Ⅱ90、Ⅱ91，由Ⅱ89 引测至科技中二路中转点 KZ2。

2）由 KZ2 引测大族激光楼顶部控制点 DZ1，在 DZ1 设站后视 KZ2，并核对二级控制网 S9 点，核对无误后进行结构测控施工（图 4.2-4）。

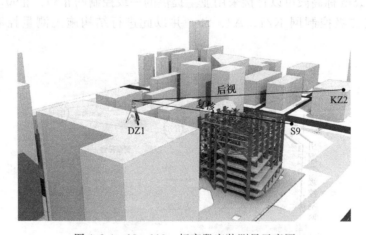

图 4.2-4　18～118m 标高段安装测量示意图

（4）主塔楼 118～216m 标高段

全钢结构工程受钢铁本身性质所限，很容易受风力、温差、光照、施工荷载等因素影响，无法像混凝土结构一样提供稳定的测控平台。项目周边可利用的建筑物高度较低，均无法满足建立长期稳定外控点的要求，故此项目部结合现场实际情况，决定后续使用大族激光控制点 DZ1 辅助观测（主要观测西侧部分钢柱），并在大族激光（DZ2）、阳光海景豪苑（YG1）、环球数码（HQ1）、威盛科技大厦（WS1）四栋楼顶设置棱镜，在柱顶设站，采用角度后方交会法进行测量施工（图 4.2-5）。

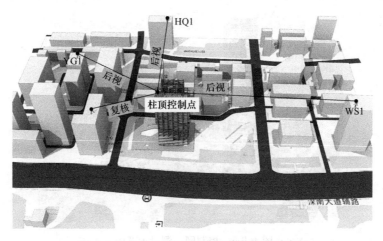

图 4.2-5 118~216m 标高段安装测量示意图

为保证角度后方交会法测设精度，首先应保证在测站点进行后方交会的角度在 30°~120°；然后，在每一次后方交会时，应选择三个后视点，并用第四个后视点进行复核，必要时再次复核大族激光上的 DZ1；其次，在施工测控阶段，要充分考虑风力、温差、光照的影响，并避让塔式起重机等大型施工机械运转时间；最后，实测时，应每隔 20min 重新后方交会一次，确保测控点精度。

（5）主塔楼 216~350m 标高段

随着建筑高度不断增加，钢柱截面也在逐步减小，主体在建结构受风力、温差、太阳照射、施工荷载等因素影响的晃动幅度越来越大，测站点设置在柱顶已无法确保测控精度。针对上述亟待解决的问题，项目部在地面围绕建筑物 350m 半径（确保建筑物封顶前观测仰角均在 45°以下）的圆周上建立测站点，将全站仪测站点转移至地面。由于测站点分布范围过广且部分点位中间无法通视，为确保点位精度，项目部决定使用 GPS 静态测控法确定测站点位。

1）GPS 测量控制点布设

采用 GPS 接收机布置项目施工测量控制网。在项目北侧高新中三道设置 G1、G2、G3，为便于后期架设仪器及校核控制网，在科技中一、二路主体结构东西两侧增加两个辅助后视点 F1、F2；G4 位于威盛科技大厦楼顶，为防止点位损坏此处增加一个备用点 B1；G5、G6、G7 分布于主体结构 27 层，G8、G9 分布于主体结构 41 层；G10、G11 位于深圳大学校园内。

2）GPS 测量控制网建立及闭合

控制网中点位选择原则上是要建立在地面基础稳固，易于点位保存的位置。然而塔楼内的点位受限于当前混凝土楼面仅浇筑至 35 层，而威盛科技大厦楼顶点位 G4 仅能与结构楼层 37 层以上通视。所以建立了两套测量控制网，具体如下：

控制网一：高新中三道 G1、G2、G3 与主体结构 41 层 G8、G9 和威盛科技大厦 G4 构成二级控制网（图 4.2-6）。

控制网二：高新中三道 G1、G2、G3 与主体结构 27 层 G5、G6、G7 和深圳大学 G11、G12 构成二级控制网（图 4.2-7）。

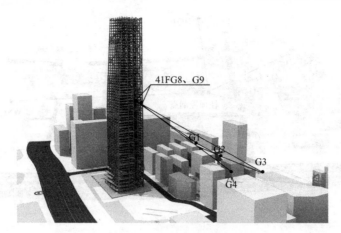

图 4.2-6 控制网一测量示意图

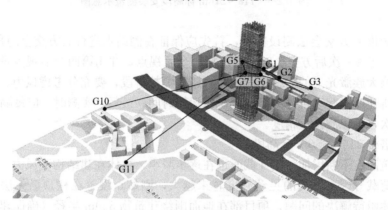

图 4.2-7 控制网二测量示意图

3）测量施工

外围钢柱校正过程：采用上述 GPS 静态测控法建立的二级控制网，在地面控制点进行设站。运用外控法，进行项目塔楼外围钢柱的测量控制。

内侧钢柱校正过程：重复外部测站点设站过程，然后投测二到三个临时控制点到柱顶，根据现场工况及需要校正的钢柱位置，选择合适的临时控制点架设仪器，并后视另外的临时控制点，设站完毕对钢柱进行校正。

4）精度保证措施

① 在业主提供的一级控制网（Ⅱ89、Ⅱ90、Ⅱ91）位置同样设置 GPS 信号接收机，将采集到的坐标数据与原始数据进行比对复核；

② 采用全站仪对二级控制网进行闭合复测，确保各点位精度在±3mm；

③ 因测控距离较远，柱顶需架设定制的单杆大棱镜接收发射信号；

④ 采用外控法校正外围钢柱时，要尽量确保同时有两台全站仪在不同点位对需要观测的测控点进行观测，并对比观测数据，数据一致方可反馈给校正班组进行调校；

⑤ 采用内控法校正内侧钢柱，投测的临时控制点，投测过程要由两台全站仪在外部不同测站点同时设站完成，一台负责投点，一台负责复核，确保两台观测数据一致方可使用该点坐标；

⑥ 要充分考虑受风力、光照、温差对结构测量施工的影响，并采取误差补偿方法；

⑦ 充分考虑常规测量施工中引起测量偏差的因素，并采取措施进行规避。

3. 总结

相比于常规的带有混凝土剪力墙或核心筒的超高层，全钢结构超高层建筑具有施工速度快、结构自重轻、抗震性能优越、使用空间大、空间布置灵活等优点，但抛开了稳定的混凝土核心筒或剪力墙结构后，施工测量精度控制难度加大，选择一套合理的测量控制方法成为全钢结构超高层施工的难点。通过对超高层建筑上部结构外控法、角度后方交会法、GPS 静态测控法进行施工优化研究，为全钢结构超高层施工测量提供了一套合理的测量控制方法，经实践可知，本工程所采用的施工方法能够保证钢结构安装精度。

随着越来越多的工程采用全钢结构，本工程提供的测量方法可为类似全钢结构工程钢结构施工测量提供借鉴经验。

4.3　超高层建筑钢结构智能测量技术

1. 概况

随着全球经济和科学技术不断发展，测量技术水平也相应地得到了迅速提高，测量作业手段也获得了质的飞跃，测量仪器由传统的光学高精度自动测量机器人、水准仪、钢卷尺等，发展到现场普遍使用的带自动电机的全站仪、GPS 全球定位系统、北斗卫星定位系统、三维激光扫描仪、数字摄影测量、无人机测量等，同时数据传输手段也从传统的手簿记录、数据线传输，发展到基于物联网的无线传输技术，测量数据处理也由单一数据源处理发展到多源信息的融合处理。

钢结构具有强度高，结构重量轻，韧性塑性好，良好的加工性能和焊接性能，施工速度快，抗震性能好等优点，钢结构作为绿色环保型建筑受到越来越多国家和地区的青睐。在钢结构建筑的安装过程中，安装测量发挥着重要作用。钢结构对在施工安装过程中产生的几何偏差敏感性比较强，钢结构测量技术与精度直接关系到钢结构施工质量和安全性能。

随着特大型钢结构、异形钢结构、超高层钢结构在国内外的蓬勃兴起，钢结构测量工作内容复杂多样、测量精度要求高、技术难度大、测量工期要求紧、施工项目多为政府标志性工程、测量环境恶劣等特点愈加明显，钢结构测量定位精度的高低直接影响到钢构件吊装精度、安装质量。这要求钢结构工程安装测量定位工作需要极其精确和高效率，采用传统的测量手段已经很难满足施工中对于高精度和高效率的需求。

为了提高钢结构建筑的施工精度、施工效率，基于带自动电机的全站仪、电子水准仪、GPS 全球定位系统、北斗卫星定位系统、三维激光扫描仪、数字摄影测量、物联网、无线数据传输、多源信息融合等智能技术的钢结构智能测量技术应运而生，极大提高了钢结构施工的精度和安装效率，提升了钢结构工程的建设整体质量，同时实现了对钢结构建筑的全生命周期测量。

随着社会的发展和科技的进步，测量新技术无疑将更加面向信息化、智能化、科学化发展，更加快速、高效、准确、真实。因此对于钢结构工程建设方面，钢结构测量技术也必将向智能化测量方向进行转型。

2. 关键技术

钢结构智能测量技术是指在钢结构施工的不同阶段，采用基于带自动电机的全站仪、电子水准仪、GPS全球定位系统、北斗卫星定位系统、三维激光扫描仪、数字摄影测量、物联网、无线数据传输、多源信息融合等多种智能测量技术，提高钢结构安装的精度、质量和施工效率，解决特大型、异形、大跨径和超高层等钢结构工程中传统测量方法难以解决的测量速度、精度、变形等技术难题，实现对钢结构施工进度、质量、安全的有效控制。

（1）高精度三维测量控制网布设技术

高精度三维测量控制网由平面控制网和高程控制网同点布设形成，在每一个测量控制点上融合三维坐标即形成三维测量控制网。高精度三维测量控制网布设技术是指采用GPS空间定位技术或北斗空间定位技术，结合同时具有双轴自动补偿、伺服电机和自动目标识别（ATR）功能及机载多测回测角程序的智能型全站仪（如Leica公司的TCA系列/Ts系列）和高精度电子水准仪（如天宝公司的DINI系列）结合条码铟瓦水准尺，按照现行测量规范，建立多层级、高精度的三维测量控制网。

首级平面控制网是在业主提供的控制点基础上，根据建筑物的总平面定位图，建立一个稳定可靠、不受施工影响的首级平面控制网。它是二级平面控制网建立和复核的唯一依据，在整个工程施工期间，必须保证这个控制网的稳定可靠。该控制点的设置位置选择在稳定可靠处，且设置保护装置。GPS控制点应选在稳定，安全、通视条件良好，易于长期保存，便于使用及发展下一级控制的地方。GPS点的埋设是在控制点选点结束之后开始的。对实地为水泥地面的，采用钢钉标志，并涂上红漆，以便查找控制点的位置。GPS控制点的施测采用GPS静态观测方式按照C级网标准进行观测。二级平面控制网的布网以一级GPS平面控制网为依据，布置在施工现场以内相对可靠处，用于为受破坏可能性较大的下一级平面控制网的恢复提供基准，同时也可直接运用该级平面控制网中的控制点进行测量。

二级平面控制网应包括建筑物的主要轴线区域，控制点应选在稳定，安全、通视条件良好，易于长期保存，便于使用及发展下一级控制的地方。四等三角网测量采用带具有双轴自动补偿、伺服电机和自动目标识别（ATR）功能及机载多测回测角程序的智能型全站仪进行观测，测角、测边精度分别为$1''$和$1mm+1ppm$，实现任意形式平面控制网的自动观测、记录和观测量计算，使用智能图文网平差软件进行观测网整体严密平差，迅速、精确建立平面控制网。

利用带有自动安平功能的高精度电子水准仪结合条码铟瓦水准尺，通过人工瞄准尺面，自动测量、记录，再使用内业数据传输软件及数据后处理软件进行观测数据传输和自动整理，使用智能平差软件进行严密平差，建立高精度高程控制网。

将共点的平面和高程控制网组合成高精度三维控制网后，即可用于钢结构安装施工测量和变形监测。

（2）钢结构地面拼装智能测量技术

使用智能型全站仪及配套测量设备，利用具有无线传输功能的自动化测量系统，结合工业三坐标测量软件（如解放军信息工程大学的MetroIn），实现空间复杂钢构件的实时、逐步、快速地面拼装定位。

通过将构件特征端口进行水平投影，使用水平布置的胎架固定构件平面位置，使用电子水准仪用水准测量的方法控制构件各端口高度，是对较规则构件进行地面快速拼装的简易技术手段。

通过建立钢构件地面拼装小型三维控制网，结合全站仪自动测量系统后方交会自由设站功能，可实现灵活转站从而实现对复杂钢构件的地面拼装快速三维定位。

对含球形节点的构件地面拼装，按一定算法建立解算程序，利用自动测量系统采集结点球表面若干个特征点三维坐标，拟合圆心坐标，通过比较与设计球心坐标的偏差，指导结点球逐步调整到设计位置。

（3）钢结构精准空中智能化快速定位技术

钢结构力学计算模型比较清晰、严谨，对尺寸变化比较敏感。下料不精确，会造成构件的变形，安装时不能就位，影响承载效果。同时在高层建筑中，房屋高，体型大，误差积累非常显著，柱子或其他构件微小的偏移会造成上部很大的变位，极大地改变结构的受力，影响设计效果，甚至产生工程质量事故。

从快速空间测量定位的角度，采用带无线传输功能的测量机器人自动测量系统对空中钢结构安装进行实时跟踪定位，即时分析其与设计偏差情况，及时纠偏、校正，实现钢结构快速精准安装。解决钢结构空中拼装施工过程中因为测量定位的精度不足引发的安装质量问题以及钢结构施工过程中因为高空传统测量作业困难导致的安装效率低下问题。具体测量模式如下：

1）对空中散拼安装，利用三维控制网成果，使用智能型全站仪结合小棱镜、球形棱镜或反射片，快速测量吊装单元特征点三维坐标，通过实时比较与设计位置的偏差，指导钢构件快速、准确就位。

2）对滑移安装，使用全站仪自动测量系统测量三维坐标法控制主要特征点的平面坐标按设计就位。

3）对整体提升安装，使用电子水准仪高程放样法实时测量主要特征点高程位置。

4）对巨型钢构件，使用 GPS 动态定位（RTK）技术，通过在钢构件不同位置安装多台流动站接收机，通过实时监视流动站的姿态实现对巨型钢构件的协助就位安装。

（4）基于三维激光扫描的高精度钢结构质量检测及变形监测技术

在钢结构建筑的施工过程中，安装质量检测以及变形监测是其中的重要环节。快速正确评估钢架的拼接质量以及全面系统地掌握钢结构的变形趋势是施工的重要工作，对降低施工成本，保障施工快速安全地完成具有重要的意义。由于整体钢结构是刚性构件，若评估检测与变形监测不准确，往往会引发工程事故，造成工程的延期，浪费人力与物力成本。然而钢结构建筑往往没有固定特征，构件的数量非常多，施工过程中的质量检测与变形监测非常复杂，必须采用一种快速密集的检测方法保证施工过程的顺利进行。传统的钢结构建筑物安装检测和变形监测手段主要通过全站仪观测部分钢结构特征部位，结合机载对边测量程序，通过检验给定两特征点的空间斜距、平距及高差等方式与设计模型数据对比，从而检验钢件的焊接质量与变形信息。常用工具包括：MATALAB 编程、MetroIn 三坐标软件坐标系转换、AutoCAD 模型三维配准（3Dalign 命令）等。这种方法工作周期长、检测密度不足难以实现直观全面的检测，无法满足钢结构建筑施工过程中的安装检测与健康监测的需求。

采用三维激光扫描技术，可以深入到钢结构复杂现场环境进行扫描操作，并可以直接实现各种大型的、复杂的、不规则、非标准的实体三维数据完整的采集，进而重构出实体的线、面、体、空间等各种三维数据。利用数据后处理软件进行构件面、线特征拟合后提取特征点，并按公共点转换三维配准算法，获得各特征点给定坐标系下的三维坐标，比较与设计三维坐标的偏差值来进行成品检验。同时，激光扫描数据可对构件的特征线、特征面进行分析比较，更可全面反映构件拼装质量。

三维激光扫描能通过大范围密集扫描快速获取点云数据，对扫描数据进行处理得到需要的检测结果，快速全面地完成安装质量检测与变形监测任务。三维激光扫描后期处理得到的数据虽然精度高、速度快，但是针对钢结构点云数据处理的配套软件不足。现在广泛应用的几种点云数据处理软件如 Leica Cyclone、Geomagic、Trimble Realworks、Innov Metric Polyworks、Imageware 等，有着各自不同的算法特点。

（5）基于数字近景摄影测量的高精度钢结构性能检测及变形监测技术

数字近景摄影测量通过即时获取某一瞬间被摄物的数字影像，经过解算，来获得所有被摄点的瞬时位置，具有信息量大，速度快、即时性强等特点，因此广泛应用于建筑物的变形监测，大型工业设备变形检测，钢结构的性能检测等领域。

在利用数字近景摄影测量方法进行钢结构桥梁、大型钢结构的精确测定过程中，在被测定的结构体上以及周围环境中一般会布置大量的人工标志点，作为后续影像量测计算的依据。摄影测量中所布设的标志点是具有特定几何形状（三角形、圆、四边形等）的平面图案或几何体，图案中某个特定位置（圆心、交叉点等）作为该标志点的位置。对作为控制点的标志点，其实际空间位置已被精确地测定，而对于待定点，则需根据标志点在摄影图像上的位置计算其实际空间的位置。无论哪种情况，都需准确测定标志点在近景影像上的成像位置。

在获取的图像中，由于标志点所处位置到相机的远近及角度不同，标志点在近景影像上的成像有不同变形，与实际布设的图案有一定差异，这会影响数字近景影像上标志点确切成像位置的定位与量测。为了保证近景摄影测量精度的要求，需要精确测定标志点在图像上的位置，而采用常规的目视量测方法标志点位置量测只能得到像素级精度，现在使用的数码相机的像素大小为十几个微米，采用目视量测方法，标志点量测精度也只能到十几个微米。这在很多情况下不能满足被摄物体精确定位的要求。因此为保证数字近景影像处理结果的精度，应研究数字近景图像上标志点位置的精确确定方法，提高标志点定位的精度（达到子像素级），以保证图像参数的解算精度和最终对所摄物体的精确定位。

针对大尺寸钢结构工业三坐标测量，数字近景工业摄影测量的关键技术如下：

1）高质量"准二值影像"的获取。

2）标志中心高精度定位算法。

3）数码相机的标定与自标定。

4）基于编码标志和自动匹配技术的自动化测量技术。

5）测量网形的优化与设计。

（6）基于物联网和无线传输的变形监测技术

钢结构安装过程中对天气、温度等条件敏感，钢材热胀冷缩，尺寸变化较大，温度过高或过低都会对安装精度产生影响。钢结构分段拼装施工过程中将不同部位的温度、湿度、应力应变等信息及时汇总、分析、计算，将有力确保钢结构施工的精准性和安全性。将钢结构施工现场的温度计、湿度计、应力应变计等众多传感器通过无线传输的方式集成到计算机中，克服传统传感器需要传输线不适合施工现场条件的弊端。

通过建立自动化监测系统，使用智能全站仪，结合自动监测软件及配套持续供电装置及无线数据传输技术，利用已建立的高精度三维控制网，通过全站仪自动后方交会测量在钢结构构件上预先焊接连接杆安插棱镜或直接粘贴反射片作为变形特征点，并同设计数据进行对比，实现钢结构无人值守的自动化、连续监测技术自动、实时处理和自动报警。

通过在钢结构屋盖上方安装多台 GPS 接收机，实现钢结构变形长期、自动监测，通过三维激光扫描、数字近景摄影测量也可以获取对钢结构的自动变形监测数据。

最终将集成后的传感器测量数据和测量机器人系统数据、三维激光扫描数据等众多信息在施工监控系统中融合、分析、演算，最终确保钢结构的状态符合设计要求。

3. 技术指标与技术措施

（1）高精度三维控制网技术指标

建立的高精度三维控制网相邻点平面相对点位中误差不超过 3mm，高程上相对高差中误差不超过 2mm；单点平面点位中误差不超过 5mm，高程中误差不超过 2mm。

（2）钢结构拼装空间定位技术指标

拼装完成的单体构件即吊装单元，主控轴线长度偏差不超过 ±3mm，各特征点监测值与设计值偏差（X，Y，Z 坐标）均不超过 10mm。具有球结点的钢构件，检测球心坐标值与设计值偏差（X，Y，Z 坐标）均不超过 3mm。构件就位后各端口坐标（X，Y，Z）偏差均不超过 10mm，且接口（共面、共线）错台不超过 2mm。

（3）钢结构变形监测技术指标

三维坐标观测精度应达到允许变形值的 1/20～1/10。

4. 结论

超高层建筑钢结构智能测量技术可用于大型复杂或特殊复杂钢结构工程施工过程中的构件验收、施工测量及变形观测等。

4.4 巨型柱定位测量技术

1. 概况

目前，随着世界高层建筑的不断发展而竞相推出高度大于 500m 的超高层建筑，为了解决超高层建筑抗风和抗震问题，往往采用巨型结构组成的抗侧力体系。巨型结构是一种新型结构体系，不同于普通的框架、剪力墙、筒体以及框架＋剪力墙结构，它往往是由大型巨型梁、巨型柱组成。其中，巨型柱的尺寸往往超过一个普通的框架柱距，形式上可以是巨大的实腹钢骨混凝土柱、空间格构式桁架或筒体。巨型柱的施工质量对超高层建筑起着重要作用，而测量定位是施工质量控制的关键点。本节结合某超高层项目 4 根巨型柱的实际施工情况，阐述巨型柱的测量定位技术，为类似超高层建筑的施工提供参考和借鉴。

该大厦结构总高度约 600m，主体结构采用巨型框架＋钢筋混凝土核心筒结构体系，核心筒剪力墙混凝土强度等级 C60，内筒为混凝土内包钢板和劲性钢柱剪力墙结构，外筒由四角 4 根巨型钢柱、9 道巨型环带桁架和巨型斜撑共同组成。

巨型柱位于建筑物平面四角并贯通至结构顶部，其平面轮廓结合建筑及结构构造连接要求，呈六边菱形，底部截面积约为 45m²，顶部楼层巨型柱截面积约为 5.4m²，最厚处钢板尺寸 120mm。在各区段分别与水平杆、转换巨型柱及巨型斜撑连接，形成整体巨大的刚度结构。巨型柱沿高度并配合建筑要求分 8 次内收并以整体 0.88°向上倾斜，外侧平齐。

2. 关键技术

（1）巨型柱精度控制重、难点分析

1）巨型柱结构外形复杂，平面呈六边菱形，截面积由 45m² 内收到顶至 5.4m²，并经过 8 次截面变换，变截面处按 1：6 坡度，同时巨型柱以 0.88°整体向塔楼中心倾斜，直线水平距离偏移近 9m。

2）巨型柱施工现场工况异常复杂。巨型柱先于水平结构施工，顶端与水平结构有一定的高度差，施工过程中最大处高于水平钢结构 10 节，高差达到 30m，呈 1 根斜柱状，无任何支撑节点。

3）巨型柱施工现场为高空作业，作业条件较差，测量仪器和接收装置在高空中设置较为困难，没有固定架设仪器的平台，给测量仪器操作带来极大不便。

4）水平结构钢梁密布，遮挡较多。控制点向上投测过程中，激光点要穿过多层结构，而各楼层内水平钢梁位置并不在一个平面上，故钢梁对激光点的投测遮挡较多，给点位投测通视带来极大困难。

5）巨型柱定位要求精度高。根据相关规范要求，单节巨型柱允许偏差为 $H/1000$（H 为柱高），整体垂直度允许偏差小于 50mm，而幕墙铝板垂直度最大允许偏差仅为 25mm。

（2）影响巨型柱测量定位原因分析

工程中巨型柱为超高超大结构，钢结构施工中共分为 158 节进行拼装焊接，每节高度为 1.78～7m，测量定位精度受外界因素影响较大，主要有以下几个原因。

1）构件偏差。巨型柱结构复杂，每节拆分多个分段分别制作，通过分段的加工精度来保证整体的精度。故在下料、切割等过程中不可避免地出现一定误差。

2）观测条件误差。测量过程中测量仪器、观测人员、外界自然条件等会引起误差，这些误差的存在不可能完全避免，它们与观测结果的好坏有直接关系。

3）控制网传递过程中误差。随着高度的增加，平面和高程控制网多次转换，空间位置变化大，导致控制网稳定性较差，增加了测量累计误差。

4）现场自然和施工环境引起的误差。由于巨型柱先于水平结构施工，最高点往往高于水平结构数米而形成悬臂状，钢结构因柔性而受风、日照影响较大。另外，在塔式起重机运转过程中也会造成巨型柱轻微晃动，这些都给测量定位造成影响。

（3）巨型柱定位控制网布置

1）平面一、二级控制网的建立

建筑物控制网采用一、二两级控制。一级控制网在塔楼外围，距塔楼一定距离，按矩形布设。二级控制网由一级控制网引测，布设在塔楼水平结构上呈矩形作为巨型柱控制的内控网。随着塔楼高度增加和巨型柱内缩，二级控制网的控制点位因距离巨型柱越来越近，而造成点位无法向上投测，故需要在一定高度的转换楼层对控制网做出调整。在需要调整的楼层混凝土浇筑前预先放出点位并埋设钢板，待楼板浇筑完成后进行控制网转换测量。控制网转换时，在下层控制网的基准点上用 4 台激光垂准仪同时投测点位，检查无误后，使用全站仪用极坐标法将新设计点位放出，测量其边、角，检核角度闭合差和各边边长，符合规范要求后按照导线严密平差计算出新的坐标，根据设计值调整点位，最后在钢板上刻上"十"字。

2）高程控制网

对业主提供的高程控制点检核无误后，将高程点引测至主塔楼首层核心筒剪力墙的四周，测出本工程 ±0.000m 处，用红油漆标识并弹测墨线，作为塔楼上部施工和巨型柱标高控制的依据。

（4）巨型柱构件尺寸复核及预拼装

巨型柱构件加工完毕后对其每个部分进行截面尺寸测量，掌握其偏差情况。对于复杂的巨型柱，为了检测分段的加工质量，保证现场的顺利安装，在构件加工完成后进行厂内预拼装，统一其加工精度。根据塔式起重机的起吊能力以及巨型柱的结构形式，普通构件在地面进行部分拼装，之后采用高空拼装并进行焊接。

（5）巨型柱测量控制方案

巨型柱吊装完毕后，每节巨型柱选取 6 个固定点作为巨型柱的定位特征点，在构件加工完成时便打上样冲眼做好定位点标记。在钢结构深化图纸中，巨型柱特征点的定位平面坐标为建筑坐标 (x, y, z)，坐标系以塔楼中心点为原点，相交的南北两条垂直轴线分别为 x 轴和 y 轴。

1）控制点引测

为保证外框和内筒的整体性，核心筒与巨型柱的控制网保证统一性。在首层楼板浇筑混凝土之前，先预埋 200mm×200mm×10mm 厚钢板，钢板埋设位置为一纵一横控制线交点，在点位测量准确无误后，交点处刻画上"十"字，对其做好保护，这些点所组成的方格网即为 ±0.000m 以上各楼层的平面控制网。控制点向上传递如图 4.4-1 所示。

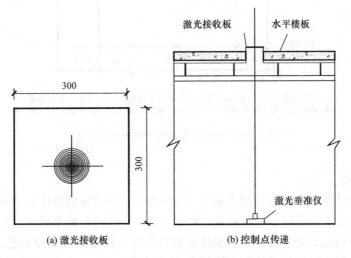

(a) 激光接收板　　(b) 控制点传递

图 4.4-1　控制点向上传递示意

由于核心筒墙体先于外筒结构施工，在平面上无操作平台，为了方便测量，预先在核心筒大角及墙体内侧边缘贴上 10cm×10cm 激光反射片，作为控制点和标高的临时转换点。点位投测时，将 2 台激光垂准仪分别架设在控制网对角的 2 个内控点上，全站仪架设在其中 1 个巨型柱最高点，与激光垂准仪架设的控制点呈三角形。对中整平垂准仪后，通过预留孔洞向上投测，接收靶架设在钢结构施工的水平结构最高楼层，用于接收激光点位。在接收靶上的激光点达到最佳大小光斑后，按 1 个方向 90°、180°、270°、360°缓慢旋转垂准仪，待闭合后标出四边形的几何中心。重复操作上述步骤，如果点位与标记点重合则该点作为控制点，否则重新投测。待 2 个点位投测完毕后利用全站仪后方交会法测量出核心筒上 3 个以上激光反射片坐标，作为转换控制点。后方交会法是根据 2 个及 2 个以上已知点的坐标、高程，由全站仪观测并自动计算测站点的坐标和高程的方法，观测点越多计算的坐标精度越高。

2）标高传递

根据本工程钢结构特点和现场实际情况，标高控制网跟随平面控制网通过预留孔洞采用全站仪标高竖向测距传递的方式向上投测。具体方法是，全站仪架设在控制点上，把全站仪望远镜调至水平角度 $90°0'00''$，后视剪力墙上已有的标高基准点，然后再把望远镜调整至 $0°0'00''$，测量全站仪到接收板的垂直距离，使用水准仪把接收板面的标高引测至核心筒剪力墙大角激光反射片上，每个角标高引测 1 次，直至 4 个标高能够闭合。图 4.4-2 中，$H_2 = H_1 + a + S + c + b_1 + b_2$。

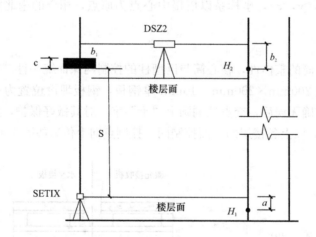

H_1—已知点标高；a—已知点与仪器水平时中心高差；S—仪器至棱镜垂距；
c—棱镜中心至底面间距(常数18mm)；b_1—棱镜底面上水准尺读数；b_2—凑整数

图 4.4-2 全站仪标高竖向测距传递示意

3）定位控制

根据图纸设计要求，巨型柱出地面±0.000 后以 0.88°向塔楼中心方向倾斜，测量前预先复核深化图纸上给出巨型柱特征点三维坐标（x，y，z）的准确性。20 层以下由于高度较低，直接采用后方交会法。在巨型柱吊装到位后，将全站仪架设在已经焊接完毕的 1 个巨型柱上，后视一级控制网的 2 个控制点，采用后方交会法交出测站点坐标。然后反测

2 个控制点检查无误后开始进行校正。依次测量出巨型柱上的各特征点）（图 4.4-3），边校正边测量，直到设计坐标与测量结果的坐标值满足相关规范要求为止。巨型柱测量校正如图 4.4-4 所示。

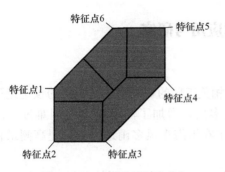

图 4.4-3　巨型柱特征点位

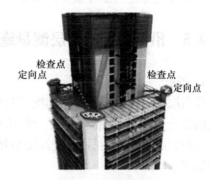

图 4.4-4　巨型柱测量校正示意

20 层以上因为高度增加，全站仪后视一级控制网俯角过大，故采用"全站仪＋激光反射片"的方法对巨型柱进行整体测量。首先在水平结构 4 个内控点上选取对角的 2 个点同时架设 2 台激光垂准仪，对中整平后同时开机向上投测，在最上层水平结构钢板安装完成的楼层进行接收，同时全站仪分别架设在第 3 和第 4 个点位附近的巨型柱上，与架设垂准仪的点位呈三角形状，利用全站仪后方交会原理进行测量。依次测量出巨型柱上特征点的坐标值，并与设计值相比较，直至精度满足相关规范要求。为了防止测站点移动而不被发现，应经常检查核心筒上激光反射片的坐标值。

4）标高控制

巨型柱校正之前已经通过预留孔洞把标高引测至核心筒 4 个大角上并贴有激光发射片。全站仪后视平面控制点之后利用后交高程法交会出标高。对巨型柱的高程控制采用全站仪三角高程控制法进行测量。

（6）巨型柱复核及控制效果分析

根据设计图纸计算出每 10 层内控点到巨型柱内侧两点的距离，通过实际测量距离来检查巨型柱的定位精度，取得良好效果。

（7）巨型柱测量时应注意的问题

1）平面控制网的引测精度是保证巨型柱测量定位的关键，测量时应严格精平测量仪器，并避开吊装振动和风速过大等不利因素的影响，多次观测以验证准确性。

2）高程控制点向上引测时，应组成闭合回路，测量闭合差满足规范要求方可使用，否则重新进行投测。

3）为了达到高精度的测量成果，可选择高精度的测量仪器，测量设备使用前必须进行检定。

4）随着施工高度的增加，钢结构的柔性越来越大，大风天气对测量作业带来不利影响，因此可采用时间错位的方法，同时测量作业时避开四级以上大风。

3. 结论

根据现场实际情况，按本节所述巨型柱定位测量技术，取得了良好的测量结果，安装精度满足设计和规范要求。克服了现场复杂不利测量条件的影响，提高了测量精度。测量工作是工程施工的开端，同时也是保证施工质量的关键，对于超高层建筑工程测量是一个难点，因此，精确的测量工作十分重要。对于测量人员来说应该掌握先进的测量技术，多钻研，以便更好地为工程服务，保证测量工作的准确性。

4.5 沿海地区超高层测量施工技术应用与研究

1. 概况

超高层建筑测量施工的精准度，对施工过程相关工序的顺利衔接，建筑的预定造型及建筑的安全性都有着重要意义。沿海地区风大多雨，增加了测量精度控制难度，以某250m超高层塔楼为依托，对超高层塔楼测量施工在沿海多风多雨地区如何提高测量精度进行研究。

某塔楼钢结构工程由A塔楼及4层裙房组成，地下三层为地下停车场，地上A座为公建式公寓塔楼共计68层，高度249.80m，结构形式为内部混凝土核心筒，外部为钢框架混合结构，结构总用钢量2.55万t。主塔楼外框柱有30根，全部为箱形；核心筒有18根劲性柱，核心筒钢骨柱截面形式有H形和箱形两种，截面尺寸随着结构层的升高呈递减趋势。本工程自下至上共4道桁架层，其中20～23层、36～39层、152～155层由环带桁架和伸臂桁架组成，68～69层为环带桁架层，桁架最大板厚为90mm。其中塔楼长55.8m、宽33.6m，单层面积约1875m²。

2. 关键技术

（1）标高测量控制

地上楼层基准标高点用全站仪竖向激光测距，从首层楼面每50m引测一次，50m之间各楼层的标高用钢卷尺顺主楼核心筒外墙面往上量测。全站仪引测标高基准点的流程如下：

1）在±0.000m层的混凝土楼面架设全站仪，通过气温、气压计测量气温、气压，对全站仪进行气象修正设置。

2）全站仪后视核心筒墙面+1.000m标高基准线，测得高程距和平距，加入高差得到仪器高度。对仪器Z向坐标进行设置，包括反射棱镜的设置，预备标高竖向传递（图4.5-1）。

3）由于全息反射贴片配合远距离测距时反射信号较弱，影响测距的精度，故本工程用反射棱镜配合全站仪进行距离测量。

4）全站仪望远镜垂直向上，顺着激光控制点的预留洞口垂直往上测量距离，顶部反射棱镜放在钢平台或土建模架及需要测量标高的楼层，镜头向下对准全站仪。

5）在投测楼层控制点位设置棱镜，棱镜面向下并固定。在投测基准点位架设全站仪，调整视准轴仰角90°竖直，激光照准楼层反射棱镜测距。视准轴水平（俯仰角0°），照准楼层标高（立标尺），计算仪器高绝对值。综合解算投测点标高作为传递标高。投测层标高控制点组成闭合网平差。

6）将投测点标高转移到核心筒墙面距离本楼层高度+1.000m处，并弹墨线标示，复核标高基准点，如有较大偏差，需重新引测。

标高控制网垂直传递示意如图 4.5-2 所示。

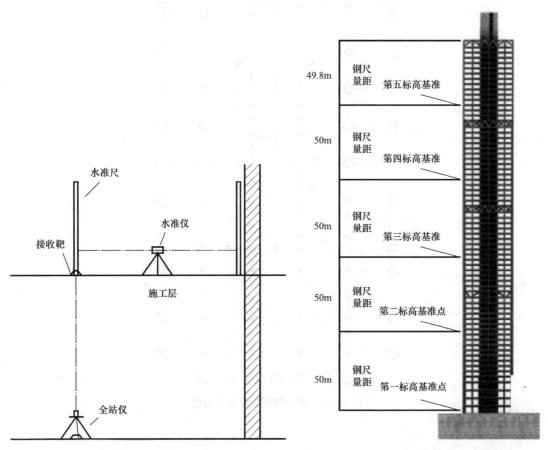

| 图 4.5-1　反射棱镜放置示意图 | 图 4.5-2　标高控制网垂直传递示意图 |

（2）水平控制网测量控制

地上部分测量施工采用"内控法"使用激光铅垂仪直接架设在控制点上向上部楼层投测。为保证投点位置的精确，每隔 50m 左右对塔楼控制网进行轴线系统迁移，并用全站仪复测控制点精度。施工完成后，将下部的控制网转移至该层楼面，在没有布网的楼层留设 200mm×200mm 的投测孔洞。测量时，架设铅直仪于控制点上，向作业楼层投测，在每一点铅直仪要旋转 0°、90°、180°、270°四个方向投点，绘出"十"字线，交点即为投测点，作为上部楼层的平面控制点。

依此方法将核心筒"内控点"直接投测到液压顶升平台上，筒外"外控点"也投测到施工层液压顶升平台外侧架体。投测完成后，用全站仪检查各投测点之间的间距、对角线长度是否相等，全站仪应进行温度和气压改正；若间距、对角线、角度超限，则重新投测。以此双矩形控制网作为核心筒施工的轴线控制网。核心筒测量控制点布设见图 4.5-3。接收靶传递示意见图 4.5-4。

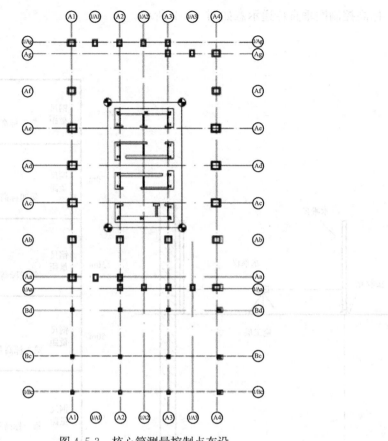

图 4.5-3　核心筒测量控制点布设

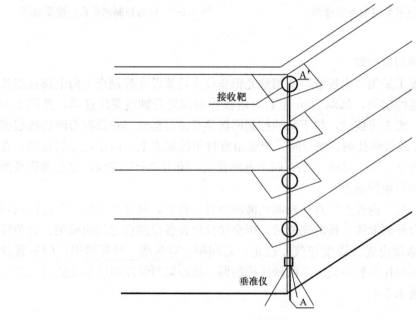

图 4.5-4　接收靶传递示意图

1）控制点投测的检验和复核。轴线控制点投测到上部楼层后，组成矩形图形。在矩形的各个点上架设全站仪，复测多边形的角度、边长误差，进行点位误差调整并作好点位标记。如点位误差较大，应重新投测激光控制点。

测控点定期进行闭合校正，每隔 50m 高程对多边形角度和边长图形条件进行闭合检测，通过自检对闭合误差进行调整，然后在对应楼层做出修正后的点，将十字线弹到混凝土楼面上，作为上部楼层控制网的基准，以提高平面控制网经传递后的测量精度。

根据现场实际情况，在转点及控制点闭合时亦可采用 GPS 卫星定位仪分别架设在各个控制点上进行复测，其基本操作步骤如下：

① A、B 两点为地面固定的首级控制点，已知其三维坐标值。

② C 点为不同楼层或同一楼层的不同平面位置的被复测点。

③ 为提高观测精度，每次使用三套 GPS 卫星定位仪，分别架设在 A、B、C 点。

④ 根据观测采集到的数据，用计算机解算出 C 点的三维坐标值。

⑤ C 点设计坐标与实测坐标比较，得到 C 点定位偏差。

因为在超高层建筑轴线投测中，受高空摇摆和天气影响较大，如遇到阳光照射，使建筑物有阴、阳面，导致建筑物向阴面倾斜（弯曲），特别是钢结构的高层建筑，因此，轴线投测中宜选择阴天或早晨无风时进行，并在实践中注意摸索规律，采取合适的措施，减少外界的影响。

2）钢柱标高测量。钢柱的标高控制采用测量柱顶标高方法。钢柱标高采用相对标高控制，上一节钢柱安装完成后，提供预控数据，结合下节钢柱进场构件验收情况，提供下节钢柱的标高控制数据。每次标高引测均从标高基准点开始，标高基准点每隔 15 天复测一次，防止基准点有变化，从而保证整个建筑设计高度准确无误。具体方法如下：

① 在柱顶层架设水准仪，瞄准施工层标高后视点，测量每根柱的四角顶点标高，与设计标高比较得到柱子的标高偏差，根据偏差值对柱标高进行调整。

② 第一节钢柱的标高可以通过垫块的高度来控制柱顶标高。

③ 多节钢柱的标高还可以通过采取柱与柱之间接合处适当加大间隙来调整，垫入的钢板不宜大于 5mm。

④ 柱顶层高偏差控制≤±5mm，当层间柱高偏差接近限值时，将现场钢柱实测标高偏差数据反映给制作厂，由制作厂通过调整下一节钢柱柱身加工长度达到标高控制目的。

⑤ 钢柱安装标高，要求相邻钢柱高差小于 10mm，保证钢梁水平度。

3）钢柱垂直度测量（图 4.5-5）。

首先校正钢柱 B：校正钢柱 B 柱时，仪器同时对 A 柱和 C 柱进行观测，B 柱垂直校正完毕后，将 A 柱和 C 柱新的垂直度偏差值告诉校正人员，立即进行 A 柱的垂直度校正。

校正边柱 A，在校正 A 柱的过程中，其他仪器跟踪观测 B 柱和 C 柱，及时对 B 柱的垂直度偏差进行微调。通过多次整体校正和微调，保证 A 柱垂直度完成校正时，B 柱垂直度偏差值保持不变。A 柱和 B 柱校正完毕，将 C 柱新的垂直度偏差值告诉校正人员，进行 C 柱的垂直度校正。

校正边柱 C，在校正 C 柱的过程中，其他仪器跟踪观测 A 柱和 B 柱，及时对 B 柱和 A 柱的垂直度偏差进行微调。通过多次整体校正和微调，保证 C 柱完成垂直度校正的同时，A 柱和 B 柱的垂直度偏差值保持不变，校正完成。

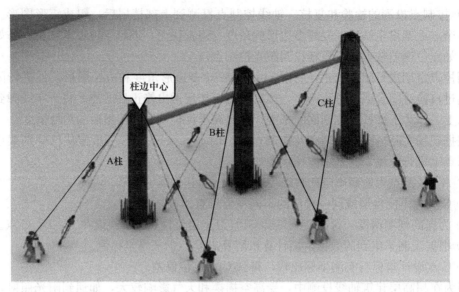

图 4.5-5　钢柱垂直度测量示意图

3. 结论

超高层建筑施工的测量精准度一直是超高层建筑施工控制的重中之重，关系到整个建筑产品的受力性能、安全性能等各个方面。塔楼主体结构采用本方法实施测量施工，有效控制了塔楼整体垂直度与零部件施工精度，为钢结构安装工作奠定良好的基础，为工程精度控制、施工进度及成本管理提供保证。在施工过程中针对可能出现的施工精度问题做出了多种处理预案并提出控制测量精度的施工方法，在施工过程中取得了良好的施工效果，成为整个工程的安装、焊接等工序的顺利完成的关键因素。此测量施工方法同样可为类似工程的测量施工控制提供参考依据。

4.6　超高层斜交网格外框筒钢结构建筑安装测控技术

1. 概况

一些超高层建筑主体外框筒钢结构采用斜交网格结构设计，外框柱为方钢管混凝土交叉斜柱，其结构设计复杂，对测量精度要求高，传统的轴线定位和钢结构安装测量控制技术不能满足本工程的测控高精度要求，通过研究探讨，开发了先进的三维坐标拟合测量技术，保证了施工进度和质量。

如某超高层建筑，工程钢结构主要分为地下三层框架剪力墙劲性结构和地上方钢管混凝土交叉斜柱外筒＋钢筋混凝土核心内筒混合结构。地下室由 19 根日字形钢柱、13 根箱形钢柱和 39 根热轧 H 型钢组成。地上钢结构分为 44 层主塔楼外框方钢管交叉斜柱＋外框梁及楼层钢框架梁和五层裙房钢框架结构。主塔楼外框柱采用方钢管混凝土交叉斜柱，竖向外框柱每两层结构层为一个标准层，每一标准层由 19 个 X 形节点和 38 根斜柱组成，其中，每个角部为一个大 X 形弯扭节点。外框梁以及楼层梁主要采用热轧 H 型钢。地面以上（核心筒之外）区域采用钢-混凝土钢筋桁架组合楼承板体系。

2. 关键技术

（1）测量控制的重难点

1）超高层钢结构安装施工对测量控制精度要求高。

2）施工过程中控制网向上引测受施工环境和结构特性的影响较大，尤其是平面控制网基准点向上引测的位置和精确度。

3）本工程钢结构形式复杂，为交叉网格结构形式，其中四个角部为大"X"形弯扭结构，其加工工艺复杂，构件制作偏差较大，空间测量校正难度大。

4）钢构件最大板厚为 60mm，焊接过程中存在一定变形，如何有效减小变形影响，保证安装测量精度，也是测控的难点。

（2）测量控制网的建立

1）平面控制网的建立和传递

±0.000m 以下采用外控法，利用基坑外侧的平面控制点进行测量控制。±0.000m 以上采用内控制网和外控制网相结合的方法对钢构件进行测量校正，内外控制网点可以相互借用，以此达到相互校核的作用。内控制网由四个控制点组成，布置在塔楼的核心筒内，施工过程中，在核心筒每层板面预留四个 200mm×200mm 的激光垂直仪孔洞。外控制网由四个控制点组成，布置于塔楼外框梁外侧，外控制网点主要用来复核内控制网点的精度。

2）高程控制网的建立和传递

① 根据业主提供的测量控制基准点将－0.050m 标高位置引测到核心筒外墙面，经校核无误后，用红色油漆作"▲"标记，作为本工程的高程依据，为提高精度，引测过程中前后视距必须保持等长。

② 在施工过程中，必须经常对现场标高控制点进行复测，确保引测高程点的精度。引测过程中，将标高控制点与核心筒内控制网点位合二为一，地上楼层基准标高点首次由水准仪从－0.050m 标高处竖向向上引测，每升高约 50m 引测中转一次，约 50m 之间各楼层的标高用钢卷尺顺塔楼核心筒外墙面往上量测。

（3）钢结构安装测量校正

1）地脚螺栓埋件测量校正

本工程为插入式地脚螺栓，其施工流程为放样（利用基坑外侧的平面控制点及埋件与轴线的位置关系将预埋件钻孔位置放样到承台平面上）→钻孔→预埋件安装→测量定位→混凝土浇灌→预埋件复测，确保安装精度。测量控制点和校正见图 4.6-1、图 4.6-2。

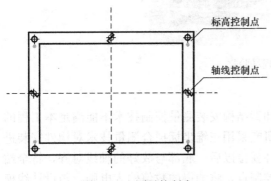

图 4.6-1　测量控制点

图 4.6-2　测量校正

2）钢构件安装测量校正技术

① 测量校正工作与钢结构施工关系（以四层斜柱及五层节点为例）

安装斜柱（测量校正）→安装另一根相邻斜柱（测量校正）→安装两斜柱间钢梁→安装节点（测量校正）→焊接固定（待五层节点测量校正完成后，将四层斜柱与三层节点、五层节点与四层斜柱焊接固定）→安装斜柱与核心筒连接钢梁，安装次梁→钢筋桁架楼承板铺设（钢梁 50mm 控制线）→钢筋、混凝土施工。

② 钢构件进场验收

本工程构件形式较常规构件更为复杂，四个角部都存在弯扭斜柱和弯扭 X 形节点，其制作工艺难度大，为了保证安装精度，构件进场时需对其进行验收。验收前，建立局部坐标系统后，将构件吊至指定位置，通过全站仪测设验收点点位坐标，与设计值复核，对比出构件制作偏差，为构件安装提供测量校正的依据（图 4.6-3、图 4.6-4）。

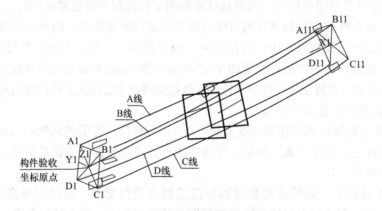

图 4.6-3　构件验收局部坐标系统

图 4.6-4　现场验收

③ 三维坐标拟合测量校正

本工程结构设计复杂，传统的轴线定位和钢结构安装测量控制技术不能满足本工程的测控高精度要求，根据本工程特点，项目部研究采用三维坐标拟合测量技术对构件安装进行测控。三维坐标拟合测量技术就是将钢构件就位以后，底部与放好的轴线对齐，将全站仪架在相应的控制点上，测量节点上的各个控制点，将测得的数值输入电脑，与设计线模图控制点的理论三维坐标进行"拟合"，得出实际安装的偏差，再通过现场的测量校正使最终偏差值符合规范要求，确保现场安装精度的测量控制技术（图 4.6-5、图 4.6-6）。

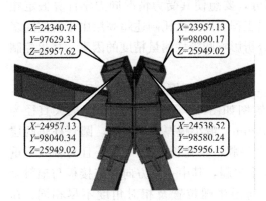

图 4.6-5 实体线模图　　　　　　　　图 4.6-6 测量控制

具体测量校正流程如下：

a. 计算上一节将要吊装的钢柱顶四边中心点的三维坐标。

b. 平面和高程控制网点投递到顶层并复测校核。

c. 吊装前复核下节钢柱顶四边中心点的三维坐标偏差，为上节柱的垂直度、标高预调提供依据。

d. 对于标高超差的钢柱，可切割上节柱的衬垫板（3mm 内）或加高垫板（5mm 内）进行处理，如需更大的偏差调整将由制作厂直接调整钢柱制作长度。

e. 用全站仪对外围各个柱顶四边中心点进行坐标测量。

f. 结合下节柱顶焊后偏差和单节钢柱的垂直度偏差，矢量叠加出上一节钢柱校正后的三维坐标实际值。

g. 向监理报验钢柱顶的实际坐标，焊前验收通过后开始焊接。

h. 焊接完成后引测控制点，再次测量柱顶三维坐标，为上节钢柱安装提供测量校正的依据，如此循环。

3. 结论

通过对焊接前后测量数据的对比分析，钢构件焊接前安装误差均符合设计及规范要求，采用三维坐标拟合测量技术，保证了构件的安装精度，合格率达 100%。但焊接过程中的收缩应力对测量成果产生了影响，因此焊前依据测量数据对焊接工人进行交底及采用合理的焊接顺序也成为保证测量精度的重要组成部分。

对于超高层斜交网格外框钢结构工程，其建筑设计的复杂性和施工工艺的特殊性都决定了现场测量施工具有很高的难度，采用三维坐标拟合测量技术，保证了钢构件的安装精度，构件焊后 x、y 方向坐标偏差控制在 ±6mm 以内，标高控制在 ±3mm 以内，本节通过分析三维坐标拟合测控技术的特点，结合现场安装施工的经验，为其他类似工程提供参考借鉴。

4.7　超高层大直径多角度牛腿圆管柱测量精度控制技术

1. 概况

近年来超高层建筑在各个城市大范围出现，由于钢结构塑性、韧性好，材质均匀，其受力情况和力学计算的假定比较符合，外加钢结构施工周期短，几乎超高层中都可以见到钢结构的身影。钢柱恰恰是结构中最重要的部分，要想使其受力情况同力学计算假定相符，必须保证圆管柱的测量精度足够高。本节以工程实例为依托阐述超高层中带有空间多角度牛腿圆管柱测量精度控制，结合项目特点分析影响圆管柱测量精度的因素，找出控制关键点，提高圆管柱测量精度。

某工程 3 号楼为框筒结构，高度为 277.9m，外框架采用钢柱和钢梁，钢柱为圆管柱，共计 16 根，整体布局呈不规则弧形，平面布置图如图 4.7-1 所示。圆管柱最大直径为 1550mm，钢板最厚为 30mm，最小直径为 1000mm，最小板厚为 18mm，圆管柱每两层分一节，4 根角柱柱身带有朝向 4 个方向的 8 个牛腿，牛腿长 0.7～0.8m 且与轴线不重合，另外 12 根柱子柱身带有朝向 3 个方向的 6 个牛腿，其中一个方向有连接板与辐射梁连接，如图 4.7-2 所示。由于塔楼造型独特，每层牛腿位置及相对角度不尽相同。在 12F13F、28F29F、43F44F 和 59F60F 设有伸臂桁架，伸臂桁架层位置每根钢柱又多一个斜向牛腿。由于牛腿角度多样性及不规则性，加大测量精度控制难度。

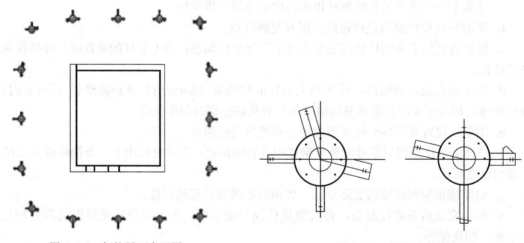

图 4.7-1 钢柱平面布置图　　　　　　　　图 4.7-2 钢柱示意图

2. 关键技术

（1）测量精度影响因素分析

结合施工现场情况分析影响圆管柱测量精度的主要原因如下：

1）施工测量人员操作不熟练；

2）圆管柱柱身测量点选取不合理；

3）测量控制点布置不合理；

4）测量仪器精度偏差大；

5）校正完成后加固不牢；

6）焊接变形的影响。

（2）测量精度控制措施

1）加强培训规范操作

由于国内类似工程少，可借鉴施工经验少，加强施工测量人员的理论知识培训是关键，提升理论知识可以加强对现场施工的指导。

2）柱身控制点选取

测量轴线控制点选取在控制轴线和钢柱交叉位置，采用四面标示每根钢柱选取 32 个轴线控制点，柱底和柱顶各 16 个控制点，每个交叉点纵向布置 4 个控制点，控制点间距为 10mm。测量高程控制点选取在离柱顶和柱底 500mm 处，每个面布置 5 个，控制点间距为 10mm，如图 4.7-3 所示。上述所有控制点均由加工厂完成，构件出厂前对控制点进行复核，确保无误后方可发运至施工现场。选取如此多的控制点意在从多方向测量控制钢柱轴线、垂直度和标高，测量校正完成后还可以多角度对测量成果进行复核，确保钢柱的测量精度。

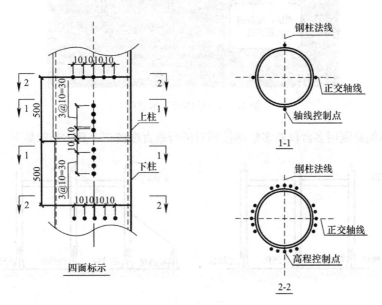

图 4.7-3　柱身控制点示意图

3）测量控制点选取

单节钢柱垂直度采用内控法。内控法选取 4 个控制点，控制点选取时尽量靠近钢柱。钢柱校正时采用全站仪，在钢柱顶部设置一块水平钢板，将全站仪架设在水平钢板上，确保全站仪对中点和控制点在同一铅垂线上，如图 4.7-4 所示。钢柱校正完成后采用经纬仪和水准仪对钢柱进行复核。

4）选取精度高的仪器

选取精度高质量稳定的测量仪器，本工程全站仪选取拓普康 TKS-202 型，经纬仪选取新北光 BTD-2 型，水准仪选取新北光 DSZ32A 型，并定期将测量仪器送至专门检测部门进行检测，确保仪器读数精度。

图 4.7-4　全站仪架设

5）钢柱校正方法

首先对单根钢柱进行初步校正，钢柱垂直度校正完成后，当一个片区的钢柱、梁安装完毕后，对这一片区钢柱进行整体测量校正，局部偏差通过捯链、缆风绳进行钢柱垂直度校正，如图 4.7-5 所示。

图 4.7-5　整体校正示意图

对于整体偏差则用多台仪器多根钢柱同时进行垂直度校正，具体步骤如下（图 4.7-6）：

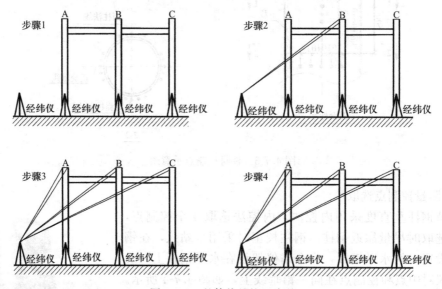

图 4.7-6　整体偏差校正步骤

① 钢柱钢梁安装完成，形成一个片区，在两个方向架设多台经纬仪，同时观测三根钢柱两个方向的柱身垂直度偏差，确定三根钢柱的校正方向。

② 校正钢柱 B 柱时，仪器同时对 A 柱和 C 柱进行观测，B 柱垂直校正完毕后，将 A 柱和 C 柱新的垂直度偏差值告诉校正人员。进行 A 柱的垂直度校正。

③ 校正边柱 A，在校正 A 柱的过程中，其他仪器跟踪观测 B 柱和 C 柱，及时对 B 柱的垂直度偏差进行微调。通过多次整体校正和微调，保证 A 柱垂直度完成校正时，B 柱垂直度偏差值保持不变。A 柱和 B 柱校正完毕，将 C 柱新的垂直度偏差值告诉校正人员，进行 C 柱的垂直度校正。

④ 校正边柱 C，在校正 C 柱的过程中，其他仪器跟踪观测 A 柱和 B 柱，及时对 B 柱

和 A 柱的垂直度偏差进行微调。

通过多次整体校正和微调，保证 C 柱完成垂直度校正的同时，A 柱和 B 柱的垂直度偏差值保持不变。待整体校正完成后，在钢柱对接口位置设置四道约束钢板，防止其他施工原因破坏测量成果。

6) 合理的焊接顺序

根据外框架结构形式，以外框架一个边为一个区域，四个边分别为 A、B、C、D 四个区域。四个区域整体顺序根据安装顺序，先形成整体框架区域，再进行焊接，焊接前确保高强度螺栓施工完毕。每个区域焊接顺序从中间钢柱焊接完成向两侧钢柱焊接。圆管柱焊接时根据圆管柱直径及壁厚，焊接选用两名焊工同时对称进行施焊，焊接顺序如图 4.7-7 所示，焊接采用多层多道焊接，每两层之间的焊道接头应相互错开，两名焊工焊接的焊道接头也要注意每层错开。每道焊完要清除焊渣和飞溅，如有焊瘤和焊接缺陷要铲磨清理后重焊。焊接过程中要注意检测和保持层间温度。焊接完成后再次对钢柱轴线和标高进行复测，留好复测数据，为下节钢柱安装校正提供依据。

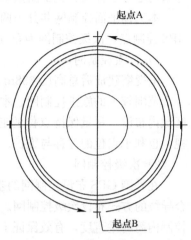

图 4.7-7　钢柱焊接示意图

3. 结论

本节以工程实例为依托，对带有多角度牛腿大直径圆管柱测量精度进行研究，寻求更为便捷的施工方法，将钢柱垂直度和轴线位置偏差降至最低，如此才能确保钢柱各个牛腿的方向正确，保证了整个塔楼的安装精度，并在本工程取得良好的效果。

4.8　空间异形格构体系测量精度控制技术

1. 概况

钢结构建筑中空间异形格构体系安装精度要求高，测量难度大，本节通过某超高异形塔桅结构阐述空间异形格构体系在施工中所采用的一种外围控制法，保证了施工测量质量。

某电视塔总高度 388m，主体结构分为内筒和外塔柱两部分，内筒为井道，主要由外围 10 根 700mm×20mm 钢管柱构成。外塔柱为桉叶糖形柱，柱身截面大，单根构件长度可达 11m，最重单根构件约为 35t。本工程最大特点为全钢结构，构件之间采用法兰盘连接，通过螺栓稳固，由于可调节空间小，测量校正难度极大。

2. 关键技术

(1) 施工控制网布设

对业主及总包提供的平面控制点分布图和有关起算数据，采用全站仪分别进行两测回测角测距，测量结果进行严密平差，测量无误后将其作为工程布设平面控制网的基准点和起算数据。在结构施工过程中，因建筑物的变形、沉降等原因，所设的平面控制网应定期进行复测、检核。本工程为较特殊全钢结构，而内筒为 10 根 700mm×20mm 的钢管柱分布在一个半径为 7m 的圆内，外塔柱由 10 根桉叶糖形柱分布在半径为 35m 的圆内。若在内筒采用内控法，则不可避免地导致短边控制长边的情况发生，若在外塔柱采用内控法，由于外塔柱在空中双向倾斜，且内外筒之间的联系较弱，控制点的精度和布设都存在问题。因此，本工程采用外控法，即在电视塔外围布设控制网进行施工测量。场区控制点计算采用地方坐标系。施工测量采用以塔心为原点的工程坐标系。

本工程平面控制网共分为两级控制。其中首级控制网为业主提供的控制点以及布设的 GPS 控制点，次级控制网为布置在基坑边提供外控依据的各主要轴线点。

1）首级控制网

电视塔建成后总高度 388m，主体塔身部分在 268m 处合龙。采用外控法，必须建立一个范围较大的施工控制网。本工程采用 3 台 GPS 双频接收机，在距离塔心 500m 左右的区域内布设，尽量保持点位的通视，如 HT05 号点布设在居民楼的楼顶处，不仅利于通视，也利于点位的保存与维护。

2）次级控制网

在外围 GPS 布设控制网的基础上进行加密，场区内部在建筑设计的 10 条轴线上用闭合导线的方式布设次级控制网。次级控制网一方面可以对外塔柱安装校正，另一方面可以控制内筒的垂直度，有效保证工程进度，如图 4.8-1 所示。

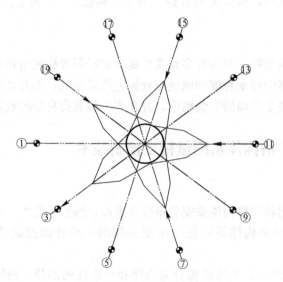

图 4.8-1　次级控制网布设

（2）标高控制

将业主和监理移交的原始控制点标高用水准仪引测水准点到塔体钢柱上，并用红油漆做好标记。标高控制点的引测采用往返观测方法，闭合误差小于 $4N^{0.5}$（N 为测站数）。对于布设的水准点应定期进行检测，以免地基沉降引起高程控制点的异常变化。

高程传递法为利用水准仪、塔尺和 50m 钢尺依次将标高由构件之间的缝隙传递至待测楼层，并用公式 $H_2=H_1+b_1+a_2-a_1-b_2$ 进行计算，各符号意义如图 4.8-2 所示，得到该楼层仪器的视线标高，同时依此制作本楼层统一的标高基准点，如图 4.8-3 所示。

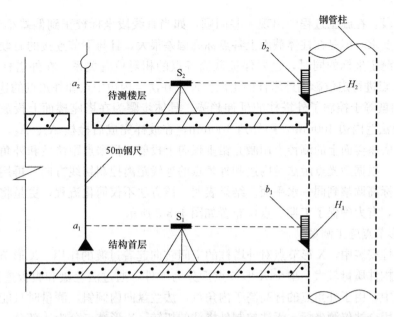

H_1—首层基准点标高值；H_2—待测楼层基准点标高值；a_1—S_1水准仪在钢尺读数；
a_2—S_2水准仪在塔尺读数；b_1—S_1水准仪在钢尺读数；b_2—S_2水准仪在塔尺读数

图 4.8-2　高程传递方法

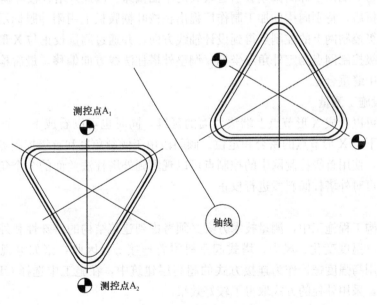

图 4.8-3　点位布置示意

（3）外塔柱施工测量

外塔柱形体巨大，结构多变，调节困难，因此其施工测量是本工程的重点和难点。在外塔柱安装过程中，出现过 3 种不同的结构安装形式，分别为直线段、X 形节点和倾斜段。

1）直线段施工测量

由于构件制作存在一定偏差，通过次级控制网中控制点测定构件特定点位坐标的方式来校正直线段，在施工过程中出现一些问题，如当直线段坐标校正到偏差小于 5mm，符合相关规范要求，但是在柱体截面上各点标高偏差很大，且与下节连接的时候出现很大错口。因此在测定坐标的同时，也要保证截面各点的相对位置关系。在外塔柱的结构设计中，通过 K 点进行定位影响外塔柱的走向。K 点在法兰内边中点和外角点的连线上，控制好 K 点方向就等于控制了外塔柱的延伸趋势。具体步骤为在塔座楼面上投放测控点 A_1、A_2，分别距法兰内边 100mm，距外角 100mm，在放样完成后检核 A_1、A_2，保证点位的准确性。将塔座楼面上的测控点用激光铅垂仪向上投射，根据点距法兰和外角点的距离控制轴线方向，根据激光点距法兰内边和外角点的连线距离控制切线方向。再用水准仪将桉叶糖形柱的标高调整到同一水平面。结果表明，该方法不仅简化流程，更是将工序流畅地组织在一起，有力确保了工期。点位布置如图 4.8-3 所示。

2）X 形节点施工测量

在外塔柱安装中，X 形节点对外塔柱的空间转向起着过渡的作用。X 形节点体形、截面大，单个构件质量较大。单个 X 形节点拆分为 4 件，通过法兰盘和腹板连接。在 X 形节点的控制中，由于外角点的标高高于内角点，法兰盘向内倾斜，测量时只能观测到外角点。若只采用全站仪测坐标，无法控制外塔柱的扭转。X 形节点分为 4 部分，通过中间腹板连接。腹板通过 1000 套高强度螺栓贴合，若 X 形节点出现扭转，则在腹板上很多螺栓无法对穿。因此在测量中，要将整个 X 形节点看作一个整体。否则将一端的 X 形节点测量校正后，则另一端由于标高偏差会引起较大的平面偏差。因此外塔柱桉叶糖 X 形节点的结构形式经分析后，特别向构件加工制作厂提出在桉叶糖腹板上用阳冲眼标示出中缝。在现场，根据次级控制网上的控制点得到设计轴线方向，并通过测量校正与 X 形节点中缝重合，再使用首级控制网点测定外角点坐标，调整外塔柱法线方向偏移，最后检核校正后轴线方向是否与中缝重合。

3）倾斜段施工测量

倾斜段则可以看成 X 形节点上端法兰面的延续，同时也可以看成下一个 X 形节点的基础，关系到下个 X 形节点的密合和定位。倾斜段由于倾斜角度和首级控制点离塔心较远等方面的原因，使用首级控制网中的控制点可以观测到外塔柱法兰面的 3 个角点坐标，通过三维坐标便可对外塔柱倾斜段进行校正。

3. 结论

在高耸结构工程施工中，测量技术方案必须考虑到建筑结构的特殊性和外界诸多因素影响，如日照、温度变化、风力、塔式起重机附着连接等，因此在诸如电视塔等异形结构，特别是采用高强度螺栓作为连接方式的超高层建筑中，在施工中选择 GPS 控制网作为首级控制网，采用外控的方式取得了较好效果。

4.9 超高层结构测量监测技术

1. 概况

超高层建筑施工监测内容包括变形监测、温度监测和应力监测三个方面的内容。在国内外已经建成的超高层建筑中采用的监测方法有全球卫星定位系统 GPS、加速度传感器法、全站仪法等变形监测技术；经纬仪外控法、激光铅直仪法和光学垂准仪法等垂直度变形监测技术和传感器法进行温度和应力监测技术。

本节以某工程实例阐述超高层结构的测量监测技术，某工程主楼为有支撑的框筒结构体系。地下 4 层，地上 98 层，高 441.28m，钢结构总重 5.5 万 t，钢板最厚 130mm。核心筒平面尺寸 37750mm×25100mm，最厚墙 1900mm，C80 混凝土，采用顶模施工。核心筒 B4～B21，76～98 层内埋钢骨柱，外筒由 16 根矩形柱、东西侧的矩形斜撑和 5 道腰桁架组成，钢柱最大截面为 3900mm×2700mm×70mm×70mm。

主体结构立面施工分为 4 个流水作业段，计算工况按各工段施工作业同步向上，按内外筒高差 10 层考虑。

标高控制点每 50m 分段传递，不考虑施工过程中下部楼层墙体的压缩变形。外围钢柱的安装标高在吊装校正时与核心筒施工标高保持一致，保证连接内外筒的钢梁安装时处于水平状态。

2. 关键技术

（1）模拟分析

应用有限元分析软件，根据设计图，建立实体计算模型。对施工工况进行全过程模拟分析计算，结果显示结构最大应力发生在施工结束阶段，核心筒热点应力区域主要位于结构底部和 20 层，外筒热点应力区域主要位于结构底部和腰桁架附近。考虑施工过程中内外筒标高找平因素，外筒和核心筒累计层间压缩量分别为 32.396mm，19.407mm。外筒最大竖向位移 −63.682mm，发生在 64 层；核心筒最大竖向位移 −76.995mm，发生在 53 层。结构竖向位移随着楼层的增加呈现出上下小、中间大的规律，且 70 层以下相同楼层核心筒竖向位移比外筒大（图 4.9-1）。

核心筒和外筒之间相对变形总体也呈现出上下小和中间大的趋势（图 4.9-2）。74～76 层外筒沉降超过核心筒，77 层由于核心筒剪力墙截面变小，其竖向位移加大，内外筒变形出现正向波动，82 层以后内外筒变形再次变为负值。内外筒最大相对变形为 17.314mm，发生在 32 层。

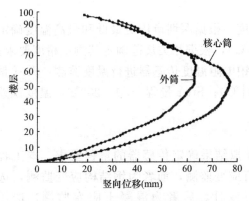

图 4.9-1　核心筒、外筒各层竖向位移

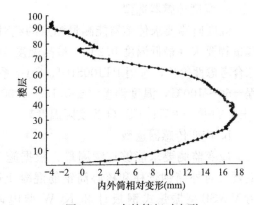

图 4.9-2　内外筒相对变形

结合超高层结构特点，确定施工监测内容主要为以下 3 点：1）温度荷载；2）构件内力；3）竖向位移。

结合施工全过程模拟结果，对各监测内容进行测点优化布置，并根据测点布设位置及数据传输要求制订采集系统布设方案。

（2）测点布设方案

1）温度测点布设

本工程工期3年，应考虑季节温差和日照温差等因素影响，将温度测点布设在温度梯度变化较大的位置，且满足均匀对称的原则；同时考虑其作为应变监测的补偿，应结合应变测点位置共同布设。

2）应变测点布设

为获得结构关键部位的应力水平，评估结构的安全性能，应将应变测点布设在应力较大和构件较集中的区域；同时考虑数据采集和传输因素，传感器的布设不宜过于分散。最终应变测点布设在1、18、21、37、55层5个区域。各区域的外筒柱、核心筒剪力墙及1层巨型斜撑、18层腰桁架、37层悬臂桁架等受力复杂部位布设应变传感器。

（3）监测系统组成及基本功能

该工程监测系统由传感器系统、采集系统、数据分析及存储系统三部分组成，主要具备以下基本功能：荷载与响应数据自动采集，采集点至办公室之间无线传输。产品具有良好的性价比；断电记忆功能，即断电重启后原来存储的数据不会丢失；对施工中关键部位的应变和构件响应程度进行监测；监测数据的显示、存储与查询方便。

1）传感器系统

传感器选型主要考虑以下因素：

① 监测对象、环境影响。根据监测对象选择相应类型的传感器。考虑传感器的工作环境，如安装空间大小、环境恶劣程度等。

② 量程、精度要求。即传感器的量程、温漂、时漂等准确程度应满足要求。

③ 动态、静态特性。即动态频率响应；静态线性度、灵敏度、分辨率、迟滞等特性。

④ 种类统一。为了方便系统扩展，在满足使用要求的前提下，尽量选用同种类、同规格的传感器。

a. 温度传感器选型

温度监测要求传感器能测量测点的绝对温度，根据深圳市历史最低和最高温度确定其量程要求（最低温度$0.2℃$，最高温度$40.3℃$），根据相关规范确定其测量精度要求。综合考虑性价比，选用PT100Stt-f、Stt-r系列铂电阻温度传感器进行温度监测：Stt-f量程$-50\sim100℃$，温度误差（$\pm0.15+0.002|t|℃$）；Stt-r量程$-50\sim200℃$，温度误差（$\pm0.30+0.005|t|$）℃（t为实际温度）。

b. 应变传感器选型

应变监测要求能够连续测量，根据施工模拟结果确定传感器的量程要求。本工程主要针对外筒钢管柱和核心筒钢筋混凝土进行应变监测，前者为钢结构应变监测，选用VWSB型振弦式钢板计和KCW型电阻应变计，后者为混凝土应变监测，选用VWR型振弦式钢筋计。VWSB量程$1500\mu\varepsilon$，精度$\pm0.1\%FS$，灵敏度$\leqslant0.5\mu\varepsilon$；VwR量程$-200MPa\sim300MPa$，精度$\pm0.1\%FS$，灵敏度$\leqslant0.1\mu\varepsilon$；KCW量程$6000\mu\varepsilon$，灵敏度$\leqslant0.01\mu\varepsilon$。

c. 位移监测硬件选型

结构位移监测要求能监测其固定基点的绝对坐标，精度满足相关规范要求。使用全站仪和水准仪测量监测点标高。DSZ1 水准仪测距精度 1mm；GPT-7001 全站仪测程 3000m，测距精度 $\pm 2mm + 2 \times 10^{-6}D$（D 为以 GPS 为中心的方圆直径，单位为 mm）。

2）采集系统

采集系统硬件选型合适与否对采集信号的质量有直接影响。经过市场调研，选择 CR1000 静态采集仪、扩充模组 CEM416、弹动式模组 AVW200 作为系统的主要硬件。CR1000 采集仪可采集多种电信号的模拟信息，满足系统采集频率要求，易于扩展，防潮防尘措施较好，支持无线传输，具有良好的综合性能。扩充模组 CEM416 通过继电器开关功能，按顺序扫描每个传感器的信号并传输到 CR1000。弹动式模组 AVW200 采用革新的光谱插入方法来测量传感器的共振频率，频率分辨率高于 0.001Hz，主要用于振弦传感器的测量。

3）数据分析及存储系统

本系统选用与静态采集仪厂家提供的相配套的数据分析软件。在计算机终端上运行采集系统管理软件，可进行通道编号、测量顺序、测量数值修正等参数的设定；运行数据库存储管理软件，可查看和输出任一时间段内传感器采集的原始数据，观察现场量测数值的大小和变化规律。

（4）监测系统的搭建

根据施工进度，监测系统分 3 期进行搭建：一期搭建 1 层和 18, 21 层采集子站，二期搭建 37 层采集子站，三期搭建 73 层采集子站。各期系统搭建分为仪器购置和系统现场布设两部分内容。

1）仪器购置

根据监测方案确定所需仪器设备的性能参数，对市场同类产品进行调研，收集精度、量程、稳定性满足要求的产品和厂家信息。

2）系统现场布设

① 前期准备

采集箱和硬件的组装：根据预先设计的采集箱内部布置图，依次把 CR1000、弹动式模组 AVW200、扩充模组 CEM416、分线器、信号转换器、无线通信服务器、电桥盒、电池卡座、插座、线槽安装到位，并用螺丝固定，螺母方向朝外，便于日后仪器的维修、更换及拆除。然后按照电路图在线槽中用导线连接各仪器接线端口，导线可依照端口间距提前裁剪，其两端用夹线端处理，保证导线和仪器连接良好。组装完成后用万用表进行全面检测，确保各仪器连接顺畅。

无线通信协议的设定：采集箱分布的楼层和位置均不同，为使数据无线传输顺畅，应在每个采集子站中选择一个与中心服务器距离较近，且传输路径中屏障较少的采集箱作为主站，其他作为分站。将无线通信服务器进行相应通信协议的设定，使分站采集的数据通过信号较好的主站传输到中心服务器。

传感器编码设置及延长线的连接：每个采集子站共有 5 种传感器，且数量较多、位置分散。为方便传感器现场布设、日常维护及故障排除，应对传感器导线端、导线延长线与采集箱连接端进行统一编码标记。

根据各采集子站传感器平面布置图，计算出传感器与采集箱间连接导线长度。导线下料后，按照编码标记将其与传感器逐一连接。线芯采用焊锡焊接后从内到外依次采用热缩管、绝缘胶带、防水胶带、防潮绝缘处理。连接完后用万用表对传感器进行检测，确保其能够正常使用。

② 传感器的布设

施工现场环境复杂、场内人员众多、机械作业频繁、材料堆放拥挤，传感器布设后极易遭到损坏。因此，针对传感器各自特点，现场布设时应做出相应的保护措施。

振弦钢板计：VWSB 型振弦式钢板计由应变计、安装夹具和信号传输电缆组成，其布设包括夹具焊接和应变计安装两个步骤。

夹具焊接在外筒柱的厚钢板上，焊前应对钢板进行预热处理。首先将配好对的夹具和试棒（与应变计规格相同）固定在一起，固定时两夹具的底部应在同一平面上，然后将其整体焊接在钢柱上。为保证采集数据的准确性，焊接时应严格控制安装夹具的标距。待焊缝冷却后拆除安装试棒，避免夹具在冷却过程中变形。

待夹具完全冷却后，将接好延长线的应变计从上夹具放入直至其底部与下夹具边缘平齐，然后拧紧夹具固定住应变计。将导线延长线用扎带固定在事先设置的挂钩上，避免导线拉拽造成钢板计损坏。

温度传感器：温度传感器的布设较简单，测点表面清理完成后，用玻璃硅胶和 AB 胶将其粘合固定在钢板上即可。

电阻应变计：电阻应变计由应变栅、基底和导线三部分组成。首先打磨测点表面，并用棉花蘸酒精清理干净。然后将电阻应变计沿构件主受力方向放置，用储能式密点焊机点焊固定（图 4.9-3），焊点间距 0.9~1.0mm。最后用 2~3 条金属带把基底焊接固定在钢板上，涂玻璃硅胶防水保护，并外罩金属保护盒，防止现场防火涂料、幕墙等施工时可能造成的仪器损坏。

钢筋计和混凝土计：VwR 型振弦式钢筋计由传感器和连接拉杆组成（图 4.9-4），传感器用于测量，拉杆用于传感器与被测钢筋的连接，从而完成力的传递。

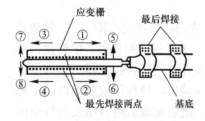

图 4.9-3 电阻应变计焊接顺序

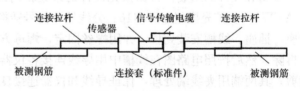

图 4.9-4 钢筋计组成

钢筋计埋设前需选用与传感器型号对应的钢筋作为延长筋，并将延长筋与连接拉杆焊接在一起，焊接时须确保二者在同一轴线上，以保证传感器与受力筋受力一致。然后将其整体固定在钢筋网上。混凝土计布设在钢筋计附近，用钢丝将其沿立筋主受力方向固定放置。

为避免混凝土浇筑时导线受到破坏，应将导线在钢筋上绑牢，并在混凝土墙边设置存线盒放置墙体外的引出线，用透明胶和泡沫包裹存线盒表面防止磨损，待拆模后取出导线连接采集箱。

③ 线路的布设

由于监测贯穿整个施工过程，时间较长，所以电源线和采集系统的导线须得到有效保护。考虑施工现场人员、材料进出频繁，导线沿地面布设不易保护，须架空布设。

标准层导线沿上部楼层钢梁布设。首层为入口大堂，无楼层钢梁。采用花篮螺栓在钢柱间拉设钢丝绳，然后将外套 PVC 保护管的导线绑扎固定在钢丝绳上。考虑后续防火涂料施工影响，导线应偏离柱、梁表面 50mm 左右。

④ 采集箱和发射器的布设

采集箱内装有 CR1000 主板、电源等重要设备，是整个采集设备的核心，其自身具备一定的强度和刚度，防水防潮性能良好。

在钢柱上焊接角钢支架和可调节螺杆，将采集箱下部置于角钢支架上，上部用可调节螺杆固定，使其放置水平。为避免采集箱遭到撞击和人为破坏，采集箱底部离楼面 2.5m 高，并与钢柱表面预留 100mm 间隙，以便后续防火涂料施工。

采集数据通过发射器无线传输至现场中心服务器，将发射器调试到信号最好的位置后固定，并外套 PVC 保护管。在发射器信号不佳的情况下，可以在采集箱内的无线通信服务器旁加强迫器，以增大无线信号的发射功率，保障信号传输的顺畅。

⑤ 供电系统的搭建

监测系统的运行需要一个长期、稳定的供电系统，而现场没有为监测提供一个专门的供电线路，因此，将每个采集子站的采集箱连通形成一个回路，并从每个采集箱内引出插头，这样无论楼层临时电箱在任何位置，都可以将其与最近的采集箱连接从而使整个回路通电。系统搭建完成后，进行整体联通测试，考察无线信号的稳定性，检查采集通道是否连通，并对失效通道及时排查修正。确定系统运行正常后，按监测方案定期进行数据采集，分析数据的合理性，及时发现失效通道，保证系统正常运行。

（5）施工监测系统的运行

本工程施工监测系统为定期在线连续监测系统，其运行方式如下。

1）各层施工前后在线连续监测，应变采样频率 1min 一次。

2）如遇施工间断期，每 3d 采集一次，采集时间为早上 8 点至下午 5 点，应变采样频率 10min 一次。

3）雷雨天气系统停止工作，大风天气系统连续工作。

4）采集时需记录采集时间和对应施工工况，保证分析模拟边界条件的真实性。根据监测数据与信息，每 20 层对原有施工模拟分析计算结果进行修正。

3. 结论

通过建一套完整的高集成度、高自动化、高效率的超高层建筑无线传输施工监测系统，对超高层钢结构进行了完整的施工全过程中的结构温度场及应力监测，获得了完整的施工全过程监测结果，施工监测的应力结果与有限元计算结果基本吻合，证明该无线传输施工监测系统适用于超高层建筑的施工监测。

采用超高层结构测量监测技术对施工关键环节进行监测，评估结构在施工过程中的安全性；通过监测结果调整施工偏差，保证钢结构安装施工精度满足规范要求；验证和修正施工全过程模拟结果，完善施工全过程模拟技术；建立通用的超高层施工监测系统，为以后类似工程的施工监测积累经验；自动监测，数据无线传输，经济成本投入的性价比较高。

4.10 超高层双曲面钢结构测控技术

1. 概况

以某钢结构安装工程为例。通过改进和创新测控方法来提高工程生产率及施工质量。运用拟合法、三维坐标控制法及内外控制相结合的测量方法。很好地解决工程测量重难点问题。提高了工程施工质量及效能，为保证工程进度、质量创优打下良好基础。此测控技术不仅能提高工程质量，同时在生产率上起到降本增效的作用，并为同类工程测量技术提供可借鉴的经验。

实例工程为超高层框剪建筑，主塔楼共 68 层，在 37 层、53 层、64 层外围设有带状桁架，内外筒之间通过 4 道伸臂桁架与外筒带状桁架连成一体，共同组成抗侧力体系，核心筒内设置型钢暗柱。

2. 关键技术

（1）测量控制的重难点分析

1）超高层双曲面钢结构安装测量工程高难度、高要求、高标准、高精度。

2）钢管柱空间双曲面定位。

3）高程控制网的传递。在超高层双曲面高精度控制时，现有的仪器设备一次投递保证不了测量精度，需在中间层设置中间传递网，根据仪器自身功能选择传递次数来完成阶段性控制。

4）施工周期经季节性转换，夏季至冬季温差较大以及风力影响对测量控制的精度和结构质量都是重大考验。温度对钢结构安装的影响是明显的，并且较复杂。一般高层钢结构安装工程都要经历夏季到冬季的温度变化，华南地区冬夏季温差可达到 40℃。因此，应尽量避开大风、高温低冷时间段测量作业。同时须做好仪器防雨防晒措施，现场测量使用的 50m 标准钢尺在使用前和加工厂提供的经检定的 50m 钢尺进行现场检校，以确保计量检测工具与制作厂家匹配统一。使用时需考虑修正数值，温度修正值为：

$$0.000012(t-t_0)L$$

式中：L——测量长度；

t——测量时温度（℃）；

t_0——标定长度时的温度，20℃。

本工程测量采用标准拉力为 50N，根据钢尺的检定数值确定钢尺的精度修正值。标准读数＝实际读数＋温度修正值＋钢尺修正值。

5）施工塔式起重机对钢结构的整体稳定性及对测量控制影响很大，塔式起重机距地面越高影响越大，需在控制点投放过程中停止增吊作业。

6）焊接对结构影响。本工程构件大部分为厚钢板，合理的焊接工艺和顺序是保证测量精度的必要条件。

（2）主要测控内容

1）控制网的建立与传递。

2）复杂钢构件进场验收。

3）钢管柱安装校正测量控制。

4）钢管柱安装复测。

（3）控制网的建立与传递

1）基础施工阶段对测量控制点的要求

由于工程对轴线的精度要求较高，故控制布设点应采用高精度的全站仪，测角精度为 $2''$，测距精度为 $\pm(2\pm2\times10^3\,\text{mm})$。测量方法采用极坐标法。投放点需在事前观测确定位置的混凝土墩面埋设 200mm×200mm 不锈钢板，通过市政导点网引测、复核后形成的测量成果，作为后期施工的首级控制网。对引测以及复核测量精度控制要求如下：

测角：采用不少于三测次，如测角过程中误差控制在 $2''$ 以内，总误差在 5mm 以内。
测弧：采用偏角法，测弧度误差控制在 $2''$ 以内。

测距：采用往返测法，取平均值。量距：用鉴定过的钢尺进行量测并进行温度修正。每层轴线之间偏差控制在 2mm 以内。层高垂直偏差 1mm 以内。

2）控制网的建立

工程裙楼、副楼、主楼整个控制网交相呼应，经市政导点结合图纸建立由多点组成的首级 6 点控制网（控制点 1～6）。在确定外围控制网时，需将三部分结合起来综合考虑，再建立统一的二级轴线控制网。然后再根据主楼构件部署，建立由 4 点或多点组成的第三级内控网。在测量设备选择上须根据工程特点结合现场施工条件，选择精度测量仪器，采取适合本工程的测量方法。

① 基础平面轴线、标高控制网建立

本工程主要桁架钢柱、埋件、核心筒内劲性柱、套管柱，分别布设于裙、副、主楼。在施工前必须要建立整个工程基础平面轴线、标高控制面。基础平面控制是从一级导线控制网基础上根据市政导点坐标系与建筑坐标系关系结合图纸换算成统一施工坐标后布设，每个一级导线控制网的导线点均包含导点平面坐标和标高基准点。然后在一级导点基础上用高精度测量仪器投放二级轴线、标高控制网（3 点以上），经平差、复测确保所测数据满足测量规范要求后（导线控制网达到 4 等，水准网达到 3 等），再进入下道工序施工。

② 主楼平面控制网

为了提高测量精度及施工效率，可将主楼的施工测量作为独立内控系统建立，根据工程的高度和工程的特点，采用内控和外控相结合的方法对主楼构件进行测控。

外控制网建立：由首级导线控制网和二级轴线、标高控制组成工程外控。

内控网建立：主楼±0.000m 层以上控制采用"4 点内控法控制"，主要是通过首级导线控制网结合二级轴线控制网将主楼内控点投设于核心筒四角，在选点过程中使整体偏移避开楼层钢梁，使 4 点始终贯穿楼层不与钢梁相重叠。在距离和角度闭合测量中，测角中误差在±8″，测距中误差在 1/35000，直线度在±2.5″以内，满足相关标准要求。从首层开始往上的所有层，必须要在核心筒的 4 个控制点垂直楼板位置设立 4 个 200mm×200mm 预留孔，便于内控点垂直传递。

3）控制网传递

主楼测量控制主要采用内控法，根据主楼钢梁平面布置情况，选择主楼四角设置 4 个主内控点，由于施工过程中结构不停加载，结构处于相对不稳定状态，所以一次投测过高会产生过大误差。为提高测量精度，采用外力减除法，将天气、风力、塔式起重机外力因素综合考虑，最大程度上选择外力影响最小时间段进行内控点传递。同时根据铅直仪的投测精度，采取每隔100~150m设置一道基准点转换层，所以主塔楼基准点轴线网分别设置在首层、30层、55层，并在此3层以内控基准点为基础分别设置另外4个辅助内控点，且每月进行一次内控基准点校核，以确保内控网闭合精度。针对本工程的具体情况分析，减少各种不利因素的影响，本工程采用高精度（1/200000）瑞士徕卡ZL激光铅准仪进行轴网竖向传递。在内控点的投测过程中，为了进一步提高测量精度，避免同心圆带来误差，转动激光铅准仪0°、90°、180°、270°，并在激光接收靶上做好光点移动位置，来回调校2~3次，确保投放点在激光移动光圈中心。最后，通过接收靶将测控点"＋"投放于四周固定物上。内控4点投测完毕后，再将全站仪进行闭合调校，确保每层内控网布设精度达到规范要求。

（4）构件进场检测

在安装测量前，对柱、梁、桁架等主要构件尺寸进行复核。特别是对异形、复杂、高要求构件，不能用普通方法检测，可采用"拟合法"进行三维坐标检测。操作方法为：通过同一坐标系对异形、复杂、高要求构件主控点进行现场实测，然后再将实测数据输入电脑CAD软件生成模块与理论数据生成的模块进行"拟合"比较，得出偏差最佳值，对异形构件制作质量进行把关，提高钢结构安装质量。

（5）测量控制要求

1）钢管柱安装精度要求高。本钢结构工程的整体偏差最大值不超过10mm，单节柱垂直度最大偏差不超过8mm，且不大于$L/1000$（L为柱长）。

2）标高控制精度高。本工程钢结构总高度偏差10mm，每一节钢柱柱顶标高偏差＋2mm。

（6）钢管柱安装校正测量控制

1）钢管柱标高控制。钢管柱的标高控制在钢管柱安装就位前完成，钢管柱吊装前应根据上一节柱顶标高偏差值、本节钢管柱的制作长度偏差值、焊接收缩预控综合考虑来调节本节钢管柱标高。如本节钢管柱需调高，则在本节柱与上节柱的对接口间隙处垫上与需调高值相等厚度的铁件；如本节柱需降低，则在地面将此钢柱的下口作等量的切除处理。两种方法调整时，都要将钢管柱对接处临时连接板耳板进行扩孔处理。

2）双曲面钢柱就位及初校。钢管柱安装就位并在单层钢梁与相邻钢管柱连接成区域框架稳固后，通过全站仪极坐标法观测调校钢柱扭曲度，再调校上、下柱对接处的柱底错位，致使上、下钢管柱中心线四周相应对齐。如果因钢管柱制作失圆导致上、下钢柱对接口无法重合时，应采用相互借错方式调校钢柱对接口，但柱口错边应控制在2.5mm以内。在钢柱错口调校时，严禁松掉安装螺栓进行作业。应对安装螺栓采用边调边松，缓慢渐进作业。将初校构件偏差控制在10mm内，表4.10-1为GGZ1-13监控数据。

GGZ1-13 初控偏差数据（mm）　　　　　　　　　　表 4.10-1

构件号	点号	设计值	实测值	偏差
	a_1	$X=-19453$	$X=-19458$	5
GGZ1-13		$Y=17424$	$Y=17414$	10
		$Z=96194$	$Z=96190$	4

构件号	点号	设计值	实测值	偏差
	b_1	$X=-18753$	$X=-18757$	4
		$Y=18124$	$Y=18118$	6
		$Z=96194$	$Z=96191$	3
	c_1	$X=-18053$	$X=-18058$	5
GGZ1-13		$Y=17424$	$Y=17420$	4
		$Z=96206$	$Z=96200$	6
	d_1	$X=-18753$	$X=-18758$	5
		$Y=16724$	$Y=16718$	6
		$Z=96206$	$Z=96201$	5

偏差分析：初校过程中主要偏差来源于标高（最大 6mm）及扭曲偏差（a1 点 Y 偏10mm），调整不准导致三维坐标偏大，需在整体调校过程中逐一调整。

3) 框架整体校正。钢结构分区形成框架后，对分区内钢柱重新进行一次精校，主要是采用"全站仪＋激光反射片"的极坐标方法对本分区内所有钢柱进行一次整体测量，校正时先调校偏差较大的钢柱，调校工具采用捯链和千斤顶。调校到位后观察其周围邻近钢柱，钢柱的精校是一个不断调整的过程，如果 1 根钢柱的调校对邻近钢柱的安装偏差影响较大，则需将此根钢柱暂与相邻钢柱脱离，待框架校正完成后更换此根钢柱和相邻倒挂间钢梁的连接板。

观测时应尽量使反射片垂向全站仪方向。测量并记录每根钢柱的 4 个顶点坐标值，用实测坐标与理论坐标比较，计算出柱顶轴线偏差及扭曲偏差（表 4.10-2）。测控效果及分析：通过拟合及三维坐标控制、框架整体测校相结合方法不仅能有效提高工程测量精度，确保工程质量，同时能提高生产率。

GGZ1-13 测量偏差 （mm）　　　　　　　　　　　　　表 4.10-2

构件号	点号	设计值	实测值	偏差
	a_1	$X=-19453$	$X=-19454$	1
		$Y=17424$	$Y=17424$	0
		$Z=96194$	$Z=96193$	1
	b_1	$X=-18753$	$X=-18755$	2
		$Y=18124$	$Y=18124$	0
		$Z=96194$	$Z=96194$	0
GGZ1-13	c_1	$X=-18053$	$X=-18052$	1
		$Y=17424$	$Y=17423$	1
		$Z=96206$	$Z=96205$	1
	d_1	$X=-18753$	$X=-18753$	0
		$Y=16724$	$Y=16724$	0
		$Z=96206$	$Z=96205$	1

在施工过程中为了提高生产质量及生产率，避免重复工作，需注意测校顺序及方法，调整顺序为：标高→扭曲度→坐标，最后通过复检及加固措施，确保工程质量。

（7）钢管柱安装复测

在梁柱连接用高强度螺栓初拧前、初拧后、终拧后、焊接后均要进行测量校正，防止连接过程造成的钢柱偏位，实施过程监控。

3. 结论

实例工程通过采用超高层双曲面钢结构测控技术，确保了 68 层钢构件保质保量顺利施工。单节钢柱最长超过 13.5m，最大偏差控制在 5mm 内，为确保工程质量提供有力保障。

第5章 安 装 技 术

5.1 塔式起重机应用技术

5.1.1 重型塔式起重机支承架高空安拆研究

1. 概况

超高层钢结构安装作业中经常采用重型塔式起重机，一般外挂于核心筒墙体。塔式起重机通过塔式起重机支承架实现附着与爬升。但支承架体量重，结构复杂，无法整体安装和拆除。同时由于支承架在塔式起重机正下方，吊装就位难，这些在施工开始阶段对塔式起重机爬升造成了一定影响，本节主要阐述重型塔式起重机支承架高空安装和拆除的方法，且施工方案的合理优化将原来 20 余天的施工周期缩短为 10 天，大幅度地节约了施工成本。

某工程地下 4 层，地上 117 层，总用钢约 14 万 t。结构高度约 600m，主体结构采用巨型框架支撑＋钢筋混凝土核心筒结构体系。巨型框架主要由四角四根巨型钢柱与巨型桁架、巨型斜撑共同组成。大厦垂直运输主要依靠四台重型外挂动臂式塔式起重机，两台 ZSL2700 和两台 ZSL1250。塔式起重机通过支承架实现附着与爬升。每台塔式起重机配备三套支承架，非爬升期间仅有两套支承架，爬升前安装第三道支承架，爬升完成之后需要将最下面一道支承架拆除，待下一次爬升前将其安装到上面轮换使用。

2. 关键技术

（1）塔式起重机支承架概况

ZSL2700 和 ZSL1250 塔式起重机支承架构造形式基本相同，但设计大小不同。均由 C 形框、支承架主梁、拉杆、水平杆和压杆组成。塔式起重机支承架三维示意见图 5.1-1。

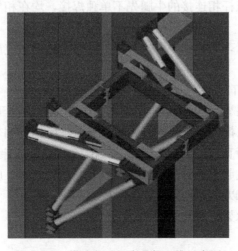

图 5.1-1 塔式起重机支承架三维示意图

塔式起重机支承架各部分重量如表 5.1-1 所示。

塔式起重机支承架各部分重量 表 5.1-1

零件	ZSL2700（t）	ZSL1250（t）
C 形框	8.5	3.9
支承架主梁	19.6×2=39.2	10.5×2=21
拉杆	3×2=6	2.6×2=5.2
水平杆	1.7×2=3.4	1.3×2=2.6
压杆	5.2×2=10.4	2.5×2=5
总重	67.5	37.7

（2）塔式起重机支承架安装技术

1）吊装分段

支承架整体分两部分，为对称结构。其中 ZSL2700 两片支承架用销轴进行对接固定，ZSL1250 两片支承架对接用高强度螺栓进行固定。支承架吊装应本着尽量减少吊次、便于固定的原则，吊装时分为两个单元，即单片支承架与同侧压杆、水平杆组合吊装，吊装前将压杆与支承架通过捯链进行固定，水平杆与支承架通过钢丝绳固定。

2）吊装分析

以塔式起重机单倍率进行吊装分析，ZSL2700 单片支承架与压杆、水平杆组合重26.5t，吊索具重 380kg。吊重单元总重 27t。吊装分段满足塔式起重机起重性能要求。

ZSL1250 单片支承架与压杆、水平杆组合重 14.3t，吊索具重 380kg。吊重单元总重15t。吊装分段满足塔式起重机起重性能要求。

3）支承架安装

① 牛腿的焊接

在混凝土达到要求强度后，且在安装支承架前，先将支承架主梁的牛腿按照图纸要求定位，焊接牢固，尺寸误差控制在 2mm 内，左右两根主梁的牛腿耳板水平度控制在 1‰以内，同侧上下两个牛腿孔应同心，且垂直度亦应保持在 1‰以内。为了有效控制安装误差，与拉杆、水平杆及压杆相连接的牛腿先不单独焊接，均在相应的杆件安装完并调整到位时再进行焊接。

相应牛腿焊接完成后，均应按要求进行无损探伤，达到相应质量要求后才可进行外挂架下一工序的安装。

② 支承架主梁及压杆的安装

在地面先用相应的吊索将一根压杆上端与一侧支承架主梁下面用销轴连接，用一根6m 的钢丝绳和一个 5t 的捯链将压杆的另一端与支撑主梁近墙端软连接，水平杆与支承架主梁通过钢丝绑紧，然后直接整体吊装。吊装到位后，用 2 个捯链将支撑主梁挂在塔式起重机标准节上，然后塔式起重机解钩，进行调校，在调校期间，应注意使支承架主梁外端比近墙端高 5mm 左右，以保证支承架完全受力后的水平度。

（3）塔式起重机支承架拆卸技术

1）悬挂式拆卸方法

在支承架安装拆除前，先将被拆除支承架用钢丝绳悬挂于最上一道支承架，此方法大幅度节约了塔式起重机占用时间。悬挂式拆卸方法吊索具布置见图 5.1-2 和图 5.1-3。

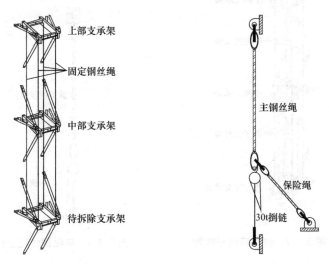

图 5.1-2　钢丝绳布置　　　　图 5.1-3　单根钢丝绳悬挂方法

2）塔式起重机双倍率工况下支承架拆卸方法

① 吊装分段

支承架拆除时，上拉杆由于无法与支承架主梁有效固定，所以需单独拆除，其余构件可在塔式起重机吊重允许范围内整体吊装拆卸。如塔式起重机吊重不足，可按构件由次到主依次拆解，C 形框→水平杆→撑杆。

ZSL1250 支承架除去拉杆总重 32.5t，由 3.2 节吊装分析图中可知塔式起重机满足 ZSL1250 支承架除拉杆外整体吊装要求。

ZSL2700 支承架受到 ZSL1250 吊重影响，需要先分别拆除拉杆、C 形框、水平杆，最后支承架主梁携带压杆整体吊装拆除。

② 吊装分析

ZSL2700 支承架主梁与压杆组合重 49.6t，吊索具重 760kg，吊装单元总重 50.1t，吊装分段满足塔式起重机起重性能要求。

3）塔式起重机单倍率工况下支承架拆卸方法

塔式起重机在 300m 左右时由双倍率改为单倍率。ZSL2700 在 50m 半径下，起重量 42.4t。因此 ZSL1250 支承架拆除方法与塔式起重机倍率时相同。

ZSL1250 在 35m 半径下 30.7t。ZSL2700 支撑主梁 39.2t，无法满足起重要求。因此考虑将支承架空中解体为两部分，单片支承架主梁携带单侧压杆和水平杆总重 26.5t，满足 ZSL1250 起重要求。

ZSL2700 两片支承架主梁之间通过 M160 销轴进行连接。空中解体主要注意两点：销轴的拆除以及支承架解体后平衡的保证。

销轴由于处于受力状态，因此难以拆除，需将销轴上的力卸载后方可进行销轴拆除。采用 4 根钢丝绳悬挂法，支承架在解体后将无法保证平衡。

为解决此问题，新增 4 根悬挂钢丝绳，在末端连接捯链，既保证支承架解体后的平衡，又能通过捯链卸载销轴上的力。新增调平钢丝绳布置见图 5.1-4 和图 5.1-5。

129

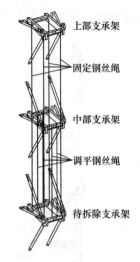

图 5.1-4　调平钢丝绳布置

图 5.1-5　单根钢丝绳悬挂方法

空中解体方法：

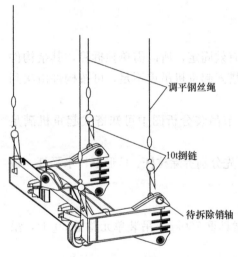

图 5.1-6　钢丝绳悬挂方式

调平钢丝绳的增加可以保证支承架在分解过后依然保持平衡，捯链可以卸载销轴竖向受力，在两片支承架间布置一个小型液压油缸，用于卸载销轴水平力。

用千斤顶或油缸推出销轴需要在支承架上焊接支托来固定千斤顶或油缸，但由于塔式起重机标准节距离销轴较近，再进行安装支承架时需要将支托割除，鉴于塔式起重机爬升次数多，此方法不宜采用。利用两条麻绳上端悬挂在中部支承架下部，下部捆绑一根钢筋，在销轴上的力卸载完毕后用钢筋敲击销轴，达到拆除销轴的目的。此方法有效地避免了使用千斤顶带来的弊端。钢丝绳悬挂方式、撞击方法、现场拆除见图 5.1-6～图 5.1-8。

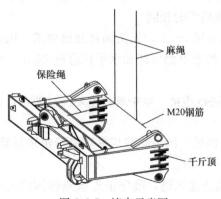

图 5.1-7　撞击示意图

图 5.1-8　现场拆除

3. 结论

塔式起重机支承架的安拆应充分考虑塔式起重机起重性能与支承架重量间的关系。与其他单元无法有效固定的单元需要单独吊装。其他构件在塔式起重机起重量允许的条件下尽量采用组合吊的方式进行安装和拆除，安装及拆除前需将各个组合单元牢固固定，避免吊装过程中出现晃动。

在支承架主梁吊装到位后，用捯链将支承架主梁悬挂在塔式起重机标准节上，然后塔式起重机松钩，进行调校。此方法减去了调校过程中塔式起重机的占用。在焊接前，应使支承架主梁外端比近墙端高 5mm 左右，起到预调作用，保证支承架受力后的水平度。

支承架整体安装精度要求较高，可用连接耳板后焊的方法控制安装精度。支承架拆除前，用钢丝绳悬挂在上部支承架下部，起到塔式起重机绑钩的作用，减少塔式起重机占用时间。同时在钢丝绳末端设置捯链，便于调节钢丝绳松紧。

支承架高空解体必须将连接销轴的力完全卸载，方可进行分解，否则销轴由于受力将无法拆除。在分解前必须考虑支承架分解的平衡性，防止分解后整体倾覆。

5.1.2　塔式起重机支承架悬挂高效拆卸施工技术

1. 概况

近年来，中国超高层建筑发展迅速，外挂自爬升式塔式起重机作为一种先进的吊装设备，在各类超高层建筑施工中得到了广泛运用。目前塔式起重机支承架高效拆卸的施工技术研究成果甚少，目前国内外塔式起重机支承架一般采用邻边塔式起重机拆卸，这种常规的施工技术效率低下、步骤繁多、施工成本高、拆卸时间长，尚无法满足本工程支承架快速、高效、安全的拆卸要求。为解决常规塔式起重机拆卸存在的问题，研发了一种塔式起重机支承架悬挂高效拆卸施工技术。

某超高层项目塔楼施工过程中共配置四台附墙爬升式塔式起重机，位于核心筒的外侧。其中，北侧（1 号塔式起重机）及东侧（2 号塔式起重机）为法福克 M1280D 大型动臂式塔式起重机；南侧（3 号塔式起重机）及西侧（4 号塔式起重机）为中昇 ZSL2700 大型动臂式塔式起重机。4 台均为国内外建筑施工中使用的最大型号塔式起重机，塔式起重机及其支承架平面布置见图 5.1-9。

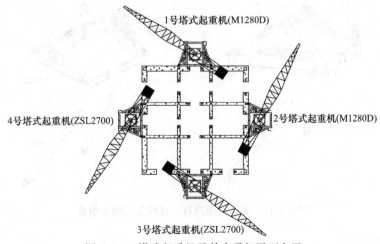

图 5.1-9　塔式起重机及其支承架平面布置

131

为满足塔式起重机的附着、爬升，每台塔式起重机配备一套支承系统，每套支承系统由 3 榀支承架组成，其中 2 榀用于支承塔式起重机，另 1 榀用于周转，见图 5.1-10；每榀支承架由拉杆、压杆、三脚架组成，见图 5.1-11。

图 5.1-10　塔式起重机支承系统

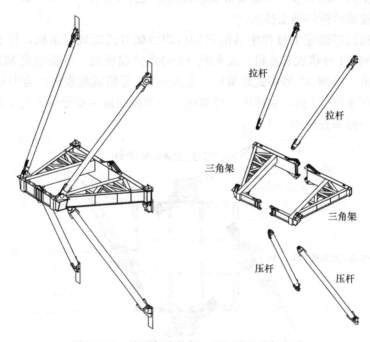

图 5.1-11　支承架由拉杆、压杆及三脚架组成

　　该项目整个施工过程中塔式起重机将爬升 27 次，支承架将随之拆卸、周转 27 次，支承架周转及塔式起重机爬升过程见表 5.1-2。

支承架周转及塔式起重机爬升过程

表 5. 1-2

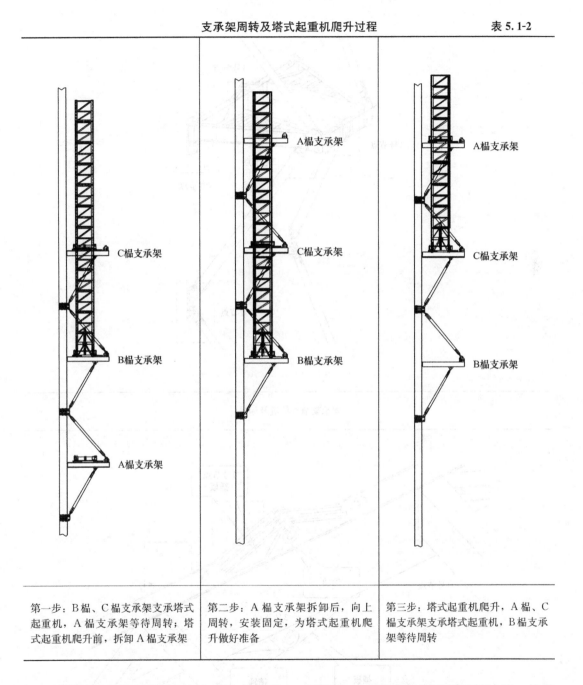

第一步：B 榀、C 榀支承架支承塔式起重机，A 榀支承架等待周转；塔式起重机爬升前，拆卸 A 榀支承架	第二步：A 榀支承架拆卸后，向上周转，安装固定，为塔式起重机爬升做好准备	第三步：塔式起重机爬升，A 榀、C 榀支承架支承塔式起重机，B 榀支承架等待周转

　　拉杆与核心筒埋件、压杆与核心筒埋件、三脚架与核心筒埋件均通过销轴连接；拉杆与三脚架、压杆与三脚架、三脚架之间同样通过销轴连接，支承架各连接节点详细情况见表 5.1-3。

支承架各连接节点详细情况　　　　　表 5.1-3

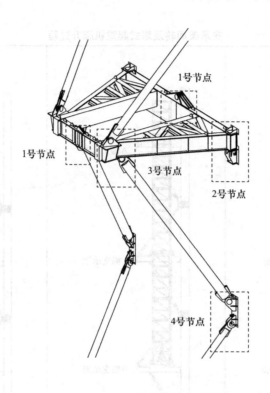

支承架节点位置及编号

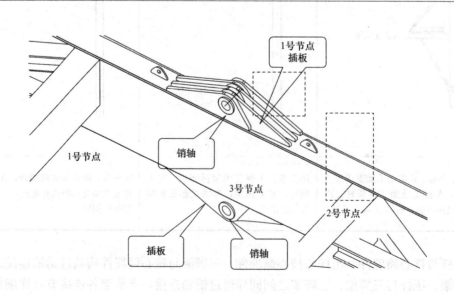

1号节点为两个三脚架的连接节点，每个三脚架上下各设置了三块插板，插板通过销轴连接，将销轴拔出即可使两个三脚架脱离相互约束，实现分离

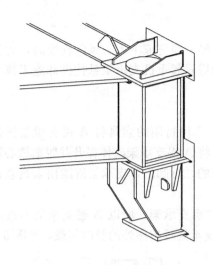 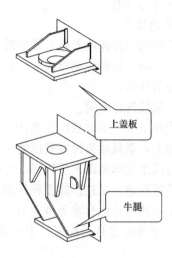

2 号节点为三脚架与核心筒埋件间的连接节点，埋件上设有上盖板及牛腿，三脚架设置在上盖板及牛腿之间，通过销轴连接，将销轴拔出即可使三脚架脱离核心筒的约束

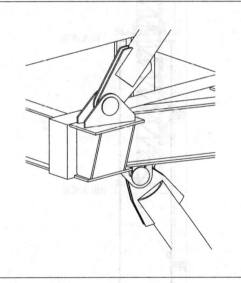 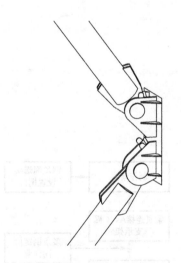

| 3 号节点为拉杆与三脚架、压杆与三脚架间的连接节点。三脚架上设有耳板，拉杆、压杆通过销轴与耳板连接，将销轴拔出即可使拉杆、压杆脱离三脚架的约束 | 4 号节点为拉杆与核心筒埋件、压杆与核心筒埋件间的连接节点。核心筒埋件上设有耳板，拉杆、压杆通过销轴与耳板连接，将销轴拔出即可使拉杆、压杆脱离核心筒的约束 |

　　支承架拆卸时，分为拉杆拆卸、压杆拆卸、三脚架拆卸。拔出销轴（解除构件的约束），即达到了拆卸的目的。

　　拉杆拆卸时，将拉杆两端的销轴拔出，即可达到拆卸的目的；

　　压杆拆卸时，将压杆两端的销轴拔出，即可达到拆卸的目的；

三脚架拆卸时,将三脚架与牛腿间的销轴拔出,并将两个三脚架之间的销轴拔出,即可达到拆卸的目的。

2. 关键技术

由于常规的拆卸技术施工效率低、拆卸速度慢、经济成本大、风险程度高,为了克服这些不足,项目创新性地形成了一套科学合理的塔式起重机支承架悬挂拆卸施工技术,取得了良好的效果。

(1)悬挂拆卸概况

塔式起重机支承架悬挂拆卸的总体思路为:采用特制的索具将 A 榀支承架连接在 C 榀支承架上,索具端头设置有捯链,通过捯链,将 A 榀支承架整体提升并脱离核心筒的约束,再将两个三脚架调平后拆开,实现拆卸的目的,拆卸后,支承架继续由索具悬挂,不再占用堆料场地。悬挂拆卸流程见图 5.1-12。

由于塔式起重机自重等垂直力主要作用于 B 榀支承架,所以 A 榀支承架不直接悬挂在 B 上,而是越过 B 悬挂在 C 上,避免了 B 榀支承架承担额外的竖向荷载,见图 5.1-13。

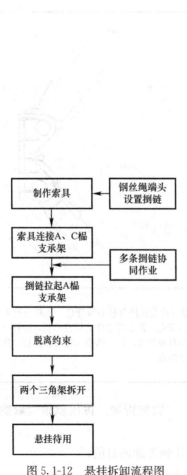

图 5.1-12 悬挂拆卸流程图

图 5.1-13 A 榀支承架悬挂在 C 榀支承架上

（2）悬挂拆卸索具

悬挂拆卸的索具采用钢丝绳及捯链组合而成，上部为钢丝绳，下部为捯链，钢丝绳及捯链采用 U 形卡环连接，钢丝绳、捯链、U 形卡环的规格型号均与支承架的重量相配套；为防止捯链在工作状态下发生断裂，因而设置了一段捯链保护绳，捯链保护绳的型号与索具上部的钢丝绳相同，如图 5.1-14 所示。

塔式起重机爬升过程中，支承架的间距不是定值，所以索具的长度需根据支承架的间距相应调整，如图 5.1-15 所示。

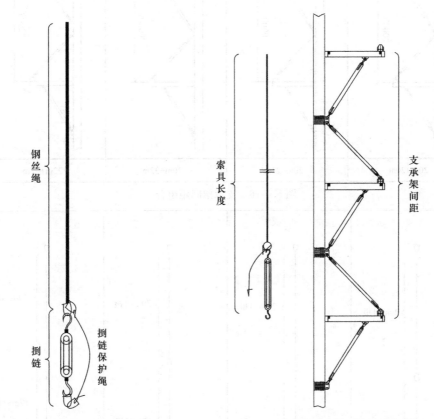

图 5.1-14　悬挂拆卸索具详图　　　　图 5.1-15　索具长度与支承架间距一致

由于核心筒外墙厚度随建筑高度逐段缩小，在核心筒外墙厚度变化处无法设置塔式起重机支承架，所以塔式起重机相邻支承架的间距并不是定值，而是根据核心筒外墙厚度的实际变化情况作相应的调整。相邻支承架间距有三种：20m、21m、22m，涉及的组合共四种：20m＋20m、20m＋21m、20m＋22m、22m＋22m，见图 5.1-16。

相邻支承架组合间距有四种，因此用于悬挂拆卸的索具也有四种，见图 5.1-17。

为适应四种组合间距，4 台塔式起重机悬挂拆卸时制作索具需要的材料见表 5.1-4。

（3）悬挂吊耳设置

每榀支承架含两个三脚架，每个三脚架上设置 3 处吊点，每处吊点设置 2 个吊耳，其中一个用于连接捯链，另一个用于连接捯链保护绳。

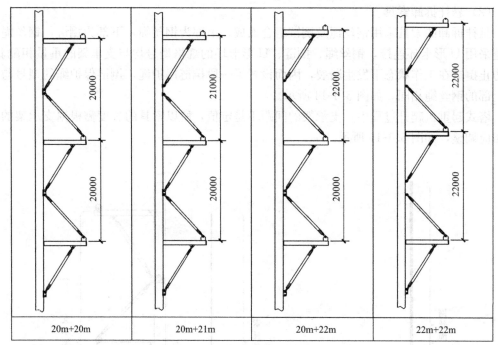

图 5.1-16　支承架间距组合

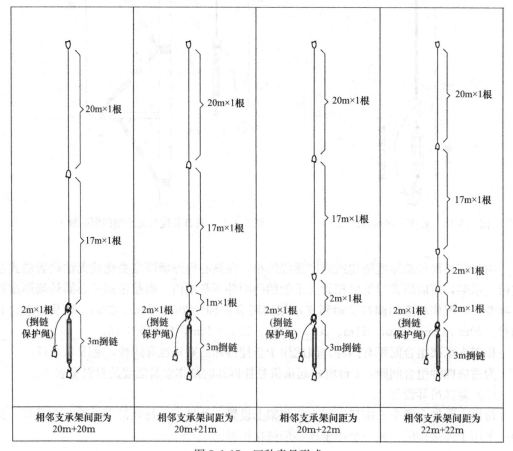

图 5.1-17　四种索具形式

索具制作材料列表   表 5.1-4

材料	1 根索具需要的数量	1 台塔式起重机需要的数量（6 根索具）	4 台塔式起重机需要的数量
17m 长钢丝绳（直径 52mm）	1	6	24
20m 长钢丝绳（直径 52mm）	1	6	24
2m 长钢丝绳（直径 52mm）	2	12	48
1m 长钢丝绳（直径 52mm）	2	12	48
20t 捯链	1	1	24
25t 卡环	9	54	216

吊耳材质为 Q345B，厚度为 35mm，吊耳尺寸如图 5.1-18 所示，吊耳分布如图 5.1-19 所示，吊耳与支承架的焊接采用全熔透加角焊缝包角焊接。

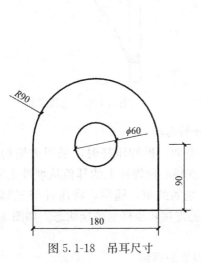

图 5.1-18 吊耳尺寸

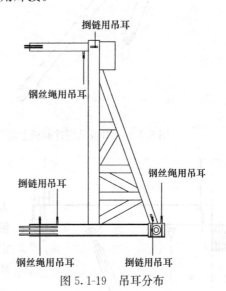

图 5.1-19 吊耳分布

（4）悬挂拆卸步骤

1）拉杆的拆卸

先由邻边塔式起重机吊住拉杆，然后采用火焰切割的方式将设置在核心筒埋件上的耳板从埋件上割开，解除拉杆一端的约束，如图 5.1-20 所示。拉杆一端约束解除后，拉杆及另一端耳板变形可得到恢复，此处的销轴便可轻松拔出。拉杆拆卸后，放置在楼层钢梁或地面等待周转。

2）连接索具

用索具连接 A 榀支承架和 C 榀支承架，并将捯链拉紧，此时 A 榀支承架由索具悬挂，其压杆不再受力，如图 5.1-21 所示。

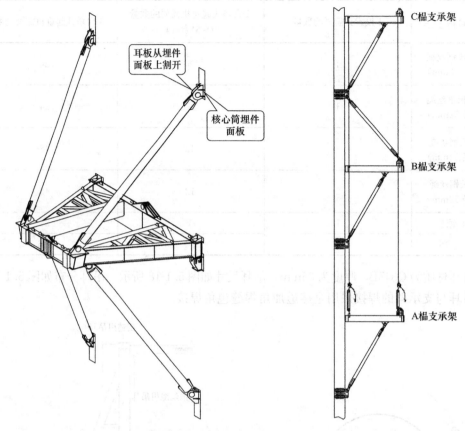

图 5.1-20　耳板从埋件面板上割开图　　　　图 5.1-21　连接索具

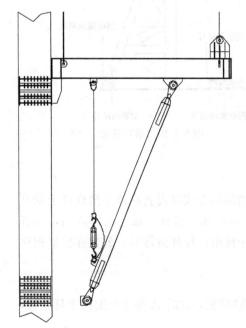

图 5.1-22　压杆拆卸后状态

3）压杆的拆卸

与拉杆类似，拆卸压杆时，采用火焰切割的方式将设置在核心筒埋件上的耳板从埋件上割开，解除压杆一端的约束，随后，将压杆与三脚架用钢丝绳及捯链连接，压杆呈吊挂状态。如图 5.1-22所示。

4）三脚架的拆卸

第一步：先将上盖板从埋件上割开（同常规拆卸），然后两个三脚架的六条捯链同时向上拉，将三脚架缓慢提升，此时，捯链保护绳呈自由状态。如图 5.1-23 所示。

第二步：随着三脚架的提升，销轴逐渐拔出核心筒牛腿，三脚架脱离核心筒约束，提升至一定高度后，将捯链保护绳连接三脚架，如图 5.1-24所示。

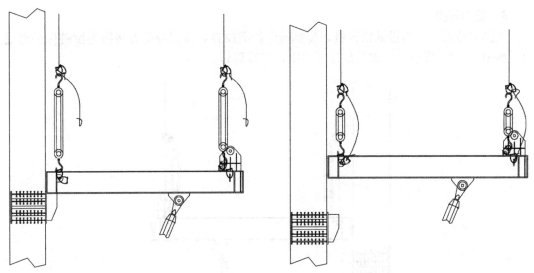

图 5.1-23　三脚架拆卸第一步　　　　　图 5.1-24　三脚架拆卸第二步

5）两个三脚架分离

三脚架脱离核心筒约束后，通过 6 条索具相互配合，将两个三脚架调至同一水平面上，然后拔出两个三脚架之间的销轴，三脚架分离，由各自的 3 条索具悬挂。三脚架分离点如图 5.1-25 所示，分离点实物如图 5.1-26 所示，两个三脚架分离后状态如图 5.1-27 所示，分离后状态实物如图 5.1-28 所示。

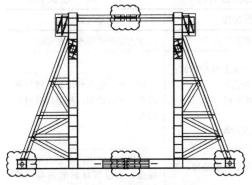

图 5.1-25　三脚架分离点图

图 5.1-26　三脚架分离点实物

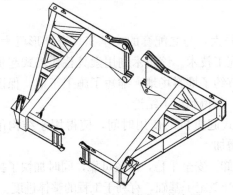

图 5.1-27　三脚架分离后状态图

图 5.1-28　三脚架分离后状态实物

6）受力转换

三脚架分离后，缓慢放松捯链，将捯链保护绳拉直，由捯链受力转换为捯链保护绳受力，如图 5.1-29 所示，三脚架悬挂于空中，等待周转。

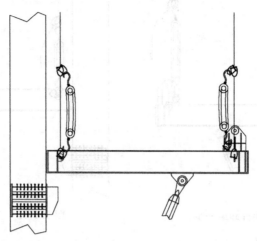

图 5.1-29　受力转换

（5）综合对比

与常规拆卸技术相比，悬挂拆卸技术的创新点体现在拆卸工具、拆卸方式、堆放形式三大方面，见表 5.1-5。

常规拆卸与悬挂拆卸综合对比　　　　　　　　　　　　　　　表 5.1-5

对比项	常规拆卸技术	悬挂拆卸技术	创新后的优势
拆卸工具	采用塔式起重机作为主要工具	采用索具作为主要工具	减少占用塔式起重机使用时间
拆卸方式	1. 支承架由塔式起重机吊住，然后进行拆卸； 2. 支承架侧向受力； 3. 操作人员需要反复调节才能达到拆卸目的； 4. 占施工主线时间	1. 支承架由六条索具悬挂拆卸； 2. 支承架垂直受力； 3. 支承架可调至同一水平面，拆卸顺利； 4. 不占施工主线时间	拆卸方便，安全性增高。可提前拆开，随时待用，使得周转时间可控
堆放形式	支承架拆卸后放置地面堆料场地，等待周转	支承架拆卸后在半空中悬挂，等待周转	支承架悬于空中，不必占用堆料场地，为建筑材料的进场、堆放、转运提供有利条件

3. 结论

外挂自爬升式大型动臂塔式起重机，因其型号大，与之配套的支承架具有外形巨大、拆卸困难等特点。本节提出了一种新型悬挂拆卸施工技术。该技术利用索具替代塔式起重机作为拆卸工具，支承架悬挂于空中等待周转，节约了堆料场地，缩短了施工工期，保证了塔式起重机支承架拆卸施工安全、高效地进行，并得到以下结论：

（1）使用新型索具作为拆卸工具，不占塔式起重机的使用时间，使得用于结构吊装、材料卸车、构件转运的塔式起重机时间大大增加。

（2）支承架采用整体提升、高空分离的方式拆卸，安全平稳，高效可靠，同时加快了拆卸进度，节约了人工成本，为塔式起重机的快速爬升奠定了基础，有利于工程的整体进度。

（3）支承架拆卸后，继续由索具悬挂于半空，等待周转，节约了大量堆料场地，为车辆进场、构件堆放提供了良好的条件。

（4）工程采用塔式起重机支承架悬挂拆卸施工技术，提供了一种全新的操作方法和管理思路，缩短了拆卸周期，提高了施工效率，为塔式起重机支承架的拆卸积累了宝贵的经验，在建筑领域处于领先地位，有力地推动了国内外建筑行业的发展。

5.1.3　超高层多塔式起重机联合作业应用技术

1. 概述

超高层钢结构吊装设备的选择，直接决定了钢柱分段、焊接工程量等，最终会影响施工效率。通过对超高层钢结构吊装设备的研究对比，以实际工程为依托，对超高层塔楼施工应用多台大型动臂式设备的选型、布设及搭配优化进行研究。

某工程办公楼采用型钢混凝土框架-核心筒结构体系。地下 4 层，地上 68 层，68 层以上为皇冠造型结构，顶部标高为 350.6m，总建筑面积约 19 万 m^2。工程总用钢量约 6 万 t，钢构件约 1.7 万件，压型钢板约 14 万 m^2，现场焊接栓钉约 180 万颗，高强度螺栓约 42 万套。办公楼长边呈弧线形，短边一侧（南向）沿高度方向渐变收缩。标准层层高为 4.2m，23~25 层，41~43 层，59~61 层设置加强层。

其中 1 号塔楼长 67m、宽 47m，单层面积约 3200m^2。外框筒劲性钢柱由 16 根"**十**"字形钢柱和 4 根 H 形钢柱组成，分 2 层 1 节，每节最大分段质量为 60t，且位于 4 个角部，每个角部 2 个。1 号塔楼典型结构平面如图 5.1-30 所示。

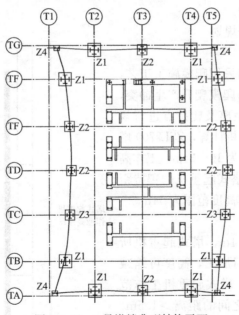

图 5.1-30　1 号塔楼典型结构平面

2. 关键技术

（1）塔式起重机的优化选择

在工程的投标阶段，在施工图并不十分完善及周边场地布设并不明朗的情况下，为降低相应报价风险，制定了以进口商法福克公司的 3 台塔式起重机为主的投标方案，具体为 1 台 M1280 塔式起重机＋1 台 M900 塔式起重机＋1 台 M440 塔式起重机，均为进口塔式

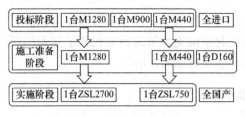

图 5.1-31　备选方案 2

起重机。在施工准备阶段，项目部与总承包单位项目部群策群力，提出了 2 个备选方案。①备选方案 1：1 台 M1280 塔式起重机＋1 台 M440 塔式起重机＋1 台 D160 塔式起重机；②备选方案 2：1 台 ZSL2700 塔式起重机＋1 台 ZSL750 塔式起重机。最终根据市场资源及机械费用，选择备选方案 2（图 5.1-31）。

（2）塔式起重机布置分析

由于 1 号塔楼单层面积较大，且每 1 层的钢构件数达 230 根之多，按照施工工期要求，需选择 2 台才能满足整个工程施工。由于 4 个角部的 8 根重型钢柱分成 2 层 1 节，仍达到 60t 左右。为更好地利用塔式起重机，在核心筒中部设置 1 台 ZSL2700 重型塔式起重机以满足要求，其臂长 55m，端部起重量为 37.66t。在核心筒东北角挂设 1 台 ZSL750 塔式起重机，主要服务北区钢梁及核心筒钢柱的吊装。

中升 ZSL750 塔式起重机布设于 1 号塔楼核心筒西侧西北角外侧位置，占据核心筒与外框架间，塔式起重机固定阶段基础设置于基础底板之上，待核心筒混凝土施工至地上 4 层左右，开始在核心筒外爬升，依托外挂爬升架附着于核心筒外壁。

中升 ZSL2700 塔式起重机布设于 1 号塔楼核心筒居中位置，塔式起重机固定阶段基础设置于基础底板之上，待核心筒混凝土施工至地上 4 层时，开始在核心筒内爬升，依托爬升钢梁附着于核心筒内壁。

（3）塔式起重机爬升规划

1）爬持距离设计

由于 1 号塔楼核心筒采用爬模施工工艺，为避免塔式起重机爬升与爬模爬升产生冲突，对塔式起重机爬升夹持距离及爬持点进行规划。经过塔式起重机的分析计算，ZSL2700 塔式起重机的爬持距离最小为 16～24m，工作高度范围为 56m；ZSL750 塔式起重机的爬持距离最小为 14～21m，工作高度范围为 54m。

2）爬持范围确定

爬模设计高度为 18.1m，塔式起重机所处位置的局部位置可专门加工，高度可缩减至 16.7m，为保证安全，塔式起重机工作范围最高点离爬模最高点之间的距离＞1.5m。当塔式起重机需要爬升时，下一步需要附着的位置应处于爬模体系以下位置，而此时爬模的高度不能超出塔式起重机的工作高度。所以要求规划中的附着点高度范围既要满足最小爬持间距的要求，又要满足不与爬模体系在高度方向相冲突的要求，如图 5.1-32 所示。

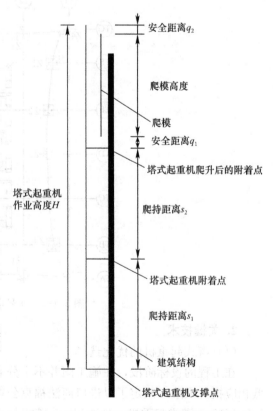

图 5.1-32　塔式起重机爬升与爬模关系示意

由图 5.1-32 可知，爬升前的爬持距离 s_1 与爬升后的爬持距离 s_2 之和不能小于塔式起重机作业范围减去安全范围及爬模高度。即：$s_1+s_2 \leqslant H-L-a-a_2$；其中 a_1 为 0.2m，a_2 为 1.5m。ZSL2700 塔式起重机：$s_1 \geqslant 16m$，$s_2 \geqslant 16m$，所以有 $56-1.5-0.2-16.7=37.6m$。

只要当前爬持距离与爬升后的爬持距离之和满足：$32m \leqslant s_1+s_2 \leqslant 37.6m$，爬模与塔式起重机高度方向将不会冲突。规划中 s_1+s_2 最小为 33.6m，最大为 36.5m，满足要求。

ZSL750 塔式起重机：$s_1 \geqslant 14m$，$s_2 \geqslant 14m$，所以有 $54-1.5-16.7-0.2=35.6m$。规划中 s_1+s_2 最小为 33.1m，s_1+s_2 最大为 34.4m，能满足要求。

3. 结论

通过对超高层钢结构施工塔式起重机的选型与布置分析，1 台布置于核心筒中部以及 1 台外挂核心筒墙体外的两台塔式起重机满足现场吊装的需求。同时对塔式起重机爬升进行前规划，有效避免了塔式起重机爬升与核心筒爬模体系、核心筒钢柱的冲突，为其他类似的高层、超高层塔式起重机的选型与布置提供了参考。

5.2 吊装技术

5.2.1 超高层建筑桁架层预拼装整体吊装技术

1. 概况

随着现代建筑结构安全技术体系日渐成熟及国内经济快速发展，我国超高层建筑如雨后春笋般广泛兴建。随着社会对超高层建筑建设的要求，建筑高度不断攀升，传统框架-核心筒结构体系在结构受力方面不能实现相应的建筑需求，框架-核心筒-伸臂-环带桁架结构应运而生。它通过伸臂-环带桁架自身刚度将外围的钢框架与核心筒结构连成整体，侧向荷载作用时将结构协调成一个有效的整体抵抗外部作用，提高结构抗弯刚度。由于桁架层结构、节点复杂，结合钢结构制作运输工艺、质量管控、成本等方面要求，桁架层构件安装需合理分段，散件制作、运输，但若施工现场采用散件原位安装方法，不仅施工进度面临延误，施工安全、施工质量等各方面要求也无法得到保证。针对以上问题，桁架层施工采用了"地面散件预拼装、拼装单元整体吊装就位"的施工技术进行桁架层钢结构安装。

本节阐述了某超高层建筑塔楼钢结构伸臂-环带桁架层施工采用的施工技术，钢结构安装按照"地面散件预拼装、拼装单元整体吊装就位"的方法进行施工，在高效保证桁架层施工质量和进度的同时，降低了钢结构施工成本。

某高层钢结构总用钢量约 5.8 万 t，建筑高度达 452m，主楼共有 5 道桁架层，其中伸臂-环带桁架 2 道，环带桁架 3 道，构件截面为 H 型钢，材质为 Q345GJC、Q345B 等。伸臂-环带桁架示意如图 5.2-1

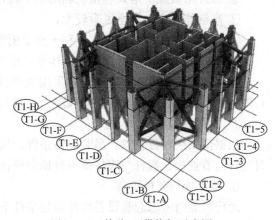

图 5.2-1 伸臂-环带桁架示意图

所示。

2. 关键技术

（1）桁架层构件制作分段

为了满足制作工艺要求及构件运输方面的要求，单个构件尺寸控制在 17m×3.5m×3m 范围内，按此原则进行分段，对构件运输效率提升、构件变形控制、运输成本控制具有极为有利的影响。构件分段充分考虑运输因素，按照构件类型分为钢柱、弦杆、腹杆以及节点板，如图 5.2-2 所示。

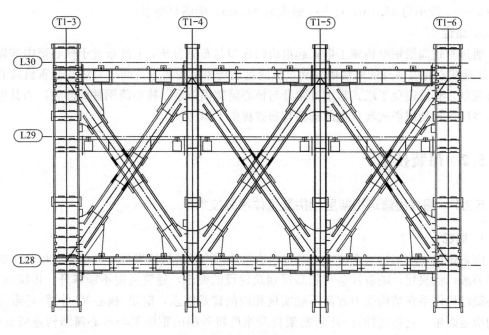

图 5.2-2　构件分段示意图

（2）桁架层构件预拼装

1）预拼装技术优势

桁架层施工传统技术采用散件高空原位安装，但此方法存在以下不足：

① 散件吊装施工塔式起重机利用率不高，施工工期长；

② 高空作业多，安全风险较大；

③ 拼装精度控制难度大，不利于整个桁架层安装质量控制；

④ 散件安装无法及时形成稳定体系，措施量大，施工成本高。

针对散件安装方法上述不足，采用地面散件预拼装、拼装单元整体吊装就位的方法，有效解决了吊装效率不高、安全风险大、拼装质量控制难等难题。

2）构件预拼装

根据桁架层构件特点、吊装设备条件，从尽量减少吊次、保证吊装安全角度考虑，拟对弦杆与节点板、腹杆与腹杆等进行地面预拼装。

① 节点板与弦杆拼装

地面拼装时考虑起重设备性能满足条件下，将节点板与弦杆拼装成一个吊装单元整体吊装，如图 5.2-3 所示。

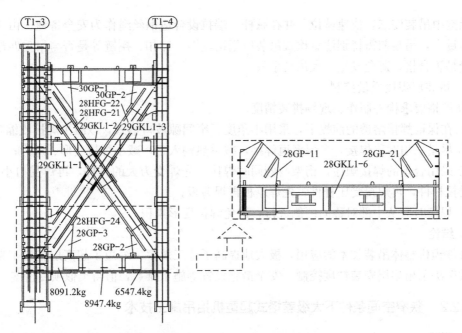

图 5.2-3　弦杆拼装示意图

在拼装之前需对拼装场地进行平整处理，以满足拼装作业要求。根据拼装单元特点，建立三维实体模型，确定拼装坐标系并建立测量控制网如图 5.2-4 所示。

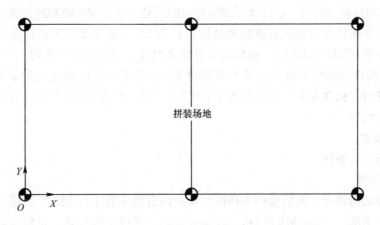

图 5.2-4　拼装坐标系及测量控制网

按照单元坐标在模型中设置拼装胎架，完成胎架定位、构造设计后，根据方案在现场布置拼装胎架，进行拼装作业。

② 腹杆拼装

在塔式起重机性能满足的条件下，尽可能多地将散件拼装成稳定几何体系，具备单元整体吊装的强度及刚度，便于就位后临时加固。

（3）拼装单元吊装

1）拼装单元吊装方法

弦杆单元、腹杆单元采用"两吊点"吊装，两端设置与重量匹配的捯链，用以调整拼装单元空中吊装姿态，快速就位，并在弦杆一端拉设合适钢丝绳作为安全备绳。由于吊装单元体量大，吊装前需特别注意检查吊装所用钢丝绳、卸扣、捯链等是否与吊重匹配、外观质量是否合格，避免发生重大吊装事故。

2）拼装层焊接质量控制

① 严格要求构件制作、现场拼装精度；

② 在保证焊接熔透的前提下，采用小角度、窄间隙坡口形式，以减少焊接收缩量；

③ 尽量采用对称焊接，多层多道焊接，减少热输入量，减小焊接变形、应力；

④ 采用合理的焊接顺序，桁架两侧同时焊接，先焊受力大的杆件，再焊受力小杆件，先焊受拉杆件，再焊接受压杆件，先焊厚板再焊薄板；

⑤ 焊接时应从中部对称向两侧进行，避免焊接变形累积。

3. 结论

杆件预拼整体吊装技术的应用，极大地提高了施工效率，缩短了超高层施工工期，同时有效解决了桁架层安装精度控制、安全措施设置等施工难点，值得类似项目借鉴。

5.2.2 狭窄空间条件下大级差塔式起重机抬吊施工技术

1. 概况

在钢结构施工过程中，局部区域存在空间狭窄或局部重型构件受吊装工况限制的情况，常规方法无法顺利实施。本节提出了一种大级差塔式起重机抬吊施工方法，如某工程巨型悬挑钢桁架安装过程中，在操作空间十分狭小的情况下，采用平臂塔式起重机配合大吨位动臂塔式起重机联合吊装，捯链水平牵引就位的吊装方法，安全顺利地完成了吊装任务。

某工程抬升裙楼为巨型钢桁架悬挑结构，长 162m，宽 98m，下弦高度 36m，上弦高度 61m。由 6 类（TR1-TR6）14 榀桁架垂直交叉组成，主桁架用钢量约 1.4 万 t。划分为 540 件，裙楼构件分段质量较大，最大分段重 82t，采用 2 台国内最大的动臂式 M1280D 塔式起重机进行主构件安装，另外布置 1 台 C7050 和 1 台 MC480 平臂式塔式起重机进行楼层次结构安装。

2. 关键技术

（1）现场吊装条件

1）工况条件

根据裙楼结构特点，在塔楼的东西两侧天井内分别安置 1 台 M1280D 塔式起重机，塔式起重机中心距离⑩、⑩轴线 4.5m，并位于⑩和⑩轴线中间位置。塔楼东西两侧外附的 1 台 C7050 塔式起重机和 1 台 MC480D 塔式起重机，可以满足安装和拆除 M1280D 塔式起重机和兼顾质量较轻构件的吊装工作。塔式起重机最终定位后，由于小塔式起重机（C7050 和 MC480）塔身阻挡（图 5.2-5），部分钢桁架构件存在不能采用 M1280D 塔式起重机直接安装就位的情况，经计算分析，决定采用双机抬吊的方法进行构件安装。

2）塔式起重机性能

M1280D 塔式起重机作为国内最大的动臂式塔式起重机，最大起重量为 100t，本工程采用两种臂长形式，当臂长为 73.4m 时，远端最小起重量为 20t；2 台小塔式起重机为平臂塔式起重机，起重性能相近，最大起重量均为 20t，采用 70m 臂长时，远端最小起重量为 5t，且当吊装质量≥11.1t 时，必须采用 4 倍率绳。

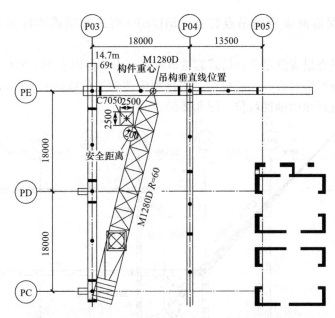

图 5.2-5　小塔式起重机阻挡 M1280D 塔式起重机吊装

（2）双机抬吊的难点分析

1）抬吊的 2 台塔式起重机类型不同，起重能力差别大，吊装运动轨迹不同，配合协调难度大；

2）抬吊时，2 台塔式起重机在高度和水平方向相互影响，安全控制较难；

3）由于小塔式起重机附着架的影响，小塔式起重机吊钩需要在高空挂设，技术难度和安全风险较大；

4）抬吊构件质量大（69t）、长度较长（14.7m），经分析，小塔式起重机满负荷时，构件仍无法就位，需要高空牵引，构件精确就位较难。

（3）双机抬吊的可行性分析

1）抬吊时塔式起重机高度关系

根据现场施工进度，TR1 上弦构件安装时，塔楼外框架安装至 17 层，小塔式起重机 C7050 附着在 16 层，塔式起重机安装高度为 153m。M1280D 塔式起重机安装高度为 80m，经复核，大臂起吊构件时，2 台塔式起重机在高度空间上有 8m 多的安全距离，高度上互不影响。

2）构件吊点的确定

吊点确定考虑的因素：①吊重分配需满足 2 台塔式起重机起重能力；②考虑 M1280D 塔式起重机大臂与小塔式起重机塔身的安全距离；③保证抬吊构件能够就位。

吊点确定的方法：在满足 M1280D 塔式起重机大臂与小塔式起重机塔身安全距离前提下，M1280D 塔式起重机效用发挥最大，将 M1280D 塔式起重机吊点布置在距离构件重心 2m 位置处，小塔式起重机吊点设置在距离重心 6.85m 位置处，塔式起重机起重量考虑 0.8 的安全系数。以 1TR-HBL3/TR1H1-3 上弦杆件为例，确定吊点。杆件重 69t，长 14700mm，C7050 塔式起重机需吊重 15.59t；M1280D 塔式起重机需吊重 53.41t；根据前面确定的吊点位置，C7050 塔式起重机实际吊重 20×0.8＝16t＞15.59t，起重能力满足抬吊要求；根据前面确定的吊点位置，M1280D 塔式起重机实际吊重 $86.6 \times 0.8 = 69.28t > 53.41t$。

由此可知，吊点设置满足 2 台塔式起重机起重能力，但限于 M1280D 塔式起重机大臂摆幅受小塔式起重机塔身影响，经校核，构件距安装轴线位置尚有 425mm 的距离，拟采用水平设置捯链进行牵引辅助就位（图 5.2-6）。

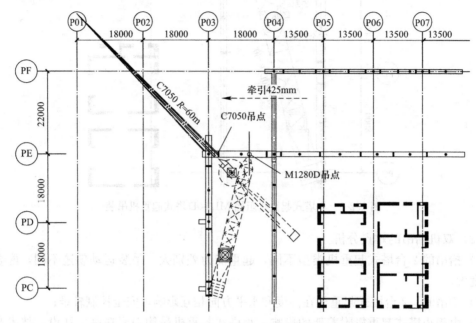

图 5.2-6　构件牵引分析

（4）抬吊施工工艺

1）抬吊前的准备工作

① 小塔式起重机换绳。小塔式起重机在抬吊时吊重为 15.6t，且吊装半径在 37m 内，必须调整为 4 倍率绳。构件起吊前，在小塔式起重机吊点挂设 12m 长钢丝绳。

② 牵引机构准备构件吊装前，将捯链固定在构件牵引端对接的结构上，待节点抬吊至安装位置附近时进行牵引。

③ 试吊调试：抬吊前进行演练，首先检查塔式起重机的钢丝绳配置及制动装置，确保塔式起重机起重性能满足抬吊要求；抬吊演练时，现场配备一名总指挥，每台塔式起重机必须配备 2 名塔式起重机指挥人员，一个在地面上，一个在塔式起重机顶部，相互联系和配合。塔式起重机指挥要听从总指挥。正式吊装时，必须用演练时的塔式起重机司机和塔式起重机指挥；演练过程中注意协调 2 台抬吊塔式起重机提升的速度，尽量使其保持一致；抬吊过程严格按照作业指导书步骤进行，抬吊过程中注意总结和汲取经验，对吊装步骤进行改进，确保吊装时使用正确的步骤，保证安全。

2）双机抬吊实施

① 构件单机起吊。采用 M1280D 单机吊起构件，大臂仰起 $73°$，缓慢提升构件越过小塔式起重机附着架，将构件吊至安装位置上方。构件底部挂设长绳，吊装过程中调整构件长度方向，避免构件与塔式起重机大臂及其他物体相撞。

② 小塔式起重机吊点绑扎。待构件吊装至安装位置上方，将 12m 钢丝绳勾住 C7050 塔式起重机吊钩，M1280D 塔式起重机不动，C7050 塔式起重机缓慢提升吊钩至钢丝绳收紧，此时检查小塔式起重机的起重能力是否超过限值。检查满足限值要求后，缓慢提升吊钩将构件调整为水平状态，然后 2 台塔式起重机同速缓慢移动，将构件移动至安装位置附近后锁住制动装置。

③ 构件牵引就位。将捯链连接到构件端部的吊耳上，牵引构件至连接位置方向，牵引一段距离后，M1280D 塔式起重机缓慢仰起大臂，同时下落吊绳，小塔式起重机小车向安装位置靠拢，调整后再对构件牵引，多次牵引辅助构件精确安装到位。

（5）安全控制要点

1）抬吊前对 2 台塔式起重机进行检查，确认无机械问题方可进行抬吊。

2）抬吊前要对现场进行清理，无关人员和机具不得放置在作业面底下。

3）抬吊前，检查塔式起重机司机和信号指挥身体状况是否良好，如有饮酒等不能允许其上岗。

4）抬吊过程中要保证 2 台塔式起重机的荷载不超过其相应起重能力的 80%。

5）大雨、大雾及风力 6 级以上（含 6 级）等恶劣天气必须停止塔式起重机作业，抬吊作业需在白天进行。

3. 结论

施工现场群塔作业时，难免出现塔式起重机的吊装盲区，在计算分析的基础上采用双机抬吊不仅规避了塔式起重机布置的不利因素，更解决了现场的构件安装。双机抬吊考虑的重点是抬吊构件的吊点设置、2 台塔式起重机的协同作业及群塔作业时空间的相互影响等，实施过程中还要求塔式起重机指挥和塔司的技术娴熟。

双机抬吊虽然在操作上具有一定难度，但能够解决类似工况下的吊装难题，避免增加构件分段，减少现场焊接工程量和临时安装措施的搭设，节约工期和成本，实现降本增效的工程管理目标。

5.2.3　顶部封闭条件下钢结构吊装技术

1. 概述

目前国内外超高层施工中混凝土墙体的施工普遍采用顶升模架系统，顶模平台将核心筒上部封闭（图 5.2-7），而位于核心筒内部的钢结构便位于一个相对封闭的空间，构件无

图 5.2-7　顶模平台系统模型与实际照片

法通过塔式起重机从上部吊装就位，施工难度非常大。随着超高层施工的工期要求越来越高，提高核心筒内部封闭空间的结构施工速度越来越受人们的关注。对于顶模系统下部核心筒封闭空间的钢构件的安装方法，国内外尚无系统研究。如某项目核心筒内部钢梁、钢楼梯等构件重量为3~5t，单层45t，总共达5300t。必须采用新设备、新方法将钢构件在顶模系统下部吊装就位，才能使整个塔楼的水平结构顺利施工。

2. 关键技术

（1）顶模系统下部核心筒钢结构施工原理及工艺流程

顶模下部核心筒钢构件的吊装放弃使用塔式起重机从上部吊装就位的传统方法。在顶模下部设置可以自行爬升的桁车吊系统，作为核心筒内部钢构件吊装提升的设备。桁车吊系统上的桁车可以在核心筒内部水平移动，可以原位提升5t以下构件。桁车系统四边与核心筒墙体附着，通过附着件与轨道可以沿墙体爬升。

结构外筒设置倒运层，倒运层设置悬挑卸料平台。内筒钢构件通过塔式起重机吊运至倒运层卸料平台，再通过卷扬机和倒运小车等设备将构件运至核心筒内部桁车吊下部，最终通过桁车吊提升吊装就位（图5.2-8）。

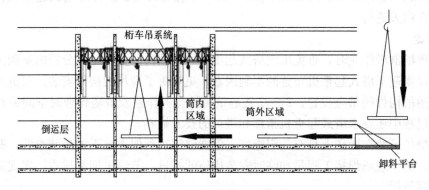

图5.2-8　钢梁倒运示意图

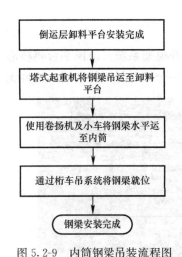

图5.2-9　内筒钢梁吊装流程图

内筒钢梁吊装流程如图5.2-9所示。

（2）自爬升桁车吊系统

自爬升桁车吊系统由动力系统、防护系统、行吊系统组成。

设计如下：核心筒1区、2区、3区、4区、6区、7区、8区、9区均布置6榀爬架机位，共48榀机位，每个机位带有提升系统和智能同步控制系统。在机位之间放置承重横梁，在承重横梁上搭设承重桁架，使井筒形成空间桁架结构，在承重桁架上端搭设硬质防护平台，在机位内部铺设走道平台（图5.2-10）。

在核心筒1区、3区、7区、9区各布置2组行吊系统，2区、4区、6区、8区各布置1组行吊系统，共布置12组行吊系统。行吊系统的轨道梁与承重桁架固定连接，行车在轨道梁上滑动，起重葫芦在行车上滑动，使其满足在筒内两个方向无盲区作业，通过遥控系统实现其滑动、限位、限载等功能（图 5.2-11、图 5.2-12）。

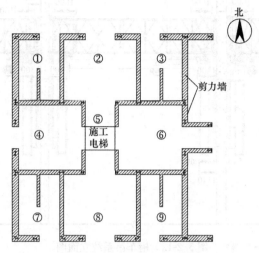

图 5.2-10　核心内筒分区示意图

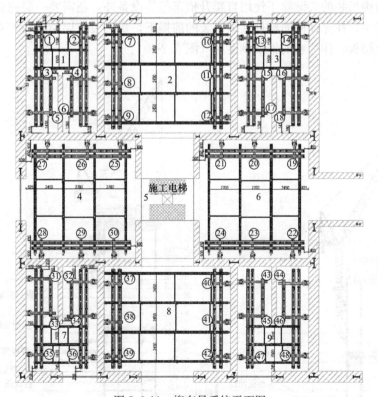

图 5.2-11　桁车吊系统平面图

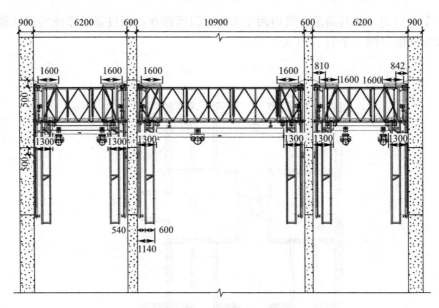

图 5.2-12　桁车吊系统立面图

（3）内筒钢结构等节奏攀升施工方法

内筒钢结构吊装的关键除了使用自爬升桁车吊等设备外，还需要一层完整的水平楼板作为构件倒运层。在保证内筒构件连续吊装的前提下，每吊装 6 层结构后，立即浇筑最上面一层混凝土楼板，作为新的钢梁倒运层（图 5.2-13）。

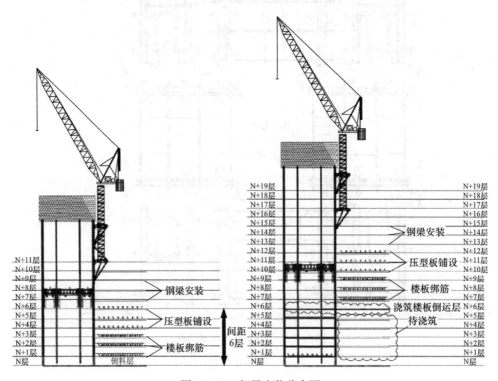

图 5.2-13　钢梁安装节奏图

倒运层转换后，内筒钢结构继续在新的倒运层以上施工，新旧倒运层之间的混凝土楼板可以陆续施工。采用混凝土楼板跳层浇筑的方法保证了内筒钢结构等节奏的攀升连续施工，也加快了结构整体施工速度。

3. 结论

该关键技术适用于超高层建筑核心筒内部钢构件吊装，尤其适用于核心筒施工使用顶模系统的项目。由于顶模系统将核心筒上部封闭，内筒构件无法使用塔式起重机吊装。此吊装方法和行吊设备可以完全解决核心筒钢构件吊装的问题，具有以下优势：

（1）提出一种方法，可以在顶模系统将核心筒上部封闭的情况下，利用行车吊进行内筒钢梁及钢楼梯的吊装。

（2）行车吊操作简单方便，具有自爬升能力，不受顶模及下部结构影响。

（3）行车吊系统同时兼作硬性防护网，防止顶模下部高空坠物，以保障核心内筒施工人员、构件及器械的安全。

5.3　安装关键技术

5.3.1　超高层建筑中巨型转换桁架高空原位拼装施工技术

1. 概述

转换桁架是结构转换层的转换构件，是横向构件用桁架代替一般形式的梁构件。近年来随着我国经济的迅速发展许多大型钢结构工程向大跨度、超高层、复杂结构形式、多种使用功能、施工难度大的趋势发展。为了满足结构各层建筑功能变化的要求需要改变柱网、轴线或者调整竖向结构形式，因此转换桁架经常被用来实现功能转换。巨型转换桁架可以在超高层建筑中营造出大跨度空间，以满足使用功能的需要。

目前对转换桁架安装技术的研究主要针对桁架的安装方法和施工过程中的变形控制而较少关注桁架各构件的安装顺序和内力分析，对于超高层建筑的转换桁架其位置一般处于结构加强层，安装及焊接过程中的内力和变形都对结构的工作性能影响较大，在城市市区内的建筑往往没有较大空间来进行构件的预拼装，采用原位拼装技术难度较大对施工精度要求较高。

北京中信大厦项目地处 CBD 核心区域，其转换桁架共 8 道布置在各区的设备层和避难层处。第 1 道转换桁架高约 24.5m，其他转换桁架高约 9.3m 钢板厚度最大为 60mm，材质主要有 Q390、390GJ、Q345、Q345GJ 等。重点介绍尺寸最大的第 1 道转换桁架的原位拼装施工技术。转换桁架 TT1 位于 F03～F07 之间，高度方向共跨越 5 个楼层，腹杆交叉呈"X"形布置，桁架杆件为箱形、截面呈菱形，材质主要为 390GJC，转换桁架 TT1 如图 5.3-1 所示。

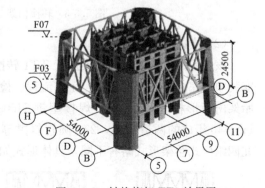

图 5.3-1　转换桁架 TT1 效果图

2. 关键技术

（1）转换桁架分段分节

该工程转换桁架截面大、质量重，需根据起重设备的起重性能、桁架安装位置、构件运输等限制因素对桁架进行合理分段。现场施工采取地面散件组拼、高空拼装的方式。考虑桁架质量、分布位置、塔式起重机性能和运输条件等因素将转换桁架分段，如图 5.3-2 所示。

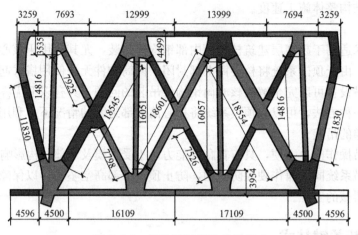

图 5.3-2　转换桁架 TT1 分段尺寸

转换桁架 TT1 单品桁架共分 27 段，其中最大构件分段质量为 45.1t，构件最长为 18.55m，最大板厚 60mm。转换桁架各分段质量如图 5.3-3 所示。

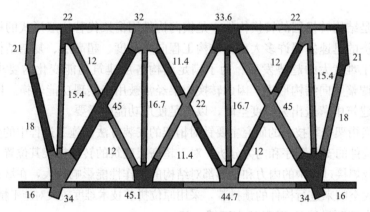

图 5.3-3　转换桁架 TT1 分段质量（单位：t）

（2）支撑胎架设计

该工程地上结构临时胎架用于 TT1 转换桁架的施工安装，目的在于保证 TT1 桁架的安装顺利完成并在施工工序、工艺流程、检查监督等方面都有章可循、有序运作。该门式胎架由箱形柱□700×20，焊接型钢 H600×400×20×30 两种规格的钢柱，HM340、HM440 组成的两道横梁，273 圆管斜撑等构件组成。由于埋件位置不同，东、西、南、北四组门式胎架形式略有不同，具体形式如图 5.3-4 所示。

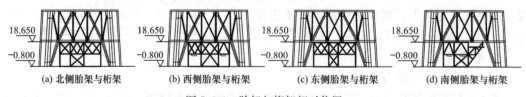

(a) 北侧胎架与桁架　　(b) 西侧胎架与桁架　　(c) 东侧胎架与桁架　　(d) 南侧胎架与桁架

图 5.3-4　胎架与桁架相对位置

胎架顶端与桁架下弦通过 I20 工字钢调整节上加千斤顶连接，千斤顶上方铺设厚 20mm 的钢板作为顶升连接节，工字钢腹板加设 3 道 10mm 厚加劲肋，布置如图 5.3-5 所示。

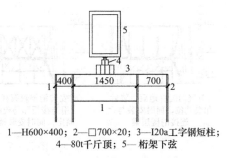

1—H600×400；2—□700×20；3—I20a 工字钢短柱；
4—80t 千斤顶；5—桁架下弦

图 5.3-5　胎架顶端连接处详图

（3）转换桁架安装

1）桁架拼装

现场拼装时在节点与拼接的弦杆下方设置拼装胎架，完成拼装后起吊。桁架拼装主要采用现场汽车起重机进行地面拼装。地面拼装胎架主要用于桁架弦杆和腹杆拼装，方便桁架整体吊装。弦杆地面拼装胎架布置样式如图 5.3-6 （a）所示，腹杆地面拼装胎架布置样式如图 5.3-6 （b）和图 5.3-6 （c）所示。

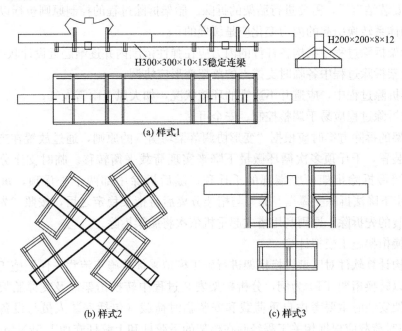

图 5.3-6　桁架弦杆与腹杆添加布置

2）典型桁架安装

工程第 1 道转换桁架是 8 道桁架中最高的，施工难度也是最大的，因此以转换桁架 TT1 为例来说明桁架的安装流程（图 5.3-7）。

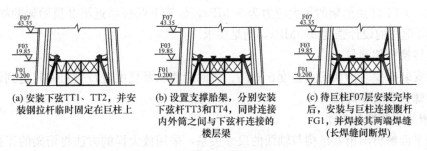

(a) 安装下弦 TT1、TT2，并安装钢拉杆临时固定在巨柱上

(b) 设置支撑胎架，分别安装下弦杆 TT3 和 TT4，同时连接内外筒之间与下弦杆连接的楼层梁

(c) 待巨柱 F07 层安装完毕后，安装与巨柱连接腹杆 FG1，并焊接其两端焊缝（长焊缝间断焊）

图 5.3-7　转换桁架安装流程（一）

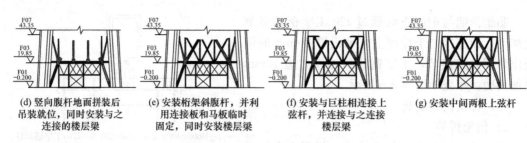

(d) 竖向腹杆地面拼装后吊装就位，同时安装与之连接的楼层梁　(e) 安装桁架斜腹杆，并利用连接板和马板临时固定，同时安装楼层梁　(f) 安装与巨柱相连接上弦杆，并连接与之连接楼层梁　(g) 安装中间两根上弦杆

图 5.3-7　转换桁架安装流程（二）

第 1 道转换桁架（TT1）立面跨越 F03～F06 层，高约 24.5m，净空高度约为 20m。在安装完成第 1 道斜撑（MB1a）后安装第 1 道桁架。

3）胎架拆除

在桁架安装结束后，需要进行胎架的拆除。胎架拆除过程的控制原则包括以下几点：

① 结构体系转换引起的内力变化应是缓慢的；

② 在胎架拆除过程中结构各杆件的内力应在弹性范围内并逐渐趋近设计状态；

③ 在胎架拆除过程中各临时支撑点的落架变形应协调；

④ 胎架拆除过程中，应避开不适宜的环境状况，如大风、雨雪天气；

⑤ 胎架拆除过程应易于调整控制、安全可靠。

确定胎架的拆除方案时应根据"变形协调落架均衡"的原则，通过放置在支架上的可调节点支撑装置，千斤顶多次循环微量下降来实现荷载平衡转移。临时支座分批逐步下降，第 1 次缓慢拆除桁架两个端部的千斤顶，随后拆除中部两个千斤顶，每步不大于 10mm 的等步下降法拆除支撑点。胎架与桁架分离后待桁架稳定之后，按照"先安装的后拆除，后安装的先拆除"原则利用塔式起重机依次将胎架拆除。

（4）转换桁架施工模拟计算

借助结构计算软件对巨型转换桁架进行施工模拟来优化施工流程，保证施工过程安全顺利进行。以转换桁架 TT1 为例，分析桁架安装过程中转换桁架以及支撑胎架的内力变形情况。桁架安装时主要考虑自重荷载和安装临时荷载（包括安装人员与设备产生的荷载）。安装临时荷载应根据相关工程经验在桁架的下弦杆和上弦杆施加 1.5kN/m 的施工荷载。桁架安装临时固定措施采取承载能力极限状态设计方法，确定组合系数后将相关数据输入软件进行转换桁架安装过程的施工模拟。

通过计算分析得到 TT1 桁架各构件在安装各步骤中的变形和应力变化。TT1 转换桁架安装过程中桁架的最大挠度出现在下弦中点，最大挠度值为 5mm，满足变形要求。安装完毕时，TT1 转换桁架的最大应力为 94MPa，位于下弦杆靠近第 2 道胎架的端节点处，小于 Q390 钢材的设计强度 295MPa，满足要求。

（5）转换桁架测量

桁架安装时要对桁架的垂直度、标高、侧向弯曲以及挠度进行校正使其达到设计要求才能进行螺栓安装和焊接工作。

1）桁架安装准备工作

首先平面解析出桁架结构与轴线的尺寸关系，采用放大样的方法将桁架的正投影线放样在附着面上，依据本工程测量坐标系统解析出桁架的监测点空间三维坐标作为安装测控的预控数据，并在相应位置贴反光贴片（代替棱镜）。

在桁架附近刻画明显标高控制点作为桁架竖向就位的标高控制依据。安装时架设水准仪实时监控桁架上弦杆件的标高变化。

2）桁架就位控制

根据定位轴线引测下弦钢梁标高将下弦钢梁的标高和定位尺寸误差调整在控制范围内。在桁架吊装前根据设计图纸定出桁架下弦支撑点空间位置并打好标记，吊装时按照标注就位。

根据钢柱附近的上弦控制点的标高利用水准仪、平尺等仪器测几个点的标高，以控制整榀桁架的上弦平面同截面两点标高一致。钢桁架连接临时固定完成后应在测量监控下利用千斤顶、捯链、楔子等对其轴线偏差以及标高偏差进行校正。

校正完成后对于桁架的整体测控采用全站仪实时跟踪测量系统，该系统可实现钢构件纠偏数据的自动采集、记录、处理并可以监测到桁架侧向弯曲和挠度进行现场指导纠偏。

在控制基点上架设全站仪，对中整平后将竖盘调成 $90°00'00''$，对准标高控制点上的水准尺得到该水平视线标高仪器横轴和视准轴交点标高。然后观测反光贴片，进行钢柱坐标数据的自动采集，计算该点实际坐标和理论坐标的差值，得到该点的校正值，从而指导现场安装校正。

（6）转换桁架焊接

1）焊接原则

根据工程结构特点，焊接时采取整体对称焊接与单根构件对接焊相结合的方式进行焊接。过程中要始终进行结构标高、水平度、垂直度的监控。先焊接主要构件再焊接次要构件，先焊接变形较大构件再焊接变形较小构件。

确定焊接方案时需遵循以下几项原则：

① 结构对称、节点对称、全方位对称焊接；

② 由于节点焊缝超长、超厚，施工过程需在临时连接板上根据要求增加约束板进行刚性固定，控制焊接变形；

③ 焊接节点采取对称的焊接方法；

④ 焊缝采用窄道、薄层、多道的焊接方法；

⑤ 整榀桁架先两边后中间对称焊接。

2）焊接顺序

转换桁架焊接施工在桁架所有单元吊装就位测量校正完成后进行。整体焊接顺序为先焊接下弦再焊接上弦其次焊接腹杆。单榀桁架焊接顺序需遵循"从两边至中间焊接，先焊主受力杆件后焊次受力杆件"的原则。同时为避免应力集中，相邻焊缝不能同时焊接，即一个构件不能两端同时焊接，要采取间隔焊接的方法。转换桁架 TT1 分段及焊缝编号如图 5.3-8 所示。

根据桁架焊接原则可确定桁架的具体焊接顺序如下：

第1步：焊接两侧下弦杆及巨型斜撑（焊缝①～⑧），同时避免相邻焊缝同时焊接；

第2步：焊接下弦杆对接焊缝（焊缝⑨、⑪、⑩）；

第3步：焊接中间上弦杆与巨柱连接部分，并且焊接上弦杆对接焊缝（焊缝⑫～⑱）形成局部稳定框架；

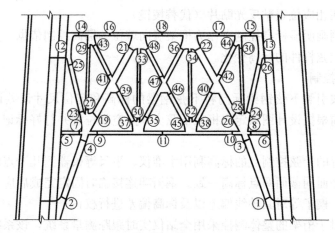

注：①～㊽为焊缝编号。

图 5.3-8 转换桁架 TT1 分段及焊缝编号示意图

第 4 步：焊接桁架主腹杆对接焊缝，连接上弦和下弦（焊缝⑲～㉒），形成局部稳定框架；

第 5 步：焊接桁架竖向主要长腹杆（焊缝㉓～㊱），同时避免相邻焊缝同时焊接；

第 6 步：焊接其余小斜腹杆（焊缝㊲～㊽）。

3. 结论

转换桁架是超高层建筑地上结构常用的起轴网转换、加强结构层作用的结构形式。随着目前超高层结构工程逐渐增多，建筑高度逐渐增大，转换桁架的尺寸也向巨型发展，加上施工现场空间狭小，对转换桁架的拼装、安装和焊接等工艺提出更高的要求。基于对北京中信大厦项目巨型换桁架的施工过程进行研究，提出一套巨型转换桁架高空原位拼装施工技术。与传统的转换桁架安装方法相比，该施工技术适用于超大尺寸桁架构件的吊装和拼装，并且采用原位拼装能够更节省施工现场的空间，多方位采用控制措施可保证拼装的高精度，保证转换桁架的施工过程安全、精确、高效进行，可为同类工程的转换桁架安装焊接提供参考。

5.3.2 地下室全逆作法钢结构工程施工关键技术

1. 概述

南京青奥塔楼主体结构采用劲性核心筒＋钢框架结构体系，是全球首例 300m 超高层全逆作法施工，施工难度大，技术要求高。对南京青奥中心逆作法钢结构工程施工技术进行了研究和探讨，重点介绍了超长超重倒插柱施工技术、地下室外框超大环板转运与安装技术、复杂条件下厚板焊接与变形控制技术和逆作法施工沉降变形控制技术等施工技术。这些技术措施保证了南京青奥中心逆作法钢结构工程的顺利实施，确保了工程质量、施工安全和施工进度。

2. 关键技术

地下室采用全逆作法施工，施工难度大，技术要求高。确定施工方案时必须综合考虑结构特点、现场施工条件和施工工期等各种因素，并进行施工全过程计算机仿真分析，确保施工过程安全可靠。钢结构施工主要包括超长、超重倒插柱施工技术，地下室外框超大环板安装转运与安装技术，复杂条件下厚板焊接与变形控制技术和逆作法施工沉降变形控制技术 4 部分，以下主要介绍前 3 部分。

（1）超长、超重倒插柱施工技术

核心筒部分均为圆管柱，截面分别为 900mm×35mm 和 600mm×30mm，外框均为方管柱，塔楼 A 截面为 □1300mm×50mm 和 □1600mm×50mm，塔楼 B 截面均为 □1400mm×50mm，裙房均为 700mm×25mm 圆管：其中核心筒的倒插式钢柱最大长度为 28.091m，重约 24.5t，外框的倒插式钢柱最大长度为 26m，重约 63.7t。

1）施工重难点分析

考虑到构件运输等因素，将钢柱平均分成两段在制作厂完成加工，运输至施工现场后焊接成整体，避免两节钢柱之间在现场拼接时产生弯曲变形。设计要求钢柱自身垂直度误差≤$L/1000$（L 为柱高），保证钢柱自身的垂直度是倒插柱施工的重点和难点。

钢柱与钢筋笼间距较小，在钢柱下放时易与钢筋笼相碰或相挂，影响钢柱就位。确保避免钢柱与钢筋笼相挂是地下室倒插柱施工的难点。

钢柱就位后，因钢柱超长超重给钢柱垂直度测量、钢柱校正等工序带来较大困难，浇筑混凝土时极易对钢柱垂直度产生影响。确保倒插柱的垂直度是逆作法施工的重点和难点。

2）主要技术措施

车间分段加工的原材圆管采用相贯面等离子火焰管材数控切割机进行相贯面切割下料。下料切割、坡口精度控制均由计算机一次完成，精度误差不大于 2mm。

钢柱运至现场后，为了解决现场钢柱拼装自身垂直度的控制难题，在现场设置的胎架上进行拼装胎架定位设置时，使胎架与钢柱接触面标高在同一水平面上，每根钢柱拼接开始前会根据柱子分段变化重新调整支座的位置并将支座调整到同一轴线和标高。钢柱就位以后，对两节钢柱进行预拼装，在钢柱表面拉设两道线以校准钢柱水平度，水平度控制在 1/1000 以内，满足精度要求后进入焊接工序。

施焊前必须清除焊接部位及周边表面水分氧化铁及油污等杂质。施焊过程中，若遇到短时大风雨施焊人员应立即采用 3～4 层石棉布将焊缝紧裹并在重新开焊之前将焊缝 100mm 周围处进行预热后方可进行焊接，同时为防止焊接时焊缝出现层状撕裂，需要进行焊前预热以及焊缝后热处理，严格控制焊接顺序。

逆作钢柱的施工流程：钢柱拼装→桩基开孔及钢筋笼下放→侧斜管安装→钢支架安装→钢柱吊装→钢柱轴线标高调整→垂直度检测→钢管柱校正→钢柱定位复测→钢柱固定→混凝土浇筑支架安装→钢管混凝土浇筑。

为避免钢柱外侧栓钉挂住钢筋笼，确保钢柱顺利就位，将钢柱外侧栓钉采用通长钢筋连接起来，同时为避免混凝土导管与管内栓钉挂住，影响钢柱垂直度，同样必须将栓钉连接起来。

逆作钢柱实时调垂控制系统。混凝土浇筑过程中，由于混凝土对钢立柱的扰动与冲击，不可避免地会影响钢立柱吊装时的垂直度，这也是一直制约逆作法进一步发展的障碍之一，鉴于这一技术"瓶颈"问题，结合以往调垂方法和施工各工况下的技术分析，采用先进的监测技术传动装置以及人机交互等技术研制了一套逆作钢柱实时调垂控制系统，实现了混凝土浇筑过程中钢柱垂直度的实时监测和实时纠偏调垂，其控制精度可达到

1/1000，该系统还具有操作简单、自动化程度高等特点。

调垂系统架分为上下两个支架平台，支架下部平台用于支撑钢柱，同时设有 4 个千斤顶和 4 个螺杆用于钢柱轴心对中调节和钢柱临时固定，调垂过程中作为支点支架。上部平台设有 4 个千斤顶和 4 个螺杆，用于钢柱垂直度调节和钢柱固定，调垂过程中作为力的作用点。钢支架顶部设置调节杆，与钢柱上部导向柱连接，用以辅助调节钢柱垂直度。

通过施工过程各工况下的计算分析，支承架设计为格构柱形式。支承架柱肢采用 12 号槽钢，横梁采用 14 号工字钢，斜撑采用 ∟90mm×6mm 和 ∟100mm×8mm 角钢支承架。整体安装完成后，下端横梁与锚杆焊接牢固，并且将各支承架相互间使用 ∟100mm×8mm 角钢作斜支撑连接并焊接牢固，使支承架整体形成一个稳固的支承体系。

钢柱对中以后，将垂直度监控探头放入测斜管内，根据 PVC 管内的十字槽分两个轴向，0.5m 采集一个数据，共采集 80 个数据，绘制出垂直度初始曲线，分析出钢柱的偏移量。再次将探头放入测斜管内实时监控，通过千斤顶或螺杆进行调校直至确保垂直度满足小于 1/500 的要求（力争小于 1/600），用上下两道千斤顶和螺杆将钢柱固定。

在钢柱管内混凝土浇筑时，混凝土和泥浆返浆等对钢柱有一定的冲击作用，随时会影响钢管柱的垂直度。混凝土浇筑过程中，需进行 3 次垂直度调整，分别为混凝土浇筑至钢柱前，人工填筑石子基本结束时，混凝土浇筑完成时。根据监控数据通过千斤顶或螺杆对钢柱进行实时微调，以使钢柱满足垂直度要求。

混凝土刚进入钢管柱时，最容易影响钢管柱的垂直度。因此，混凝土浇筑时，必须根据桩体的浇筑量计算充盈系数，准确判断混凝土进入钢管柱的时间，加强对导管的轻微晃动，使钢管柱内外压力保持平衡。需要指出的是，大的泥浆结块极易造成返浆不畅从而在混凝土进入钢管柱时使钢管柱偏位。因此，清孔时，必须确保桩孔内泥浆无大的结块。

3）钢柱实测垂直度

土方开挖后对 A、B 塔楼的钢管柱垂直度进行测量和统计。A、B 塔楼的 21 根钢管柱的垂直度在 1/500 与 1/600 之间，其余均小于 1/600。

（2）地下室外框超大环板安装转运与安装技术

外框牛腿由两个类"L"形的超大环板组成，大部分环板的尺寸为 3200mm×2750mm×50mm，重达 3.5t。

1）施工重难点分析

钢柱表面存在大量泥巴、混凝土渣、浮锈等污垢，对焊接质量影响较大，由于工期紧迫，需严格控制焊接一次性合格率，焊接质量要求非常高。

结构中存在大量的钢筋连接板，在装配过程中需组织合理的拼装。逆作法施工阶段，由于上部结构已施工完成，地下室环板无法采用塔式起重机进行转运和安装。

2）主要技术措施

根据深化图纸中环板的标高，在柱上侧设环板定位线：用打磨机清理外框方柱焊接位置外表面上的浮锈泥土等污物，保证环板焊接质量。

吊装前，对环板定位角度、标高牛腿的标号、长度、截面尺寸、螺孔直径及位置、节点板表面质量等进行全面复核，符合要求后才能进行安装。

先用塔式起重机将钢梁由出土口吊装至相应层，然后采用 5t 叉车倒运至安装位置相应下方，最后采用 5t 捯链将其提升至设计位置。

（3）复杂条件下厚板焊接与变形控制技术

1）施工重难点分析

使用的钢材均为厚板，焊接填充量大，焊接时间长，热输入总量高，因此结构焊后应力和变形大。

地下室施工处于晚冬和早春的时候，温度比较低，且地下室湿度比较大。

由于板厚焊接时拘束度大且节点复杂焊接残余应力大，焊缝单面施焊熔敷金属量大，作业时间长，工艺复杂，因此在焊接施焊过程中稍有不慎易产生热裂纹或冷裂纹。

焊接环板时热输入过高会影响钢管柱的力学性能，易导致支承钢管柱产生差异沉降。

2）主要技术措施

在厚板焊接过程中一个重要的工艺原则是多层多道焊，严禁摆宽道可以有效改善焊接过程中应力分布状态，利于保证焊接质量。

当接头最厚部件的板厚 $25\text{mm} \leqslant t \leqslant 40\text{mm}$ 时预热温度为 $60℃$；当接头最厚部件的板厚 $t > 40\text{mm}$ 时，预热温度为 $80℃$。加热采用红外线电加热板并配备数显电控箱，自动控制与调节焊接过程中的温度。

3）层状撕裂及防止措施

① 采用合理的坡口：a）在满足焊透深度设计要求的前提下宜采用较小的坡口角度和间隙，以减小焊缝截面积和减小母材厚度方向承受的拉应力；b）宜在角接接头中采用对称坡口或偏向于侧板的坡口，使焊缝收缩产生的拉应力与板厚方向成同一角度。侧板坡口面角度宜超过板厚中心，可减小层状撕层倾向。

② 采用合理的焊接工艺：a）双面坡口宜采用两侧对称多道次施焊，避免收缩应变集中；b）采用适当的热输入多层焊接，以减小收缩应变；c）用低强度匹配的焊接材料，使焊缝金属具有低屈服点高延性，可使应变集中于焊缝以防止母材发生层裂。

4）焊接变形的控制及焊接残余应力的消减措施

① 设置斜向支撑：钢柱与牛腿拼接过程中，由于板材较厚且有一端为自由端单面坡口，因此焊接后容易出现熔池收缩产生拉力，导致自由端向上翘起。为防止出现上述焊接变形问题，在焊接前将钢梁或牛腿上表面与钢柱之间焊接斜向支撑。

② 焊接残余应力的消减措施：构件完工后在其焊缝背部或焊缝两侧进行烘烤。此法过去常用于对 T 形构件焊接角变形的矫正中，不需施加任何外力构件角变形即可得以矫正。

③ 严格控制焊接输入温度：减轻对钢管内混凝土的损伤，减小柱的变形，避免不均匀沉降对结构的不利影响。

5）沉降差控制要求

根据工程经验，逆作法的立柱以及立柱与地下连续墙之间的差异沉降不得超过 20mm，同时不得大于相邻柱距的 $1/400$，可确保结构的安全。

《建筑基坑支护技术规程》JGJ 120 中规定相邻立柱间和立柱与侧墙之间沉降差应控制在 $0.002L$ 内（L 为轴线间距）。

3. 结论

南京青奥中心双塔楼及裙房是全国 300m 超高层塔楼全逆作法的首例。针对各部分的结构特点和现场施工条件，对南京青奥中心双塔楼及裙房钢结构工程施工中的主要技术措施进行了阐述，这些技术措施有效地保证了工程的施工质量，取得了较好的经济效益。

5.3.3 超高层塔冠钢结构施工关键技术

1. 概述

随着超高层建筑的快速发展，国内各大城市新建超高层的高度普遍都达到 300m 以上。高层建筑的顶部直接影响整个高层建筑的设计，尤其针对 300m 以上的超高层建筑，好的顶部设计对建筑的整体形象起着画龙点睛的作用，并能让其在高楼林立的建筑群中脱颖而出。

在当前结构技术和计算机技术的帮助之下，建筑师开始打破对超高层建筑顶部的传统界定，将建筑顶部造型和建筑楼身形体进行一体化设计，通过扭曲、斜切、错位等一系列手法，创造出具有颠覆性的充满动势的高层建筑顶部设计。新时代下的建筑顶部结构大多采用塔式造型，且大胆采用悬挑、悬挂、倾斜、镂空等技术复杂的结构形式，与此同时，奇特的造型设计为塔冠结构的施工带来了一系列前所未有的挑战。

2. 关键技术

由于受到塔冠施工作业面狭小和已有吊装设备的限制，塔冠钢结构安装最常用的方法有：散件吊装＋动臂式塔式起重机高空原位拼装、地面拼装＋动臂式塔式起重机高空原位拼装两种。在这两种基本方法的基础上，灵活采用顶升提升、滑移等特殊方法，并根据需要设置临时支撑胎架，合理预留后装区域。

按照塔冠结构的一般组成，塔冠结构的安装顺序大致可分为五个步骤：主体结构基座安装（如核心筒预埋钢柱安装、预埋件安装、主体结构顶节柱安装等）；塔冠底部框架＋支撑胎架安装；上部复杂空间结构安装；后装区域补装；临时支撑胎架卸载＋临时加固结构拆除。

（1）塔冠施工过程模拟分析

1）施工模拟分析的方法

目前较常用的施工模拟分析方法分为正装分析法和倒拆分析法两种，根据塔冠结构的特点，一般适合采用正装分析法。

施工过程模拟分析是一个重复模拟、不断优化调整的过程，并非单纯的一次性模拟，需要根据模拟结果不断地探索和分析。

2）塔冠施工阶段划分的原则

以把握关键施工节点为原则，合理确定施工阶段的数量。以尊重实际施工事实为原则，合理确定施工阶段划分的界限。

3）塔冠模型边界条件假定

对于塔冠与主体结构之间的边界条件假定，可参考原设计或与原设计单位共同确定；对于钢构件分段安装就位后与已安装构件之间采用连接板临时固定，分析中按"铰接"考虑，当分段之间焊接完毕后，按"刚接"考虑（程序中通过激活和钝化杆端约束条件予以实现）；对于临时支承胎架，在初步模拟过程中，采用单向铰支座进行模拟，在胎架设计完成后的复核验算过程中，将支撑胎架以及胎架下方的主体结构纳入塔冠结构的一部分，整体建模，然后进行整体分析。

（2）塔冠临时支撑胎架设置

塔冠结构在形成整体前局部缺少足够的约束或会产生较大变形，因此需设置临时支撑胎架。为保证支撑胎架传力途径的可靠性，应尽量使胎架底座支撑在下方钢梁或者墙肢上，对于不能直接落于钢梁或墙肢上的胎架支点，应通过增设水平转换构件将荷载进行传递。

以武汉中心塔冠结构为例，塔冠钢结构总高度 41.96m，对应标高为 393.950～435.910m；整体以西南-东北对角线为中轴，钢结构对称分布，侧视呈 30°倾角，结构最大跨度达 52.6m，外框悬挑桁架最大向外挑 13.5m。根据外框 87 层钢梁布置与塔冠外围竖向桁架的平面投影关系，同时考虑胎架受力传递途径的可靠性，使胎架底座尽量支撑在钢梁上，以此布置外围悬挑桁架临时支撑；根据核心筒 89 层混凝土梁布置和内部主桁架分段位置，以此布置内胆主桁架临时支撑。

以沈阳恒隆项目塔冠结构为例，塔冠结构造型高度为 47.07m，总质量约 1500t，皇冠结构由核心筒 67 夹层（67M）开始抱箍向上延伸，L67M 层内侧固定于核心筒之上，外侧整体悬空，外挑最大尺寸约 7.5m。其外箍于核心筒的皇冠本体由从核心筒 67 夹层悬挑出来的 8 根箱形框架梁支撑，箱形框架梁与核心筒内预埋的劲性钢柱东、西为刚接，南、北为铰接。在开始施工阶段，外侧缺少支撑约束，结构无法自成稳定体系。施工过程中，在皇冠底部框架节点正下方设置支撑胎架，且对胎架底部 L67 层钢梁进行了加固，直到底部 3 层框架安装焊接完成，皇冠形成稳定的结构体系，随后对支撑胎架进行拆除，完成后，结构荷载全部由自身承受。全过程经施工模拟和现场实时监测，结构受力和变形符合设计要求。

（3）塔冠临时支撑胎架设计

1）胎架设计荷载确定

胎架是塔冠结构安装阶段的主要支承系统，随着安装过程的阶段深入，胎架承受荷载不断变化，亦即其荷载是一个阶段变化量，因此必须对塔尖结构进行施工全过程的模拟分析，提取各施工阶段的最不利荷载作为胎架设计荷载，以此保证胎架的承载力满足全过程施工的需要。

2）支撑胎架力学等效

由于胎架构件截面尚未确定，进行设计荷载确定时，需将胎架等效为铰支座（该处理方法，忽略了胎架自身的柔性，视为刚性体，将导致胎架的设计荷载比实际荷载略大，偏于安全），待胎架设计完成后与整体结构进行总装分析，精确验算胎架设计的可行性。

3）支撑胎架下部结构验算与临时加固

与一般的支撑胎架不同，塔冠临时支撑胎架的下方是塔楼顶层楼板，胎架的作用点可能作用在钢梁或者墙肢上，也可能直接正对着混凝土楼板，需要通过底座梁进行力的传递。无论哪种情况，胎架下部结构的承载力都有可能不够，因此需要对其进行验算，如果承载力满足，则无需加固，如果承载力不满足，则需对结构进行加固。

常用的验算方法有两种：①分离提取验算法，即提取施工模拟中支撑胎架的最不利反力，施加在下部结构上进行验算；②整体建模分析法，即将下部结构和支撑胎架一同纳入塔冠的施工模拟分析当中进行验算。整体建模分析法相对更科学合理，但是对计算分析能力的要求更高。

（4）塔冠支撑胎架拆除

1）胎架拆除的方法

塔冠结构的胎架拆除与大跨度结构胎架拆除（简称拆撑）有所不同，一般塔冠结构胎架拆除之前结构已经自成稳定体系，且要求拆除前的施工位形与拆除之后相差不大，一般会控制在结构安装误差范围以内（根据多个实际工程的统计结果显示，落架变形量一般在15mm以内），因此一般塔冠结构的胎架拆除属于小变形，而大跨度结构的胎架拆除一般属于大变形。小变形相对较为简单，不必进行复杂的分级落架，只需要根据施工模拟分析的结果进行同步落架或按顺序有组织落架即可。

2）胎架拆除的顺序

胎架结构的拆除应从上而下逐层进行，当有条件时，宜采用起重设备按标准节吊运至地面后分解；条件不具备时，可以在塔冠顶部直接分解，然后通过施工电梯运至地面。

连系支撑应随同支承单元逐层拆除，严禁先将支撑结构全部拆除后再拆架体。拆除作业顺序应按组拼相反顺序拆除，严禁乱拆、乱卸、乱堆放，应及时归类整理。拆卸的桁架与构配件等应及时检查、整修与保养，并按品种、规格分别存放。

（5）塔冠顶部大型塔式起重机的分级拆除

塔冠施工阶段，随着钢结构安装内容的减少，位于超高层建筑顶部的大型塔式起重机设备需进行拆除。由于目前超高层建筑施工普遍采用内爬式动臂塔式起重机，内爬式动臂塔式起重机一般布置在建筑物的内部，结构封顶后塔式起重机无法自降至地面，故需采用大型塔式起重机"分级拆除技术"对超高层顶部的塔式起重机逐级进行拆除，分级拆除的指导思路为"装小塔，拆大塔；大塔互拆，以小拆大，化大为小，化小为零"。

以深圳平安金融中心项目为例，该工程结构高度660m，主体结构施工选用2台M1280D和2台ZSL2700内爬式动臂塔式起重机，均安装于核心筒外墙上。塔冠施工阶段位于塔楼顶部的大型塔式起重机按照"装小塔，拆大塔"的原则逐级进行拆除，塔式起重机拆除与塔冠安装穿插进行。

（6）塔式起重机区域的后装与临时加固

塔冠结构一般为空间整体结构，原来布置于核心筒的内爬式塔式起重机难免会从塔冠结构中穿过，与此同时，塔冠顶部面积本身狭小，塔式起重机布置非常受限。因此一般都会有一部分塔式起重机影响区域需要后装。

以沈阳恒隆项目塔冠安装为例，由于塔式起重机的位置正好影响到一根钢柱的安装，因此造成了一个平面尺寸长约27m，宽约7m的缺口，缺口深度最大位置达31m，由于皇冠为环形抱箍且向上向外倾斜悬挑的结构形式，在自重作用下，整体有向外张开的自然趋势，缺口将导致皇冠整体的抱箍作用大大削弱，尤其使缺口两侧邻边的结构单元直接失去了横向约束，随着皇冠施工的进行，自重越来越大，缺口位置将可能产生无法挽回的变形。因此，在皇冠施工阶段必须对缺口两侧的结构采取临时拉结措施，以防止其变形发展。根据施工过程模拟分析，缺口两侧区域的结构最大变形最大达到34mm，为了有效控制塔式起重机缺口处结构变形的不良发展，施工过程中在后装区域两侧的钢柱之间设置了临时连梁，由于缺口跨度较大，考虑到临时连梁须有足够的刚度，临时连梁采用片式桁架形式，在第3层至第5层缺口之间每层设置一道。在后期补装过程中，临时桁架不能一次性拆除，应随补装进度由下向上依次拆除。

（7）交叉作业与施工协调

与外框顶层楼板施工的交叉作业。超高层建筑钢结构施工一般会领先外框楼板施工数层，但外框顶层楼板常常是塔冠结构安装的前提，因此需协调土建专业提前施工外框顶层楼板，以便为塔冠临时支撑胎架安装、零星构件堆放提供作业面。

与顶模或者爬模体系拆除的交叉作业。超高层建筑核心筒剪力墙施工采用顶模体系或爬模体系，核心筒剪力墙封顶后模板体系面临拆除，塔冠结构靠近核心筒的部分需待爬模体系拆除完成后才可安装，因此存在交叉作业。爬模体系拆除期间，在条件允许的情况下，可提前插入支撑胎架和外围塔冠结构的安装，以尽量缩短两者之间的技术间歇时间。

与擦窗机系统安装的交叉作业。一般为了加快工程整体进度，塔冠顶部擦窗机系统会在塔冠钢结构安装后期开始提前插入安装，擦窗机系统的安装一般包括擦窗机支承架的安装、擦窗机轨道安装和擦窗机设备安装三部分。一方面，需考虑塔冠安装作业面的合理移交顺序；另一方面，需控制好塔冠施工阶段擦窗机附加荷载对结构稳定性及变形的影响，并根据实际情况提出控制措施。

与幕墙施工的交叉作业。塔冠安装后期，幕墙施工可能会提前插入，既需确保上、下交叉作业安全，又需与幕墙单位做好工序协调，防止塔冠防火涂料成品受到幕墙连接件施工的破坏。

与屋顶冷却塔施工的交叉作业。一些超高层会在屋面设置大型冷却塔系统，屋面作为塔冠施工阶段钢构件临时堆放、中转和维修的场地，至关重要。冷却塔的施工会与塔冠安装抢占屋顶作业面，因此应提前做好相关工序以及作业面的协调。除此之外，针对上、下作业面存在交叉的情况，应协调机电专业做好成品保护和防火。

3. 结论

以沈阳市府恒隆广场、深圳平安金融中心、武汉中心等多个国内顶尖级超高层项目塔冠施工为依托，对超高层塔冠钢结构施工所面临的挑战进行了深入分析，从塔冠安装的总体思路、塔冠施工过程模拟分析、临时支撑胎架的安装和拆架、塔冠顶部大型塔式起重机的分级拆除、塔冠影响区域的后装以及塔冠施工各阶段交叉作业的应对办法等多方面进行了总结归纳，可为超高层塔冠钢结构施工提供参考资料。

5.3.4　特大型钢柱脚锚栓群施工技术

1. 概述

某工程是世界八度抗震区唯一一座超过 500m 的超高层建筑，拥有世界上截面积最大、腔体最多的巨柱，单根异形巨柱多达 13 个腔体，横截面积达到 63.9m^2。巨柱以及大面积的翼墙、钢板墙导致高强度锚栓数量众多，而且部分锚栓长度超过 3m。因此大面积的地脚锚栓精度控制是该工程的重中之重。除此之外，现场高强度锚栓与土建钢筋交叉施工，需要合理地安排施工工序。

该工程首次提出了装配整体式锚栓支承架体系，建立了一整套完善的精度控制体系，高精度快速地完成了 293 根锚栓群的安装工作，大幅提高施工效率，并总结提炼了特大型钢柱脚锚栓群施工技术，已在该项目施工中实施，并取得了良好的经济及社会效益，对其他类似工程具有很强的借鉴意义。

2. 关键技术

（1）地脚锚栓自适应设计

为保证地脚锚栓群的安装精度，节约施工时间，工程提出一种锚栓自适应设计方法，

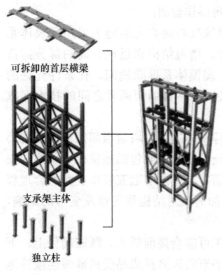

图 5.3-9 锚栓支承架的组成构造

该方法可以根据现场混凝土底板的分布钢筋位置，及时调整锚栓及锚栓支承架的安装位置，确保锚栓的安装精度。

锚栓支承架由三部分组成，分别为可拆卸的首层横梁、支承架主体以及独立柱（图 5.3-9）。支承架尺寸由混凝土底板的厚度以及地脚锚栓的尺寸确定。高强度锚栓通过支承架主体上的三道横梁固定于支承架上。

受支承架的约束作用，高强度锚栓准确限定于支承架之内，而且在散装支承架安装完成之后将所有支承架连成整体，形成整体锚栓支承架群。这样就可以避免在钢筋绑扎作用或浇筑底板混凝土过程中产生的错位。此外支承架的独立柱和首层横梁设计为可拆卸的形式，也是为了方便底板分布钢筋的施工绑扎。

锚栓自适应设计体现在：第一，水平自适应技术，在锚栓支承架设计时将锚栓支承架分为独立柱和支承架本体两部分。独立柱施工时根据土建底板钢筋排布情况灵活调整独立柱的安装位置，保证独立柱施工与钢筋绑扎过程互不影响，待独立柱安装完毕之后，根据独立柱的位置布置锚栓支承架本体的位置。第二，竖向自适应技术，结合可拆卸的首层横梁，锚栓在支承架中的竖向位置亦可以根据底板分布筋的位置进行微调，确保锚栓与土建底板钢筋排布互不干涉（图 5.3-10）。

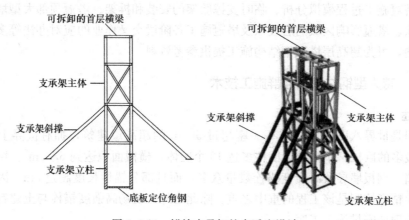

图 5.3-10 锚栓支承架的自适应设计

实际操作中，为避免安装过程中钢筋和锚栓支承架之间相互影响，采用 BIM 技术对锚栓支承架的安装过程进行模拟。通过三维模型综合协调完善底板分布钢筋、支承架和地脚锚栓之间的接触关系（图 5.3-11）。

（2）锚栓支承架施工

1）独立柱脚安装

土建防水垫层施工完毕并达到强度后，开始安装首节独立钢柱，需要求土建垫层浇筑

图 5.3-11　地脚锚栓群和底板分布筋之间的关系

均匀、平整。独立柱柱底板为 200mm×200mm×8mm 的钢板，独立柱柱底板与混凝土防水保护层通过 M6×65 膨胀螺栓连接（图 5.3-12、图 5.3-13）。

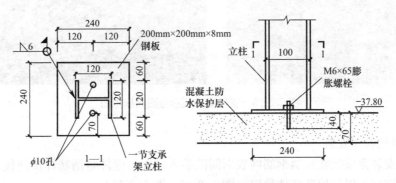

图 5.3-12　独立柱脚安装示意图

2）独立柱稳定措施

在首节独立柱安装完成后及时用∟50×5 角钢连成整体，以保证独立柱稳定性，确保现场施工人员安全（图 5.3-14）。

图 5.3-13　独立柱施工图　　　　　图 5.3-14　独立柱稳定措施示意图和施工图

3）支承架安装

桩头锚筋为直径 40mm 钢筋，出桩头 1800mm，考虑桩头露出垫层 100mm，则桩锚筋顶距垫层高度为 1900mm。高强度锚栓支承架最下面一道横梁距垫层 2000mm，高于桩锚筋顶。支承架安装前，严格控制支承架区域桩锚筋顶标高，对于钢筋伸出过长的情况进行切割，保证钢筋锚固长度 35d（d 为钢筋直径）的要求，同时避让支承架横梁（图 5.3-15）。

图 5.3-15　支承架安装示意图和施工图

4）支承架斜撑安装

支承架安装完成后在底层钢筋网表面间隙插入埋件，埋件与钢筋焊接连接；外斜撑与支承架焊接连接，以便保证架体稳定（图 5.3-16、图 5.3-17）。

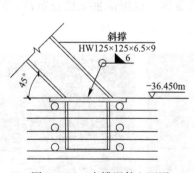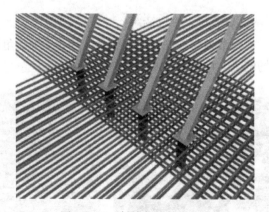

图 5.3-16　支撑埋件立面图　　　　图 5.3-17　斜撑与钢筋网连接

5）高强锚栓散件安装

待架体安装完成后安装散件，再将所有架体连成一个整体，形成稳定体系。高强度锚栓散件安装主要使用 L250 和 TC8039 塔式起重机吊装。安装流程为预先安装下部型钢，然后安装锚栓，之后用槽钢将锚栓单侧固定并且用小角钢固定。高强度锚栓散件安装流程见图 5.3-18。

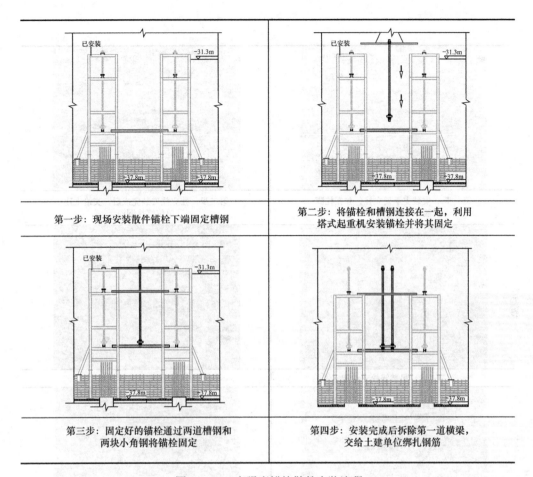

第一步：现场安装散件锚栓下端固定槽钢

第二步：将锚栓和槽钢连接在一起，利用塔式起重机安装锚栓并将其固定

第三步：固定好的锚栓通过两道槽钢和两块小角钢将锚栓固定

第四步：安装完成后拆除第一道横梁，交给土建单位绑扎钢筋

图 5.3-18　高强度锚栓散件安装流程

（3）支承架施工流程

支承架模拟施工流程见图 5.3-19。

（4）锚栓安装精度控制方法

高强度锚栓通过三道横梁与锚栓套架相连，三道横梁的作用略有不同：

下部定位 H 型钢：主要作用为承载锚栓，并将锚栓下端与支承架固定。横梁上设有锚栓的定位孔，方便锚栓的安装，锚栓下端穿进定位孔后与钢梁焊接固定，如图 5.3-20（a）所示。

中部限位槽钢：主要作用为控制锚栓偏位，限制锚栓倾斜或者偏移。可采用两道槽钢制成，槽钢在锚栓两侧将锚栓夹紧限位，如图 5.3-20（b）所示。

上部定位槽钢：上部定位槽钢与支承架不连接，主要作用为定位锚栓位置，控制锚栓顶端水平位移。采用槽钢制成，在腹板上开孔，作为锚栓的定位孔。带有上部定位槽钢的高强度锚栓分片吊装完成，并在锚栓位置测量校正后，将上部定位槽钢连成整体，在锚栓群上端形成整体的定位框架，限制锚栓位移，如图 5.3-20（c）所示。

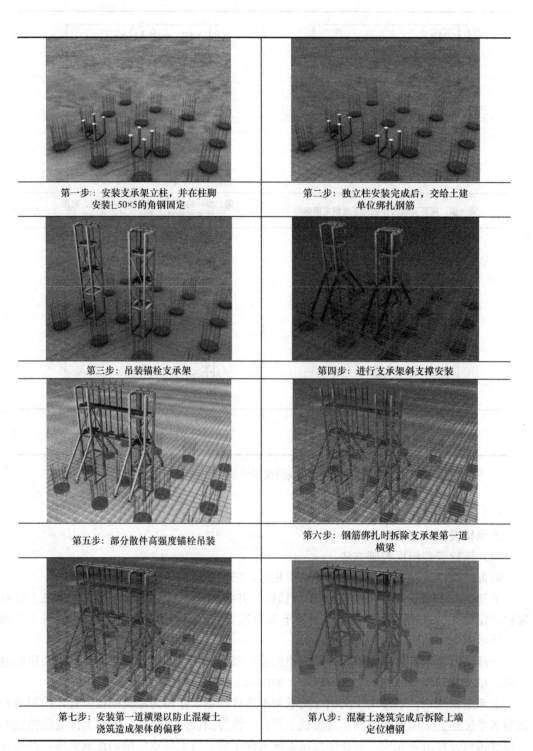

第一步::安装支承架立柱，并在柱脚安装∟50×5的角钢固定

第二步：独立柱安装完成后，交给土建单位绑扎钢筋

第三步：吊装锚栓支承架

第四步：进行支承架斜支撑安装

第五步：部分散件高强度锚栓吊装

第六步：钢筋绑扎时拆除支承架第一道横梁

第七步：安装第一道横梁以防止混凝土浇筑造成架体的偏移

第八步：混凝土浇筑完成后拆除上端定位槽钢

图 5.3-19 支承架模拟施工流程

| (a) 下部定位H型钢 | (b) 中部限位槽钢 | (c) 上部定位槽钢 |

图 5.3-20　锚栓安装精度控制方法

（5）锚栓施工测量控制

1）控制点布设

锚栓支承架的安装采用三级控制网定位测设。所有控制点位保护用 200mm×200mm× 10mm 的钢板，埋入混凝土内，在板上刻画"十"字丝以确定精密点位，并在桩上搭设短钢管以长期保护，并在围墙上做好显著标记。施工过程中定期复查轴线控制网，确保测量精度。

平面控制网布设：该控制网按照二级控制网在坑内环撑上找出三个三级控制点，采用坐标法放样的方法测量高强度锚栓的位置，仪器采用全站仪。

高程控制网布设：该工程±0.000m 相当于绝对高程 38.35m。点位尽量远离基础沉降区及受重型施工机械施工影响的区域，且通视条件要良好，控制点每周进行一次闭合复核，对出现沉降的控制点的数据立即进行调整，复核无误后方可进行锚栓等结构的测量。

2）支承架安装测量控制

锚栓施工规范要求：基础顶面直接作为柱的支承面和基础顶面预埋钢板或支座作为柱的支撑面时，其支撑面、地脚螺栓（锚栓）位置的允许偏差符合相关规范规定。

锚栓施工过程测量控制：土建单位做完防水后，在混凝土地面上放线，画出支承架独立柱的定位线，安装独立柱，用经纬仪或全站仪测量独立柱的整体垂直度，独立柱的安装允许偏差控制在 $l/1000$（l 为独立柱长度），独立柱测量完成后经自检、复检合格后向监理工程师报验；等土建单位钢筋绑扎完成后对独立柱进行复测，统计数据。

支承架初校：锚栓支承架吊装完成后首先用水准仪对锚栓标高校正，然后用全站仪对锚栓坐标进行校正，测量偏差控制在规范要求的范围内，测量结果经监理工程师报验认可后对锚栓支承架固定，测量数据由项目部存档。

在钢筋绑扎之前对高强度锚栓标高、坐标进行复核，对比安装时测量数据，发现偏差过大时，及时纠偏。

钢筋绑扎过程中对锚栓进行跟踪测量，以消除土建 $\phi40$ 钢筋绑扎时对高强度锚栓的影响。绑扎完成之后大底板混凝土浇筑之前对高强度锚栓再次进行复测。

在大底板混凝土浇筑过程中仍需对高强度锚栓进行跟踪测量，观测混凝土浇筑振捣对高强度锚栓的影响，发现有偏差及时校正。混凝土浇完毕后继续对高强度锚栓进行跟踪测量，检查锚栓位置偏差并填写测量成果表。

3）混凝土浇筑过程中的锚栓纠偏措施

由于混凝土浇筑量巨大，从一个方向浇筑混凝土，可能使锚栓支承架发生整体偏移，进而影响锚栓定位的准确性，因此，项目部制定了提前预案，分为安装前、安装中、安装后三个步骤的动态控制。首先在锚栓支承架安装前确定混凝土浇筑的位置，大体的流向，通过计算得出高强度锚栓偏移的位移，为高强度锚栓安装时微调纠偏提供依据；安装中，依据计算的数据，高强度锚栓安装时整体向混凝土流向相反的方向偏移一定的偏差，作为混凝土浇筑过程中的缓冲位移；安装后，在混凝土浇筑过程中对高强度锚栓用全站仪实施监控，分析偏移程度是否在可控的范围内，并通过混凝土浇筑过程中预调控制高强度锚栓的安装精度。

3. 结论

该项目锚栓数目多、分布复杂，且地脚锚栓和混凝土底板钢筋交叉布置。若采用常规的逐根安装法，则需要 2138 吊次，大大影响施工进度。此外，逐根安装法不利于锚栓的精确定位和位置校正。该工程采用装配整体式锚栓安装法在施工期间，采取合理的施工部署和施工流程，优化配置资源，仅历时 10 天顺利完成了 2138 根锚栓、165 个锚栓套架的安装，总计起吊次数 253 吊次，仅为逐根安装法起吊次数的 11.8%。在锚栓精度控制和保护方面，采用全站仪测量、卷尺测量、丝扣保护、拉设倒链等措施，精确地完成了锚栓群的安装。混凝土大底板浇筑后，锚栓最大误差为 8mm，远低于预期控制值 13mm，精度提高 1.62 倍，且在安装地下室柱底板和剪力墙钢板的过程中，实现了"零扩孔"的预期目标，为地下室主体钢结构的安装奠定了良好的基础，并为巨型框架结构的地脚锚栓群施工积累了丰富的经验。

5.3.5 巨型双层钢板剪力墙综合施工技术

1. 概述

广州东塔双层钢板剪力墙为条形或 L 形箱形截面，最大截面尺寸为 14150mm×6300mm×40mm×40mm，米重最大为 17t。腔体宽度为 1000mm，截面长方向分布有通长竖向隔板，箱形截面内侧设置水平隔板，箱形截面外侧设置栓钉。

劲性双层钢板剪力墙有以下施工难点：

（1）截面尺寸大、米重大，隔板分布复杂，分段考虑因素多；

（2）安装姿态为直立片状，构件翻身及堆放要求高；

（3）分段单元多为扁平条状、扁平 L 形，吊装难度大；

（4）横、竖向对接截面超长，变形控制难度大；

（5）双层钢板墙最大厚度 40mm，单元连续焊缝最大长度达 14200mm，焊接工作量大且焊缝集中，接变形控制工艺要求高；

（6）腔体内部狭窄，腔体外部钢筋密集，交叉作业协调难度大。

2. 关键技术

（1）构件分段注意事项

双层钢板剪力墙截面大，重量重，构件分段必须满足运输的长宽尺寸限制以及施工工况下塔式起重机起重性能要求。

双层钢板墙超长厚板横立缝连续施焊受剪力墙混凝土施工缝高度及施工缝处钢筋预留长度等影响，由于距离过近易灼伤混凝土及钢筋套筒，构件分段须与钢筋工程、混凝土工程错开分界面，以利于流水交叉作业。

由于部分顶模桁架布设于双层钢板剪力墙正上方，致使此部分双层钢板剪力墙立面分段必须设置于历次顶模弦杆下弦与墙体混凝土浇筑施工缝之间，即其立面分段需根据顶模爬升进行整体规划。

在核心筒施工流水作业中，主要以钢构安装、钢筋绑扎、混凝土浇筑、塔式起重机顶模顶升为主线因素，双层钢板剪力墙分段须避免造成局部工序成为主线而导致工期滞延。

双层钢板剪力墙内嵌于核心筒外墙，从结构安全性考虑，由于楼层区水平设置混凝土/钢骨连梁以及外框钢梁，且隔板较密集，立面分段需避开楼层节点区。

双层钢板剪力墙内嵌设置，使得外框钢梁埋件总锚固深度不满足构造要求而焊接于钢板上，极大减少外框埋件施工，其分段应避开埋件高度范围（楼内可能存在高地位）以降低现场工作量。

整体分段应尽量减少现场吊装次数、现场焊接量、封闭/受限空间工作量。

（2）吊装方法

1）吊装辅助设施设计

采用4点对称布置，吊点选取在竖向加劲板位置。

2）现场构件的卸车及翻身

由于构件属于扁平状，运输过程处于平躺状态，同时钢板墙外表面布满栓钉及连接耳板，卸车时需采用专用夹具辅助，保证过程中的平稳。

巨柱在翻身时，设置胎架予以辅助。通过4根吊装钢丝绳传力的两两转换（图5.3-21），将构件翻转直立。过程中须注意放置好枕木，保护构件边缘。

图5.3-21　钢板墙翻身过程现场图片

3）吊装过程

根据吊装单元的外形尺寸，选用12m长钢丝绳，控制吊绳角度在45°～60°之间，吊装单元采用调节捯链，保证稳定性，如图 5.3-22 和图 5.3-23 所示。

图 5.3-22　一字形钢板墙吊装示意图

图 5.3-23　L 形钢板墙吊装示意图

（3）测量方法

双层钢板剪力墙米重/截面大，单件分段长细比小，且为整体内嵌结构。主要存在以下测控重点及应对方式。

1）构件长细比小，顶端坐标校正调整对构件对接口间隙及错边影响量大，在构件安装前对下端构件焊后复测端面三维数据，阶段性提供给制作单位进行竖向构件长度预调。

2）双层钢板剪力墙为内嵌结构，整体形成墙体钢骨，其整体平面直线度及立面垂直度影响核心筒墙体施工质量，应对措施是在构件宽度方向中点立镜，测量点平面坐标，根据设计值进行顶端定位校正。平面坐标校正后，依据楼层标高控制线用水准仪测量构件顶端标高，用千斤顶校平。存在水平对接的构件，根据两端边中点绷线比对对接边中点偏差，用千斤顶校正。将多构件整体数据进行拟合后整体校正。

双层钢板剪力墙安装就位，竖向投递控制点位至顶模操作平台 4 个端点位置（图 5.3-24），架设全站仪进行轴线校正。每次顶模系统顶升后，重新从下方基准点位竖向投递控制点，经闭合平差改正后作为控制点坐标数据。

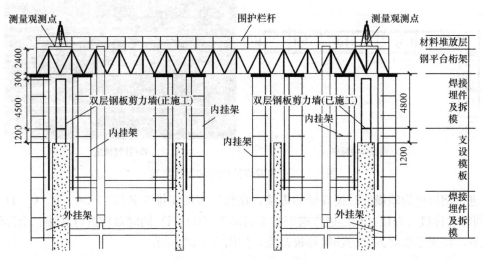

图 5.3-24　测量观测点位置

采用坐标法观测时，全站仪架设后近端俯角较大。依据控制点布设，划分控制点测控区域，保证全站仪照准棱镜时俯角小于 30° 及降低棱镜高，测量精度受控。

焊接完成后，用水准仪测量构件顶面高差，复核整体构件顶面平整度。比对设计值，形成下节构件安装标高预控数据。

地下室阶段可直接将仪器架设在钢板剪力墙顶面，后视已放楼板标高线，在其他构件顶面立尺进行高差观测，计算整体平整度。

进入标准层施工，根据控制点布设，在顶模系统顶面控制点上架设水准仪进行高差观测，由于高差较大，水准尺采用塔尺。每次顶模系统顶升后，需重新投点并进行高差闭合计算。

（4）焊接方法

1）焊接工艺的选定

针对结构焊缝超长、板厚较厚，同时存在横立焊缝的特点，现场采用 CO_2 气体保护半自动焊和实芯焊丝焊缝填充加药芯焊丝盖面相结合的焊接工艺。实心焊丝打底、填充焊接无焊渣，金属熔敷效率高，且过程中烟尘较少；盖面采用药芯焊丝施焊的气渣联合保护，工艺性能好、熔池成型更易、飞溅少、焊缝成型美观；结合此种工艺可同时满足现场焊接质量、施工工期及经济性的要求。

2）焊接顺序

典型钢板剪力墙焊接遵循先横焊缝后立焊缝、先内腔劲板后外腔壁的顺序，当遇交叉焊缝时，先焊接施工焊缝易成型部位，后施工较难部分，节点处须做好清理工作，保证焊接质量。

横焊缝焊接时，先进行竖向加劲板焊接，由于钢板剪力墙中间部位空间狭小封闭，并且焊接时的高温导致工作空间温度升高，因此安排 5 名焊工（A、B、C、D、E）同时施焊，保证工人拥有足够的空间，同时在顶部增加排气措施，如图 5.3-25 所示。

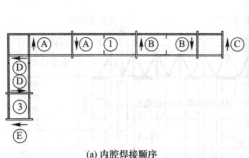

(a) 内腔焊接顺序　　　　　　　　(b) 排气措施

图 5.3-25　内腔焊接顺序和排气措施

进行钢板剪力墙横向对接焊缝的焊接，在长边方向安排 6 名焊工（A、B、C、D、E、F）同时对称进行焊接，在短边方向安排 2 名焊工（G、H）同时对称进行焊接。全部焊接完成后，将用于临时固定的连接耳板割除，如图 5.3-26 所示。

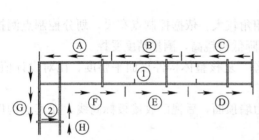

图 5.3-26　焊接顺序和现场实施图

钢板剪力墙横焊缝焊接完成后每条竖向焊缝安排 2 名焊工（A、B 及 C、D）同时进行竖向焊缝的焊接，焊接方向为由下到上，焊接时应采用分段跳焊的方式进行。

此外，转角处的钢板墙立焊缝施焊，容易造成焊接变形，影响对接质量。经过焊接前后变形测量分析，采用在校正过程中，首先预留钢板墙外偏移余量，作为焊缝收缩的预留值的方法。在横焊缝焊接完毕之后，进行立焊缝施焊，在端头位置，预留 300mm 段后焊，作为上节钢板墙安装时的校正尺寸预留，在横向对接完成施焊之后，再进行预留段和上段立焊缝的施焊。

（5）工序交叉协调

双层钢板剪力墙内外浇筑混凝土，且外侧分布的竖筋最多达到 7 层。钢筋的下料长度必须与钢板墙的分段高度协调一致，才能避免钢筋影响焊缝施焊的情况发生。钢板墙的分段高度以 4500mm 为主，鉴于此，钢筋成品的长度主要为 12000mm 和 9000mm 两种。所以，竖筋以 9000mm 为主，切割成 2 段 4500mm 钢筋，符合钢板墙分段高度一致并在非标准层高位置的要求，采用 12000mm 钢筋下料，减少损耗。按此分段思路，以 4.5m 标准层高为例，钢板墙的分段高度高于楼层面 1200mm，竖筋与焊缝之间的间隔满足施焊要求。由于一级接头的经济性不足，因此，采用套筒连接，竖筋的 50% 高于焊缝面，仍能够满足施焊空间要求。

混凝土浇筑分为内外两层独立施工。腔体内混凝土，随着钢结构的安装，按 2 层一个浇筑段施工,外侧混凝土,随同结构楼层的梁板一起按一层一个浇筑段施工。

混凝土模板搭设时,在钢板墙的侧壁焊接套筒,套筒焊接质量满足等强焊缝要求。钢模板的固定,需要在钢板墙上方焊接套筒,进行对穿拉杆的连接。

顶模系统与钢板墙施工:超高层已普及推广自动模板体系,但纵横穿插的桁架体系对核心筒墙内的钢板墙施工存在较大的影响,尤其是双层钢板墙。除了在桁架体系设计时主动避让以外,还需通过三维模拟分析,进行工况复核。

在主桁架下方的钢板墙的安装高度必须预留足够的空间,不受主桁架阻挡的钢板墙,可以按吊装工况进行分段。

3. 结论

广州东塔采用的巨型双层劲性钢板剪力墙。双层钢板剪力墙宽度达 1000mm,在国内目前采用的结构形式中,尚属首例。巨型双层钢板剪力墙的施工部署及安装工艺,涉及安装单元的分段、与钢筋混凝土交叉施工、与核心筒顶升模板协调频繁等难点。通过合理的施工组织、优化构件分段、精确模拟的控制工艺以及高效、反变形的焊接施工顺序,保证巨型双层钢板剪力墙的施工质量与效率。

5.3.6　超长、超厚钢板剪力墙变形控制关键技术

1. 概述

片式钢板墙为二维平面结构,如图 5.3-27 所示,天津 117 大厦项目已应用最长的单片钢板墙达 36m,板厚达 70mm。现场钢板墙对接纵、横向焊缝要求为全熔透,焊接过程中产生很大的拉应力,而二维钢板墙结构刚度小,结构变形控制难度大。为解决这一难题,需要从焊接顺序与方向以及特殊焊接工艺等方面考虑。

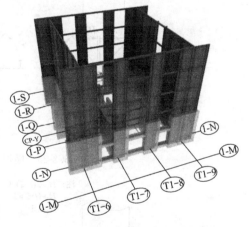

图 5.3-27　现场钢板剪力墙结构示意图

(1)焊接顺序与焊接方向

1)焊接平面上的焊缝,要保证纵向焊缝和横向焊缝(特别是横向)能够自由收缩。如焊对接焊缝,焊接方向要指向自由端。

2)先焊收缩量较大的焊缝,如结构上有对接焊缝,也有角焊缝,应先焊收缩量较大的对接焊缝。

3)同一钢板先焊立焊缝,焊接冷却后再焊横焊缝。

4)工作时应力较大的焊缝先焊,使内应力分布合理。

5)交叉对接焊缝焊接时,必须采用保证交叉点部位不易产生缺陷的焊接顺序。

(2)焊接工艺措施

1)焊接约束板:钢板剪力墙在焊接前,为了减小焊接的收缩变形,需要在焊缝两侧设置约束板固定。约束板焊接在钢板焊缝两侧,待焊接完成并在焊缝冷却变形完成后将约束板割除。焊接约束板根据现场焊接形式与临时连接位置灵活布置,以间距 1.5m 一道约束板为原则布设。

2)焊后电加热逐层降温:在焊接结束后(尤其冬期施工)温度迅速冷却导致层间温

度无法完全释放导致残余应力存在而最终导致构件焊接变形，传统保温棉起到隔热作用但不能达到应力完全释放，使用电加热温度控制可以使得应力逐层逐级地释放，有效提高了焊接变形与焊缝质量。

钢板剪力墙在焊接过程中会产生瞬时应力，焊后产生残余应力，并同时产生残余变形。焊接残余变形是影响焊接质量的主要因素，也是破坏性最强的变形类型。焊接残余应力和焊接变形会严重影响焊接结构的制造加工及其使用性能。在实际生产制作过程中，热时效、振动时效、振动焊接等方法可作为控制和减少制作厂与现场残余应力的重要手段。然而，对于超长、超厚、超低温环境下的钢板剪力墙来说，常规的方法仍不足以控制好钢板的焊接残余变形，因此，提出了"约束板＋约束支撑"双重控制方法，既能有效减少大尺寸钢板焊接的面外变形，还方便现场施工的灵活布置。

2. 关键技术

（1）厚度为 60mm、70mm 的剪力墙双面焊焊接工艺

K 形和 X 形坡口的双面坡口按照板厚的 2/3 和 1/3 分为两侧的深、浅坡口，如图 5.3-28 和图 5.3-29 所示。针对此种双面坡口的焊接分为 3 个步骤：

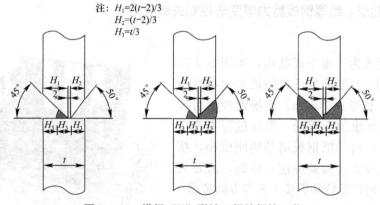

图 5.3-28　横焊"K"形坡口焊缝焊接工艺

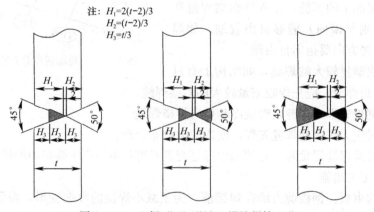

图 5.3-29　立焊"X"形坡口焊缝焊接工艺

1）焊接 2/3 板厚一侧深坡口的一半；

2）焊接人员转到 1/3 板厚一侧，焊缝反面清根，对 1/3 板厚一侧浅坡口焊满；

3）焊接人员再次转到 2/3 板厚一侧，将 2/3 板厚一侧深坡口剩余部分焊满。

（2）分段焊接接头处理

由于钢板剪力墙的焊缝较长，为减小构件的焊接变形，每条焊缝都需要采用分段的焊接方法。在施焊前期，每个焊工依次进行施焊，即后焊焊工在前一名焊工熄弧位置引弧，待整条焊缝每一分段都有一名焊工施焊时，全部焊接作业均已展开，各负责一段焊缝，逐层施焊。分段焊接的接头处的每道焊缝应错开至少 50mm 的间隙，避免接头全部留在一个断面，如图 5.3-30 所示。

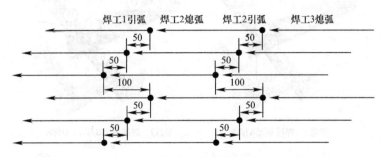

图 5.3-30 分段焊接接头示意

（3）刚性约束措施

1）局部变形控制——设置焊接约束板

钢板剪力墙在焊接前，为了减小焊接收缩变形，在焊缝两侧设置约束板固定，如图 5.3-31 所示。焊接约束板根据现场焊接形式与临时连接位置灵活布置，间距为 1500mm，待焊接完成并在焊缝冷却后将约束板割除。

2）整体变形控制——设置临时支撑

为控制钢板墙整体变形，在剪力墙对接焊口加设临时支撑，临时支撑采用 P180mm× 8mm 圆管，圆管直接焊接到钢板墙上进行固定，在控制整体变形的同时增强钢板墙的整体稳定性，如图 5.3-32 所示。

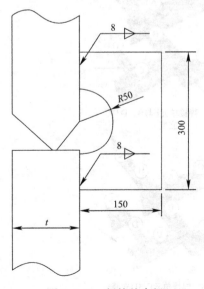

图 5.3-31 焊接约束板

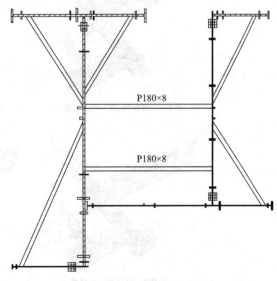

图 5.3-32 单片剪力墙临时支撑平面布置图

（4）钢板剪力墙整体焊接顺序

钢板剪力墙整体焊接顺序为先中心 A 单元再向四周扩散焊接，单个单元的焊接顺序为先焊接立缝再焊接横缝。为减小焊接变形，原则上单块剪力墙相邻 2 个接头不要同时焊接，待一端完成焊接后再进行另一端的焊接，其焊接顺序如图 5.3-33 所示。

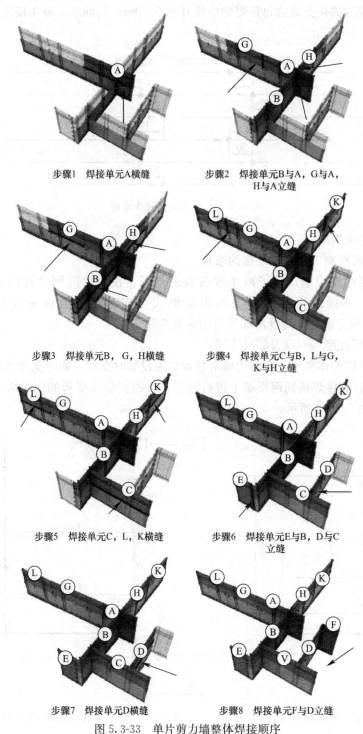

步骤1　焊接单元A横缝　　　　　步骤2　焊接单元B与A，G与A，
　　　　　　　　　　　　　　　　　　　　　　H与A立缝

步骤3　焊接单元B，G，H横缝　　步骤4　焊接单元C与B，L与G，
　　　　　　　　　　　　　　　　　　　　　　K与H立缝

步骤5　焊接单元C，L，K横缝　　步骤6　焊接单元E与B，D与C
　　　　　　　　　　　　　　　　　　　　　　立缝

步骤7　焊接单元D横缝　　　　　步骤8　焊接单元F与D立缝

图 5.3-33　单片剪力墙整体焊接顺序

（5）钢板剪力墙焊接残余应力消除技术

施工追求的理想初始应力状态是安装和焊接所产生的应力应变完全符合设计的技术要求，并且最大程度地均匀化。因为钢结构系统的初始应力是直接涉及结构安全与否的重要指标。

在严格执行上述焊接坡口工艺及焊接顺序的前提下，对焊后焊缝采用超声波冲击效应措施。超声波冲击（UIT）的基本原理就是采用大功率超声波推动工具以高于 2 万次/s 的频率冲击金属物体表面，由于超声波的高频、高效和聚焦下的大能量，使金属表面产生较大的压塑变形，同时超声冲击波改变了原有的应力场，产生一定数值的压应力，并使被冲击部位得以强化。

3. 结论

从焊接坡口的开设、焊接工艺、焊接顺序、防变形控制、焊后消应力等方面采取对策，对焊接变形进行了有效控制。

（1）对超长超厚钢板剪力墙采用了双面 V 形坡口形式，有效地控制了单层钢板墙焊接时向一侧的变形。

（2）每条焊缝都需要采用分段的焊接方法，分段焊时，接头处每道焊缝应错开至少 50mm 的间隙，避免接头全部留在一个断面上，使钢板墙超长焊缝质量得到保证。

（3）单片墙采用先立焊后横焊的整体焊接顺序，有效控制了剪力墙整体焊接精度。

（4）钢板剪力墙在焊接过程中，设置了约束板及临时斜支撑，对焊接收缩变形起到了良好的约束作用。

（5）对焊后焊缝采用超声波冲击处理，以减小焊后残余应力。

本技术适用于厚板、超长焊缝的焊接，对高层及超高层建筑单层钢板剪力墙的焊接尤为适用，对其他类似钢结构施工同样具有良好的参考价值。

5.3.7　超大尺寸屈曲约束支撑安装技术

1. 概述

天津高银 117 大厦塔楼在 B2～L7 层之间的四个立面设置有 8 根屈曲约束支撑（图 5.3-34），屈曲约束支撑单根长度 53m，单重 223.1t，承载力 3900t，是目前房建领域应用的最大屈曲约束支撑。由于尺寸超大，支撑必须分段制作，现场拼装。

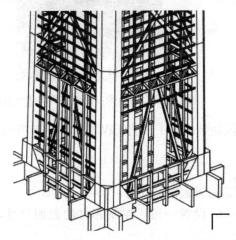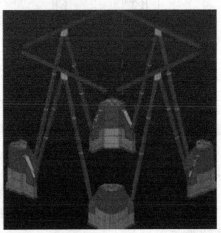

图 5.3-34　天津 117 项目屈曲约束支撑示意

屈曲约束支撑整体呈 72°夹角的人字撑形式，采用双箱形套筒结构，其中芯材为 1420mm×820mm×90mm×90mm 箱形结构，材质为 Q100LY 低屈曲强度软钢；套筒为 1500mm×900mm×35mm×35mm 的箱形结构，材质为 Q345B 级钢材。套筒和芯材之间存在 5mm 的无黏性材料，套筒仅在支撑中部与芯材连接固定，其余部分不与芯材接触，可以自由滑动。

施工过程包含屈曲约束支撑分段，箱形截面部分焊接，屈曲约束支撑分段处节点处理，分段焊接接头处理，屈曲约束支撑防滑移固定等内容，工序较为复杂。

2. 关键技术

（1）超大尺寸屈曲约束支撑安装原理及流程

天津高银 117 大厦项目所用屈曲约束支撑尺寸、重量超大，必须采用分段制作、现场拼装的方法施工。而由于屈曲约束支撑特点，给现场拼装提出一定挑战。

根据屈曲约束支撑的受力特点，支撑主要靠芯材承受轴向力，套筒起到约束芯材发生轴向外变形的目的。所以支撑由内而外分为三层：芯材、无黏性材料和套筒。首先三层材料需要在分段接口处由内到外分步骤依次连接封闭。对接口处的焊接、黏性材料封闭有严格要求，否则将影响屈曲约束支撑的使用功能。其次，分段制作后的支撑芯材和套筒是可以自由滑动的，这就需要吊装前在支撑端部设置防滑措施，保证支撑在安装、拼接和最终封闭前套筒不发生滑动，而支撑完成最终拼接封闭后再将防滑措施移除，保证套筒自由滑动的功能（图 5.3-35、图 5.3-36）。

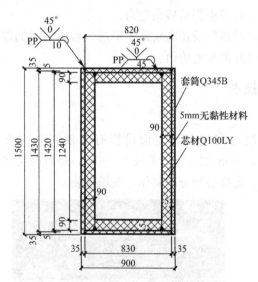

图 5.3-35　屈曲约束支撑断面图

图 5.3-36　屈曲约束支撑分段位置实际断面

基于以上原理，超大尺寸屈曲约束支撑分段拼装的施工工艺流程如图 5.3-37 所示。

（2）屈曲约束支撑制作流程及要点

屈曲约束支撑的制作流程如下：

1）芯材抛丸除锈，除锈等级 Sa2.5，保证芯材外表面的光滑；

2）加工芯材内撑板，板厚 20mm，每隔 2m 设置一道，控制芯材的截面尺寸，如图 5.3-38 所示。

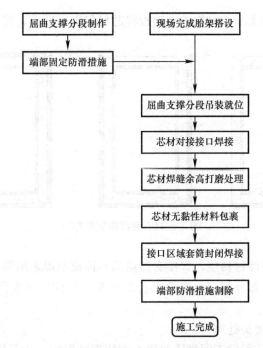

图 5.3-37　超大尺寸屈曲约束支撑分段拼装施工工艺流程

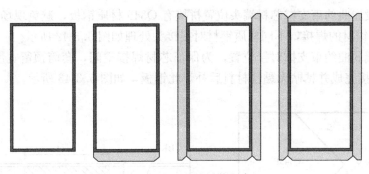

图 5.3-38　芯材拼装顺序

3）箱形芯材本体成型拼装；

4）由于支撑主要承受轴向力，为减少焊接残余应力，箱形芯材成型焊采用部分熔透焊接，芯材和套筒本体焊缝坡口形式如图 5.3-39 和图 5.3-40 所示；

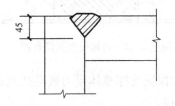

图 5.3-39　芯材本体焊缝坡口形式

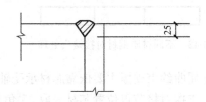

图 5.3-40　套筒本体焊缝坡口形式

5）焊接后将焊缝余高打磨平整；

6）采用 5mm 厚的无黏性材料，粘贴在套筒板内侧；

7）使用内侧粘贴有无黏性材料的套筒板将芯材包裹，形成套筒（图5.3-41）；

图5.3-41　套筒拼装顺序

8）为避免破坏无黏性材料层，焊接套筒箱形本体成型焊采用部分熔透焊接。

9）最终将套筒接口部分焊缝余高全部打磨平整，保证外观光滑平整。屈曲约束支撑分段制作完成。

（3）屈曲约束分段接头处理

为满足防屈曲支撑分段后不同材质对接，方便现场焊接，达到焊接质量的要求，屈曲支撑分段节点位置做如下处理：

1）在每段屈曲约束支撑芯材端头位置拼接有Q345材质钢板，避免现场对于Q345钢材与Q100LY钢材的焊接，不同材质钢材对接接头处理如图5.3-42所示。

2）在两端屈曲约束支撑对接位置，为保证芯材焊接空间，套筒预留宽度1000mm钢板，待芯材焊接完成并粘贴无黏性材料后补焊此钢板，如图5.3-43所示。

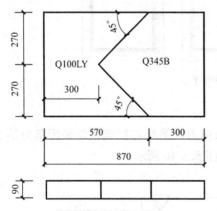

图5.3-42　不同材质钢材对接接头处理

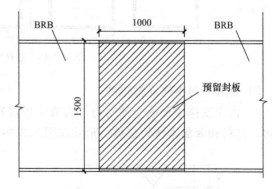

图5.3-43　对接位置预留封板

由于屈曲约束支撑主要依靠芯材承受轴向力，为保证支撑整体受力效果达到设计承载力要求，支撑对接节点位置芯材采取35°角全熔透焊接。

套筒与芯材之间5mm间隙需粘贴无黏性材料，无法加设焊接衬垫板且套筒不属于主要受力构件，所以套筒对接采取45°角半熔透焊接，如图5.3-44、图5.3-45所示。

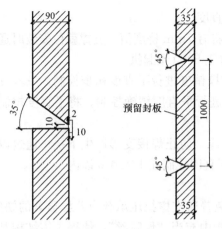

图 5.3-44　芯材、套筒封板对接焊缝示意

图 5.3-45　屈曲约束支撑对接位置示意

（4）内外筒防滑处理措施

由于屈曲约束支撑芯材和套筒是两个独立的体系，为防止套筒相对于芯材产生滑动，在中间段约束支撑设置永久性防滑措施，在套筒中部四个面开长方孔，每个面 2 个孔，取 8 块 150mm×30mm 钢板用双面坡口全熔透焊接于核心四个表面上，并穿出外套筒上的 8 个长方孔，将内套筒卡在外套筒上，并用塞焊焊死，如图 5.3-46 所示。

由于永久性防滑措施仅设置在中间段，为保证两段分段构件在制作、运输及安装过程中不发生滑动，在构件端头位置 4 个面利用 8 块 L 形连接板将芯材和套筒进行临时固定，并作为两段支撑的临时连接措施，如图 5.3-47 所示。

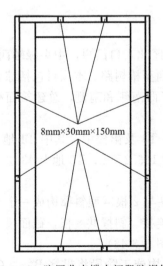

图 5.3-46　防屈曲支撑中间段防滑措施

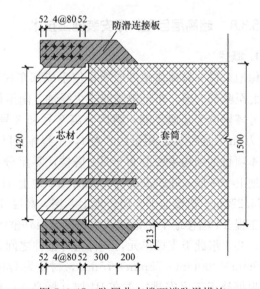

图 5.3-47　防屈曲支撑两端防滑措施

（5）支撑整体平直度控制

由于屈曲支撑主要承受轴向力的特点，支撑的平直度控制为施工的主要控制指标，也是屈曲约束支撑能否充分发挥使用功能的关键。施工过程中主要控制要点如下：

1）支撑制作过程中严格控制芯材与套筒的平直度；

2）通过计算得出，支撑安装后由于自重作用将有 7mm 挠度值。支撑就位安装时通过接口控制使中间一段支撑略高 10mm，使支撑整体 1/5000 预起拱；

3）现场吊装就位，采用端部三维坐标控制支撑精度进行平直度初步控制。三段支撑使用螺栓固定后，采用支撑两端拉平行线的方法进行平直度精确控制。将平直度控制在 7～10mm，并且中部起拱。

4）对接接口焊接，先焊箱体下翼缘再焊上翼缘，防止焊接变形产生下挠；通过以上对支撑平直度的控制，支撑施工完仍略有起拱，平直度控制在 1/10000 以内。

3. 结论

屈曲约束支撑在结构中的应用一方面可以避免普通支撑拉压承载力差异显著的缺陷；另一方面具有金属阻尼器的耗能能力，可以在结构中充当"保险丝"，使得主体结构基本处于弹性范围内。因此，可以全面提高传统支撑框架在中震和大震下的抗震性能。但是由于屈曲约束支撑体系是一种新型的抗震体系，在国内还处在研究、应用的初步阶段，大多数结构运用的约束支撑仅为一段，不存在大量现场拼接等工作。

天津高银 117 大厦所应用的约束支撑有两大显著特点。首先，在长度、质量、单体应用等方面都处于世界之最；其次，此次应用的屈曲约束支撑较常规有所区别，以往多数构件为箱形套筒内套十字形芯材，本工程所选用的为双箱体形式，在结构形式上有了创新和突破。

天津高银 117 大厦屈曲约束支撑成功应用在工厂制作、工艺选取、现场施工等方面，为后续屈曲约束支撑研究和施工提供了宝贵的经验和充足的试验数据；为国内超高层结构抗震提供了新思路。

5.3.8 超高层巨型斜撑安装施工技术

1. 概述

绿地东村 8 号地块超高层项目位于成都东村新区核心区北入口门户，中央绿轴西侧。基地北至驿都大道，东至银木路中央绿轴，南至杜鹃街，西至椿树路。本项目包括综合功能 1 号塔楼位于基地北侧，酒店公寓 2 号和 3 号塔楼位于西南侧和南侧，总建筑面积约 45.6 万 m^2，钢结构总用量约 5 万 t，工程体量巨大。

本项目钢结构主要分布于 T1 塔楼，零星分布于 T2、T3 及裙楼中。其中 T1 地下 5 层，地上 101 层，建筑高度为 468m；T2 地上 41 层，高度 166.275m；T3 地上 43 层，高度 173.275m。裙楼地下 4 层、地上 5 层，高度 36.15m。

工程 T1 塔楼地下室钢结构中，每 3 根外框巨型钢骨柱与 2 根巨型斜撑构成一个支撑单元，共 4 组此类支撑单元，斜撑与外框柱之间采用牛腿连接。斜撑共 8 根，截面尺寸为 □700mm×700mm×75mm×75mm，材质为 Q345GJC（图 5.3-48）。

根据施工工序安排，需在 B4 层（标高-27.150m）结构施工阶段将贯穿 B4～LG 层（标高-7.150m）的斜撑提前安装完毕。斜撑就位后，通过连接耳板将其与外框柱进行临时固定。在斜撑上端和下端节点均搭设脚手架操作平台，用于焊接施工（图 5.3-49～图 5.3-51）。

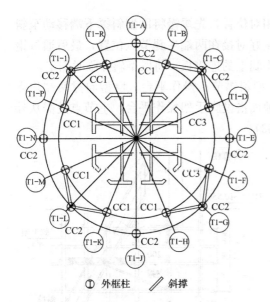

图 5.3-48　外框柱与斜撑平面分布示意

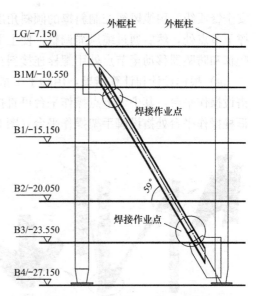

图 5.3-49　外框柱与斜撑立面示意

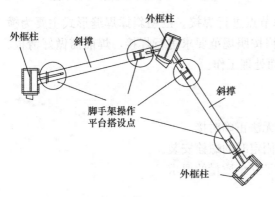

图 5.3-50　脚手架操作平台搭设布置示意

图 5.3-51　巨型斜撑示意

2. 关键技术

（1）工艺流程

本施工流程以地下室巨型斜撑安装为例，工艺流程为：巨型斜撑及外框巨柱深化设计→构件制作并运至现场→两端巨柱的安装及牛腿节点定位→钢爬梯及防坠器的挂设→巨型斜撑吊装→巨型斜撑临时固定→操作平台搭设→巨型斜撑节点焊接→焊缝探伤并检验合格→割除连接耳板→打磨并喷涂油漆。

（2）施工工序

1）首先安装巨型斜撑两端的巨柱，外框巨柱安装时采用 100t 汽车起重机在地下室筏板上进行吊装，特别需要注意吊装前后均需校核斜撑牛腿节点坐标，为巨型斜撑安装就位做好准备（图 5.3-52）。

2）根据巨型斜撑形状，提前在巨型斜撑上安装钢爬梯、防坠器和缆风绳，为斜撑的就位、固定和解钩等作业做好准备。

3）巨型斜撑用 100t 汽车式起重机进行吊装。巨型斜撑吊装时，需在吊装范围内拉设安全警戒线，用缆风绳控制斜撑的倾斜角度和相对位置，先缓慢将巨型斜撑下端移动至斜撑下节点处，然后通过缆风绳调整，使上下端正好对接在两端牛腿节点位置，最后通过钢爬梯和防坠器移动至节点处用螺栓连接斜撑和牛腿上的连接板，将巨型斜撑临时固定。

4）根据设计和计算结果，用脚手架搭设巨型斜撑节点操作平台。巨型斜撑两端均需搭设操作平台，其中下节点操作平台可直接从地面搭设脚手架操作平台，上节点处需从外框柱操作平台处搭设脚手架操作平台（图 5.3-53）。

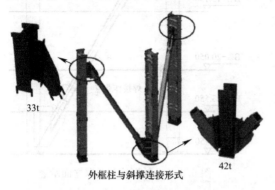

图 5.3-52　外框斜撑节点示意

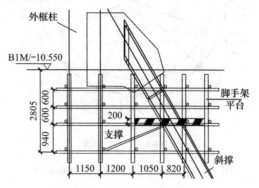

图 5.3-53　脚手架操作平台示意

5）采用二氧化碳气体保护焊对巨型斜撑节点进行焊接。巨型斜撑焊缝形式主要为横焊和带有一定倾斜角度的立焊，焊接时需严格按照规范要求进行焊接，焊前需做好清根、预热、防风防雨等工作，焊后做好保温和表面处理工作。

（3）注意事项

1）可能出现的问题

① 斜撑牛腿定位偏移，导致斜撑节点处无法正确对接。

② 临时固定的连接耳板错位，影响临时固定时的螺栓安装。

③ 措施操作平台搭设不合规范，无法满足安全质量的要求。

④ 焊接质量不合格。

2）控制措施

① 巨型斜撑两端巨柱安装时，需严格按照定位坐标对斜撑牛腿节点进行定位，安装完毕后需反复校核坐标位置，确保坐标准确无误。

② 连接耳板为工厂加工制作时提前焊接的，为了保证焊接位置准确无误，在构件加工前，需对巨柱和巨型斜撑连接耳板的尺寸和焊接位置进行复核，构件进场后需进行进场验收，对其相对位置进行重点核对，确认准确无误后方可进行吊装。否则需在现场进行连接耳板位置的改动，以保证高空作业时能准确对接。

③ 巨型斜撑安装时采用的是脚手架操作平台，在巨型斜撑方案编写时需对该操作平台进行设计和计算，使其满足施工的安全性、可操作性和方便性，为巨型斜撑的焊接做好准备。脚手架操作平台在巨型斜撑临时固定后进行，近地端操作平台可直接从地面搭设至巨型斜撑节点处，离地较远端的巨型斜撑节点处操作平台可从外框柱操作平台处搭设。

④ 认真执行项目质量管理体系，严格按照建设工程施工及质量验收规范进行施工，进行详细的施工质量技术书面交底工作。对接接口处采用二氧化碳气体保护焊层层施焊，焊接施工严格按照现行国家标准《钢结构焊接规范》GB 50661 进行。施工过程中应做到

焊接一层清理一层，保证层与层之间紧密连接，防止焊渣等杂物影响焊接质量，确保焊接质量满足规范要求。

⑤ 对进场施工的每个人员落实三级安全教育，并经考试合格后方可上岗作业，建立项目安全管理体系，并遵照执行，本项作业属于高空作业，在对巨型斜撑节点进行对接焊接时，要求每个作业人员必须佩戴好安全帽及安全带，并扣好保险扣，安全管理人员到场监督施工。

3. 结论

在本工程巨型斜撑的施工过程中，需要严格按国家现行标准《钢结构设计标准》GB 50017、《钢结构焊接规范》GB 50661 及《建筑施工扣件式钢管脚手架安全技术规范》JGJ 130 要求进行与验收。并使用了上述几项技术措施，就可确保整个巨型斜撑的施工质量。巨型斜撑在很多超高层结构中都有使用，本节所阐述的巨型斜撑安装思路，是超高层建筑外框巨型倾斜杆件的典型施工方法，为今后类似工程的施工提供了借鉴的经验和依据。

5.3.9　超高层带伸臂结构巨型环桁架施工技术

1. 概述

广州东塔项目塔楼地下 5 层，地上 112 层，建筑高度 530m，钢结构总量 10.7 万 t。塔楼采用巨型框架-核心筒-环桁架的结构体系，竖向共分布 6 道巨型双层环桁架层，其中 L23～L24、L40～L41、L67～L68 及 L92～L94 四道为带伸臂结构环桁架层；L56～L57、L79～L80 为不带伸臂结构环桁架层。

带伸臂结构环桁架层（简称"伸臂环桁架层"）结构主要包括巨型柱、环形桁架、伸臂桁架及核心筒桁架（钢板墙）等，伸臂桁架为箱形组合结构，两端通过复杂节点与塔楼内外筒连接。环形桁架呈内、外双层结构，分角部环桁架与边部环桁架。

单道伸臂环桁架层水平最大跨度27m，竖向高 14.5m，用钢量达 6627t，其具有空间结构复杂、节点超大超重等特点。如典型节点包括核心筒角部铸钢节点（单重 112t）、外框巨柱贯入式节点（单重 159t）及环桁架节点（单重 21t）等，其中环桁架节点又包括米字形（蝶式）、口形、K 形、X 形、L 形、T 形等多种形式。

2. 关键技术

（1）环桁架层工厂预拼装技术

1）环桁架工厂预拼装

本工程环桁架从平面布置上分为外层桁架和内层桁架，环桁架从结构上分为上弦、腹杆、下弦杆件（杆件均为箱形）和 K 形、米字形连接节点，由于环桁架外形尺寸过大不便于运输，工厂加工只能制作成杆件和节点，然后散件运至施工现场。在桁架构件发运现场前需在工厂内进行预先拼装，以确保加工精度，达到定位精度措施工厂化、安全措施便利化，大大提高现场构件吊装、校正时间。

由于环桁架层水平投影尺寸较大，投影长达 60m，宽达 58m，桁架整体高度达 14.5m。为此，桁架拼装采用周长方向上分单元连续匹配预拼方式进行，将整个环桁架沿周长方向划分为 8 个预拼单元，按顺时针或逆时针进行预拼，即第一预拼单元预拼后，将与第二预拼单元相邻的立柱留下，并以留下的立柱为基准，进行第二预拼单元预拼，依此类推，最终整体完成桁架整体预拼装，具体如图 5.3-54 所示。

图 5.3-54　环桁架层预拼装单元划分

工厂预拼装具体思路为，在保证单构件制作精度下，结合工厂实体预拼装＋计算机模拟预拼装，确保整体加工精度。

实体预拼主要为解决易错构件加工误差，计算机模拟预拼主要为解决设计偏差。首批结构采取实体预拼＋计算机预拼相结合，对比两者效果。后续批次仅进行计算机模拟预拼，提高效率、满足安装进度。

实体预拼装工艺流程如图 5.3-55 所示。

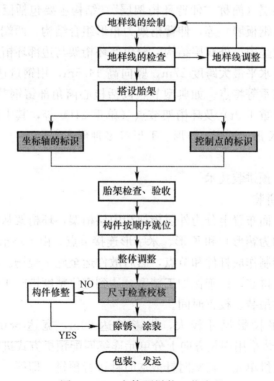

图 5.3-55　实体预拼装工艺流程

计算机模拟预拼装工艺流程如图 5.3-56 所示。

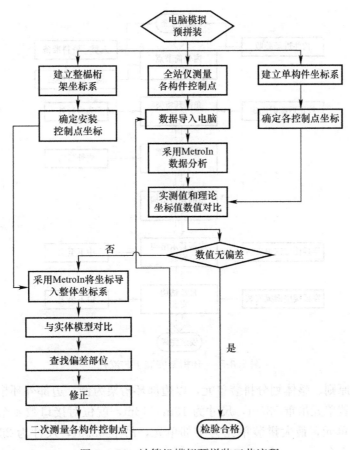

图 5.3-56　计算机模拟预拼装工艺流程

2）环桁架预拼装质量控制

测量工作是保证桁架拼装精度的最关键工作，测量验收应贯穿于各工序始末，应对各工序进行全方位的监测，环桁架预拼装检验标准须符合现行国家标准《钢结构工程施工质量验收标准》GB 50205 相关要求。

对环桁架构件拼装调整完毕后，由质检人员联合监理单位和总包单位采用卷尺、全站仪对桁架主要控制点位置坐标、长度及对角线尺寸进行检测。

应用专业测量系统对测量数据进行分析，并将拼装构件实测坐标值导入计算机模型中，通过电脑自动对实测值与理论值进行对比计算分析。对于坐标实测值与理论值一致或公差在允许范围内者，构件验收合格。对于坐标值存在超差者，验收不合格。

对于实测坐标值与理论坐标值偏差超差者，采用专业测量软件将实测坐标值转入到桁架的整体坐标系中，与相连的实体计算机模型进行对比。查找出偏差位置，并分别测出各控制点偏差值 ΔS，一是对照相应验收规范进行构件纠偏整改；二是分析原因，掌握构件制作变形控制要点及收缩量大小，对后续构件加工进行控制与预防。

（2）环桁架安装技术

1）环桁架层优化后的安装流程

采取自下而上，先安装巨柱与伸臂桁架；平面内先角部桁架后边部；角部桁架先内后外，边部桁架先外后内，具体如图 5.3-57 所示。

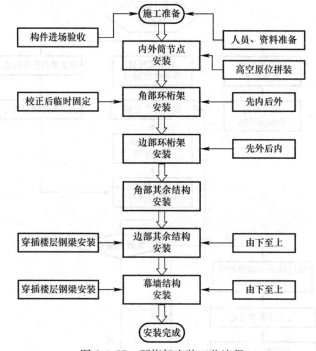

图 5.3-57　环桁架安装工艺流程

依对称吊装原则、整体划分拼装单元，以边部环桁架为例。边部外环桁架共分 8 个吊装单元，最大拼装单元吊重 53.0t，尺寸为 13m×13m，就位对接口数 4 个。边部内环桁架共分 4 个吊装单元，最大拼装单元为中部单元，吊重 52.9t，尺寸为 26.6m×11.3m，就位对接口个数 4 个。

外层环桁架单元拼装流程如图 5.3-58 所示。

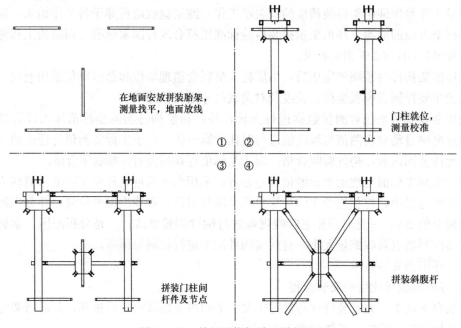

图 5.3-58　外层环桁架单元拼装流程

内层环桁架单元拼装流程如图 5.3-59 所示。

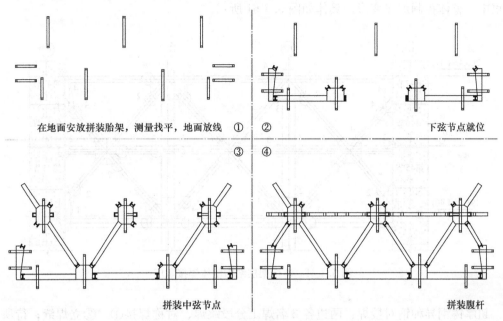

图 5.3-59　内层环桁架单元拼装流程

2) 环桁架安装测量控制

为了保证环桁架层结构的安装精度，采取地面拼装测控与高空单元体原位安装测控双重控制技术，实现了安装精度控制与效率提高。

地面拼装测控：首先，选择与钢结构施工要求相适应的施工控制网等级。其次，配置相应精度等级的施工测量仪器，提高测量放线精度。然后，依据设计图纸地面放轴线大样；吊放桁架杆件，用卡板固定，并根据轴线进行校正。

高空单元体原位安装测控：单榀构件吊装前，在相连接结构上测量放线，设置就位卡板；构件就位后进行初步校正；单榀桁架就位完成后，进行整体精校正；桁架完成焊接后，进行复测，具体如图 5.3-60 所示。

图 5.3-60　高空安装精度控制

3) 环桁架焊接控制

整体焊接顺序与安装顺序相同，先角部后边部、边部先外环后内环。桁架节点焊接顺序：按地面拼装分片区焊接，杆件两端先后焊、多接头跳焊，避免相邻接头焊接热应力过于集中，整体控制焊接变形。具体如图 5.3-61 所示。

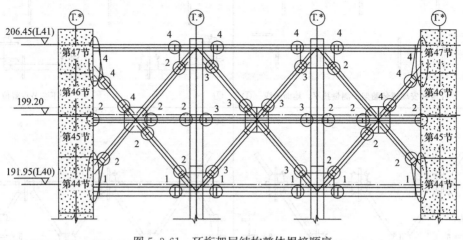

图 5.3-61　环桁架层结构整体焊接顺序

超厚铸钢异种钢对接焊：两边各 2 名焊工分段跳焊、对称焊接①、②立焊缝；待所有核心筒钢板墙安装焊接完，再开始焊接铸钢件接头③、④。解决了铸钢节点处作业空间受限、焊缝集中的焊接难题，有效避免该区域焊后残余应力过大、结构变形的现象，如图 5.3-62 所示。

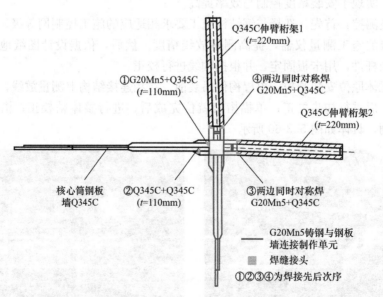

图 5.3-62　铸钢接头焊接顺序平面示意

现场 G20Mn5QT 铸钢与 Q345C 对接焊工艺：采取半自动 CO_2 气体保护焊＋实芯焊丝工艺完成，采取多层多道焊，每层厚度 3～4mm；焊缝设计为 Q345C 钢开斜 45°单面 V 形坡口，焊接工艺参数，分别如图 5.3-63 所示。

铸钢节点受限作业空间，通过电脑温控仪设定自动控温、磁铁吸附式陶瓷电加热片传温及石棉被保温，进行焊前均匀预热、焊间温度控制、焊后保温，较好实现消氢处理与焊后残余应力的释放，有效解决施工空间受限、焊接热应力影响区过度集中的异种钢焊接难题。

预热温度为 150℃、时长 8h 使铸件达整体恒温。层间温度控制在 90～200℃ 范围内（预热电加热片不撤），过程红外线测温仪每隔 30min 实测一次温度。焊后加热至 250～350℃、恒温保护 12h 后缓冷至常温。

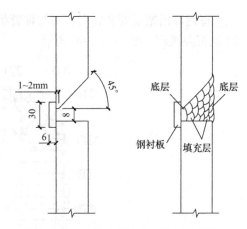

图 5.3-63　接头焊缝坡口设计示意图

环桁架层超厚板分布于核心筒桁架角部、巨柱、伸臂桁架，其中 70mm 板厚共计 65m，130 板厚共计 194m，焊缝填充量达 21.8t。针对厚板焊接工艺，主要采用电加热措施进行焊前预热、焊后保温，提高焊接质量。同时，对于超受限空间焊接施工，采用抽风机及开设工艺孔保证焊接空气清新，改善工人作业环境、确保安防措施。

（3）内外筒不均匀沉降控制技术

本工程塔楼核心筒与外筒竖向结构截面面积比为 1.55∶1。塔楼结构高度 518m，随着竖向结构的施工，塔楼内外筒会出现不均匀沉降。桁架层是本工程塔楼的核心结构部位，L23～L24 层、L40～L41 层、L67～L68 层、L92～L94 层四道桁架层通过伸臂桁架与外框巨柱连接形成稳定的框架结构体系。

为防止施工阶段内外筒沉降差对结构造成影响，充分借鉴以往工程经验，并结合科研模拟计算分析，通过对 L23～L24、L40～L41、L67～L68 及 L92～L94 四道伸臂环桁架层的伸臂外框端延迟焊接，使内、外筒竖向结构自由沉降，最终趋于平衡状态。主要是伸臂核心筒端先焊、伸臂外框端先不焊（采取水平板装置临时固定）。在与巨柱上下连接口加设垂直连接装置，采用 $\phi100$ 销轴穿长圆孔约束，使核心筒与外框自由沉降，待上部结构施工荷载稳定后再施焊，如图 5.3-64 所示。

图 5.3-64　销轴-挂耳临时连接现场实施图片

每道环桁架层安装完后，对与伸臂桁架连接内、外筒两端布置8个观测点，连续进行14次沉降观测，如图5.3-65所示。

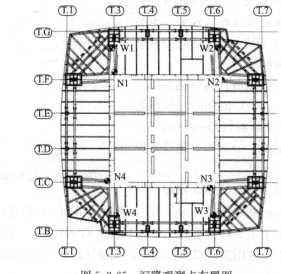

图5.3-65 沉降观测点布置图

当沉降值满足趋于稳定且小于设计要求时，可以施焊伸臂外框端。并在伸臂焊后，再对塔楼首层19个沉降观测点进行3次周期独立闭合环沉降观测；塔楼内、外筒累计沉降值基本无变化，采用后焊方式应力变化为1MPa左右。可见，内外筒不均匀沉降实现有效控制。

（4）大吨位斜向箱形截面砂箱卸载技术

针对塔楼外框竖向结构庞大，在塔楼4～5F低位区东西两侧设置桁架结构受力体系，并由原设计"主动支撑作用"结构改为"被倒挂式"结构，利用单侧两根单点承载1400吨的斜向支撑配合砂箱卸载装置，合理循序释放23F环桁架层及以下所有竖向结构荷载，可有效控制外框竖向变形。

根据设计内力，斜向支撑采取800mm×800mm×25mm×25mm截面方管，长度为16.7m，Q345钢材，斜支撑与巨柱壁夹角为30°，其轴线与桁架下弦轴线和竖向腹杆轴线交于一点，以保证斜支撑的轴心受压，待L23～L24层桁架安装完成后卸载拆除。

1）砂箱卸载工作原理

由套筒和活塞组成的密封钢质容器，容器内装入定量的铸钢砂，当承受轴向荷载时，通过人工操作底部设置的排料口阀门开关，控制铸钢砂颗粒流量大小，实现活塞进行收缩运动，达到改变位移量的目的。

2）砂箱卸载技术要求

① 砂箱漏砂口在排砂制动时应具有良好的可操作性，本砂箱采用螺栓丝口进退动作实现沙漏排砂，并将螺栓端部机械加工成锥形体，与在排砂筒上开设的10mm小孔共同作用，既可实现控制排砂速度快慢，又可防止铸钢丸进入丝扣间隙，保证螺栓顺利拧动。

② 铸钢砂要求颗粒粒径为0.5～1mm，排砂口数量2个，单个排砂口直径为20mm。

③ 砂箱卸载前排砂口处先采用密封胶封死，以免砂粒自由流出，影响卸载进程。

④ 整个沙漏节点设定预压力 350t，在工厂制作时对砂粒进行压实处理，并用连接马板焊接固定。

3. 结论

广州东塔项目针对工程实际情况及结构特点，通过应用超高层带伸臂结构巨型环桁架施工技术，主要采用"先角部后边部桁架、边部桁架先外环后内环、角部先内环后外环"的安装工艺次序，采用制作厂预拼装、现场地面分片拼装的方式，通过全站仪精确的放线定位保证整体结构安装精度及采用双排满堂脚手架防护，在保障安全的条件下大大缩短安装工期，并取得了良好的经济效益与社会效益。

5.3.10 超高层建筑大跨度悬挑钢结构施工技术

1. 概述

广州东塔项目工程整体结构图如图 5.3-66 所示。塔楼西侧 70 层（标高 356.45m）以上因结构收缩，每层存在约 42m 跨度范围的无柱悬挑结构钢梁，从核心筒向外悬挑，钢梁最大悬挑长度为 5.8m。悬挑梁截面均为 H 形，材质 Q345B，典型楼层悬挑钢梁分布如图 5.3-67 所示。

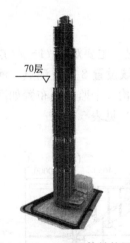

图 5.3-66 工程整体结构图

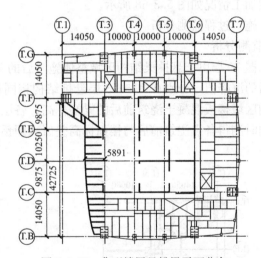

图 5.3-67 典型楼层悬挑梁平面分布

2. 关键技术

（1）悬挑钢结构仿真模拟分析

仿真分析针对本工程悬挑钢结构，在结构设计阶段遵循悬挑结构整体一次性完成安装进行设计。如要满足整体结构一次施工完成的要求，则需从 70 层已施工完楼层搭设满堂脚手架用于支撑悬挑结构安装，并逐层顶撑至钢梁全部安装完成，在混凝土楼板浇筑施工后才拆除下部支撑脚手架，即一次落架施工。该种施工方法极不经济，且现场条件亦难以满足脚手架搭设要求。

较合理的方法是对悬挑钢结构按主次先后的合理顺序进行安装，利用已安装完的钢梁来承担后装钢梁的施工荷载，先施工的悬挑结构由于承担了部分后续施工的施工荷载，整体承载能力会比一次落架施工略小。

先行施工的悬挑结构在承担后续施工结构荷载时会发生下沉，故为构件的安装设预起拱值（即抛高值），待悬挑结构安装完成后抵消悬挑结构下沉变形值，此数据在悬挑钢结构安装方法确定以前，设计无法提供，必须按照施工方案由仿真分析计算提供精确数据。

在进行仿真分析时，除依照拟定的悬挑钢结构施工方案及施工工序外，另外需综合考虑悬挑处混凝土楼板及附加恒载（钢结构、幕墙、机电安装、施工设备）等施工的影响，模拟分析得出钢构件的变形和内力分布后，再由设计单位根据分析结果叠加风荷载、地震作用等进行杆件内力验算，最终确定悬挑钢梁的预起拱理论设计值。

（2）施工方法

1）设计预调

为了控制悬挑梁的下挠程度，基于悬挑钢梁施工方案及仿真计算结论，从设计角度对70层以上主要悬挑钢梁进行起拱预调，处于悬挑面中间区域的钢梁预起拱值相对较大，采取跨中起拱；悬挑面两段区域的钢梁预起拱值相对较小，采取端部起拱。

2）深化预调与预起拱加工

在钢梁构件深化与加工制作阶段，依据设计预调值对主要钢梁进行预起拱处理，钢梁具体起拱加工情况如图 5.3-68 所示。

（3）施工过程监测分析

1）监测分析

为掌握 70 层以上悬挑梁结构区域整体施工后的沉降情况，主要观测 71～73 层钢梁安装完成后的沉降值，分别在 71～73 层悬挑结构相同位置区域设置 8 个监测点，测出三层悬挑结构区域楼板混凝土浇筑前后的梁端标高，各层悬挑结构 8 个监测点布置如图 5.3-69 所示，同时测得各点浇筑前后与楼面标高差值（即预起拱值）见表 5.3-1。

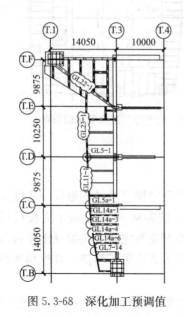

图 5.3-68　深化加工预调值

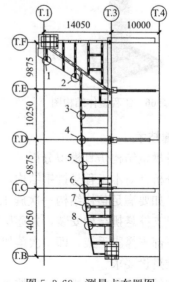

图 5.3-69　测量点布置图

序号	钢梁编号	起拱部位	预起拱值（mm）
		钢梁预起拱情况统计	表 5.3-1
1	GL23-1	跨中	37
2	GL11-1	跨中	23.5
3	GL22-1	跨中	32.5
4	GL5-1	端部	40.4
5	GL5a-1	端部	18.2
6	GL14a-1	端部	36.6
7	GL14a-3	端部	32.3
8	GL14a-4	端部	24.7
9	GL14a-6	端部	20.9
10	GL7-14	端部	18.6

2）讨论分析

在 71～73 层悬挑钢结构安装完即混凝土楼板浇筑前，由于后装结构及二期荷载对先装主悬挑结构的承载影响，致使悬挑结构整体安装完后结构标高发生一定的下扰降低，但由于悬挑中部区域受正弯矩作用，使悬挑面钢结构整体安装完后处于两端的钢梁局部抬高、标高增加，如图 5.3-70 所示。

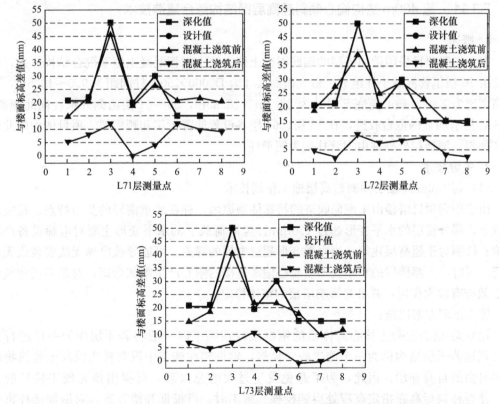

图 5.3-70　71～73 层钢梁设计预调值、深化值与施工测量值对比曲线

在 71～73 层悬挑钢结构区域在混凝土楼板浇筑施工后，其 8 个监测点标高均趋于降低，各监测点的标高均降低至 12mm 以内，即 71～73 层楼板施工后其标高均处于结构设

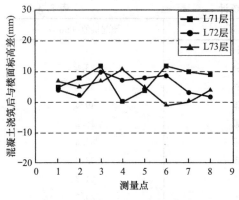

图 5.3-71 71～73 层混凝土浇筑
后各点标高对比曲线

计标高的误差允许值范围内，通过悬挑钢梁预先起拱，楼层结构施工后钢梁发生下扰沉降，最终致使整体结构降至结构设计标高，较好达到了设计要求，如图 5.3-70 所示。

分析 71～73 层混凝土浇筑后各点标高对比曲线发现，混凝土浇筑后各层悬挑结构标高均沉降至相对楼面标高的－1～12mm 范围内，如图 5.3-71 所示，因每层标高误差可单独在各自楼层内消耗，所以该施工测量值满足结构设计要求。

3. 结论

通过有限元仿真计算悬挑钢梁在各工况荷载下的挠度，为设计确认拟定钢梁安装设预起拱值（即抛高值）提供施工依据。

通过悬挑钢梁预先起拱，楼层结构混凝土浇筑施工后悬挑面钢梁产生下扰沉降，均控制在相对楼面标高的－1～12mm 范围内，最终致使整体结构降至结构设计标高，较好达到了设计要求。

5.3.11 超 400m 结构偏心倾斜超高层钢结构综合建造技术

1. 概述

南宁华润项目采用带加强层的钢筋混凝土核心筒＋钢管混凝土框架混合结构体系，外框柱由 20 根钢管混凝土柱组成，最大截面尺寸为 D2000×50，柱间距为 9.0～10.5m，塔楼高宽比为 7.47。核心筒底部尺寸为 32.7m×28.85m，56～61 层南侧外框柱向北倾斜，71～86 层有明显的退台收进，在 43 层、66 层各设置伸臂桁架和腰桁架。项目体型向北侧呈 2°倾斜，酒店层外框柱由钢管柱变为箱形柱。

2. 关键技术

（1）超 400m 高偏心倾斜超高层施工预调技术

南宁华润项目塔楼由于南向收进的特殊体型原因，存在北重南轻的受力特点。在竖向荷载下，部分楼层的水平变形超过 130mm。竖向荷载下的水平变形主要对电梯设备产生影响；特别对于超高层建筑，当水平变形超过电梯的容差，可能导致电梯无法安装或无法运行。同时，上部楼层的水平变形使质心偏离塔楼的刚心产生附加弯矩，对超高层建筑的 P-Δ 效应有放大作用，并最终影响塔楼的整体稳定。

施工预调方案比选：

钢框架-钢筋混凝土核心筒体系的钢框架柱在施工时一般将若干层作为一段进行吊装，把这若干层结构称为一个施工段。显然，钢框架在施工中没有现浇混凝土建筑物那么多自由的自身补偿。因此，为了避免发生过大的总误差，可提出预先校正柱长的方法，使得柱顶标高在指定高程处得到校核。施工时，可根据补偿方案，对钢框架柱每个施工段的下料长度考虑预留量或设置垫片。对结构实施施工补偿的方式有很多，但一般来说，补偿越精确，施工就越复杂。因此，必须在补偿的精确度和方便性之间寻求一个合适的位置。

钢框架-钢筋混凝土核心筒体系的竖向变形差异常用的补偿方案有：

1）方案一（逐层精确补偿）

逐层精确补偿就是在钢柱的下料加工过程中严格按照计算得出的各层竖向变形差结果修正各层钢柱的定位轴线，使得楼层间距按照补偿的要求略异于钢柱的原始设计长度（图 5.3-72）。这个过程与钢柱施工段包含的楼层数关系不大，因为某施工段的总下料长度都根据各层的下料长度叠加。这个方案是最精确的，但是施工下料非常复杂。

2）方案二（各施工段内均值补偿）

各施工段内均值补偿就是每个施工段内各楼层的补偿量为该施工段总补偿量与施工段包括的楼层数的比值（图 5.3-73）。与方案一比较，方案二可以保证每个施工段的总补偿量是精确的，而各楼层的补偿量不精确。显然其施工过程比方案一要简单一些。

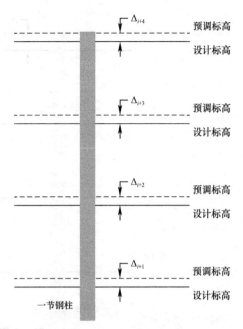

图 5.3-72　方案一（逐层精确补偿）

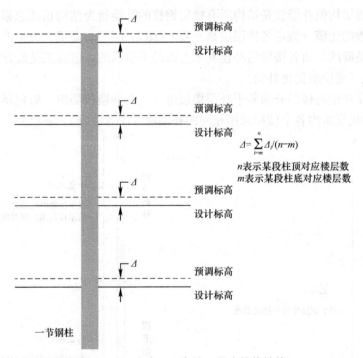

$$\Delta = \sum_{i=m}^{n} \Delta_i / (n-m)$$

n表示某段柱顶对应楼层数
m表示某段柱底对应楼层数

图 5.3-73　方案二（各施工段内均值补偿）

3）方案三（各施工段顶部一次补偿）

各施工段顶部一次补偿就是在每个施工段顶部一次性补偿该施工段总补偿量，施工段内部各楼层不进行补偿（图 5.3-74）。与方案二一样，方案三也可以保证每个施工段的总补偿量是精确的，而各楼层的补偿量不精确。

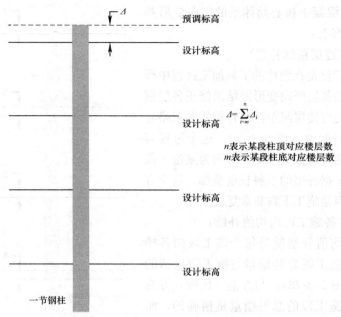

图 5.3-74　方案三（各施工段顶部一次补偿）

4）方案四（结构全部楼层均值补偿）

结构全部楼层均值补偿就是结构所有楼层钢柱的补偿量为结构顶部总累积竖向变形差与结构总楼层数的比值（假定各楼层层高一致）（图 5.3-75）。显然，方案四仅能保证结构的总补偿量是精确的，而各楼层的补偿基本上都是不精确的，但施工是最方便的。

5）方案五（楼层组优化补偿）

楼层组优化补偿将楼层分为若干补偿楼层组（一个补偿楼层组一般包括整数倍的施工段），每个补偿楼层组内各个楼层采用相同的补偿量（图 5.3-76）。在已知各楼层精确补偿

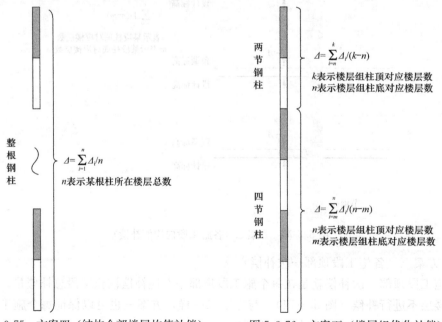

图 5.3-75　方案四（结构全部楼层均值补偿）　　　图 5.3-76　方案五（楼层组优化补偿）

值的前提下，根据优化目标，得出每个补偿楼层组中各层平均补偿的数值。

项目邀请了国内超高层领域顶级专家对本工程偏心倾斜结构进行变形分析专项研讨，最终确定了根据监测成果实时对上部结构水平和竖向变形进行调整。由于核心筒为逐层往上施工，外框钢柱分节往上施工，外框钢柱为两层一节或三层一节，故核心筒和外框分别采用方案一和方案二进行施工变形预调，本工程结构全高垂直度偏差控制在 $H/1000$ 以内（H 为柱高），且不大于 80mm。

（2）超高层伸臂桁架钢结构综合施工技术

1）施工方法

待土建 41 层墙柱浇筑完毕且顶模爬升后，桁架层钢结构正式施工。与土建穿插施工核心筒劲性柱、钢板梁以及预埋外框钢梁埋件；待外框水平结构至 42 层，可进行桁架层外框钢结构施工。先采用高空散拼的施工方法安装四个角部的 8 榀伸臂桁架，然后采用"地面预拼装腰桁架斜腹杆＋高空散拼"的吊装方法进行腰桁架施工。外框钢结构安装流程（以首道桁架层为例）如图 5.3-77 所示。

1.钢结构施工至42层，布设操作平台、安全通道、梁下安全网等安防措施

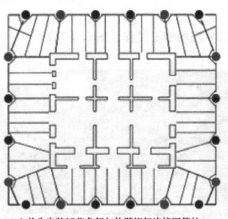

2.首先安装37节角部与伸臂桁架连接圆管柱，测量校正完成后安装伸臂桁架下弦杆(43层)

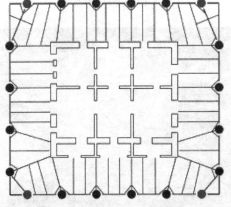

3.安装37节角部与腰桁架连接圆管柱，测量校正完成后安装腰桁架下弦杆(43层)

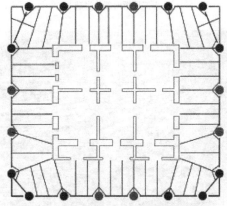

4.安装37节中部圆管柱，圆管柱测量校正完成后安装剩余的腰桁架下弦杆(43层)

图 5.3-77　外框钢结构安装流程（一）

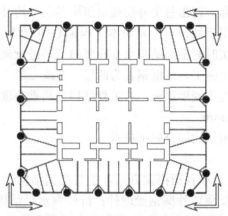

5.按照从南向北，从角部向中间安装顺序分区域安装
43层其余水平钢梁(塔式起重机洞口处预留)。安防
措施向上倒运一层，并重复步骤1～6继续安装44层、
45层钢结构

图 5.3-77　外框钢结构安装流程（二）

2）现场施工过程（图 5.3-78）。

1.工厂桁架部件组装

2.工厂桁架部件焊接

3.钢构件涂装

4.构件进场验收

图 5.3-78　现场施工过程（一）

5.桁架层安防措施搭设

6.桁架层钢结构安装

7.防风防雨措施搭设

8.桁架层钢构件焊接

9.焊缝探伤验收

10.桁架楼承板铺设安装

图 5.3-78　现场施工过程（二）

3）交叉施工处理

　　伸臂桁架外伸牛腿与顶模交叉施工：结合伸臂桁架外伸牛腿结构形式、尺寸等进行顶模结构专项设计，最大程度避开与钢结构专业的碰撞。同时，将伸臂桁架外伸牛腿分段，分段后的牛腿随外框钢结构一同施工，解决伸臂桁架与顶模爬升的碰撞问题。

　　核心筒劲性连梁与土建交叉施工：核心筒连梁采用大板梁代替传统 H 型钢，此设计做法避免与土建纵筋碰撞，与 H 型钢相比混凝土更容易振捣密实，质量更有保证。

（3）裙房大跨度屋盖桁架结构综合施工技术

项目裙房大跨度屋盖桁架位于裙房 5 层屋面，桁架数量为 10 榀，呈南北向布置。桁架最大跨度为 33.1m，单榀桁架最重为 35t，桁架间采用 H 形连系钢梁增加桁架侧向刚度，裙房大跨度屋盖桁架整体安装示意如图 5.3-79 所示。

图 5.3-79 裙房大跨度屋盖桁架整体安装示意图

1）桁架分段：根据大跨度桁架结构特点以及 M760 动臂塔式起重机起重性能、运输限制等因素，将大跨度桁架分为三段，最重分段重量约为 12t，单榀桁架分段如图 5.3-80 所示。

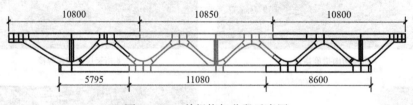

图 5.3-80 单榀桁架分段示意图

2）支撑设计：单榀桁架跨度为 33.1m，重量约为 35t，且距离下层楼板高度 7.8m，故在施工过程中，桁架分段吊装需要设置临时支撑措施。因本工程支撑措施需求量不大，单个措施高度要求承载力要求较高，从经济性、便捷性和安全性方面考虑，桁架在安装时采用钢管支撑胎架作为临时支撑措施。

3）施工方法：总体顺序为从东往西进行高空原位拼装，连梁采用串吊。具体吊装顺序为先吊装第一榀桁架北段和南段，接着串吊南北两段与塔楼间的连梁，再吊第一榀桁架中段。然后先吊装第二榀桁架南北两端，再吊装第一榀桁架中段与塔楼间及第二榀桁架与第一榀桁架之间的连梁，具体如图 5.3-81。

3. 结论

对于超 400m 结构偏心倾斜超高层钢结构的施工，国内尚无成熟的施工技术作为参考，根据其结构倾斜且偏心的独特结构形式和受力特点，对钢结构的施工提出了更高的要求。

通过科学研究和实践探索，总结出创新施工技术，得到以下结论：

（1）全面分析钢结构施工条件，基于钢结构施工重难点，结合施工现场各制约因素，可通过优化钢结构施工方案，合理组织钢结构施工，提高施工效率，节省人材机投入，降本增效。

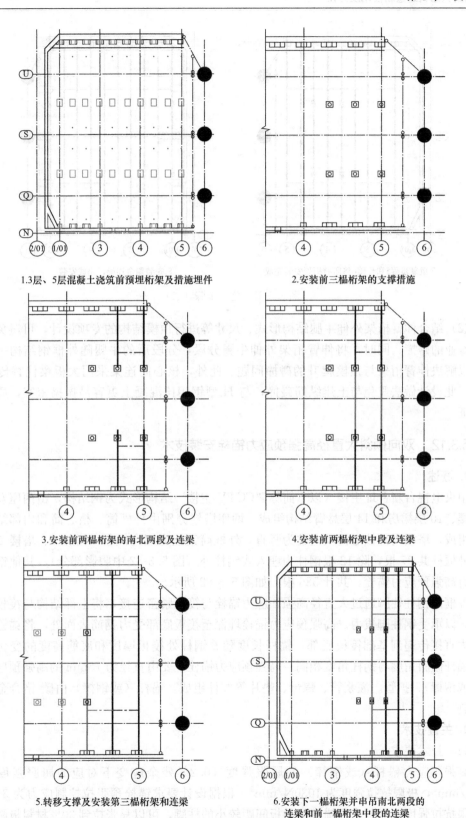

1.3层、5层混凝土浇筑前预埋桁架及措施埋件

2.安装前三榀桁架的支撑措施

3.安装前两榀桁架的南北两段及连梁

4.安装前两榀桁架中段及连梁

5.转移支撑及安装第三榀桁架和连梁

6.安装下一榀桁架并串吊南北两段的
连梁和前一榀桁架中段的连梁

图 5.3-81 施工步骤（一）

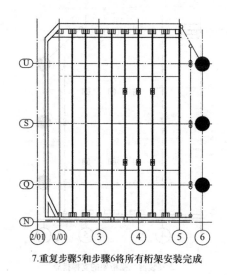

7.重复步骤5和步骤6将所有桁架安装完成

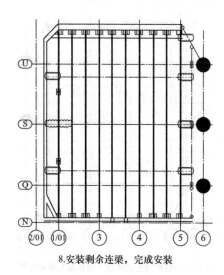

8.安装剩余连梁，完成安装

图 5.3-81　施工步骤（二）

（2）结合伸臂桁架外伸牛腿结构形式、尺寸等进行顶模结构的专项设计，可避免与钢结构专业的碰撞；同时，将伸臂桁架外伸牛腿分段，分段后的牛腿随外框钢结构一同施工，以解决伸臂桁架与顶模爬升的碰撞问题。此外，核心筒连梁采用大板梁代替传统 H 型钢，此设计做法避免与土建纵筋碰撞，与 H 型钢相比混凝土更容易振捣密实，质量更有保证。

5.3.12　双向倾斜大直径高强预应力锚栓安装技术

1. 概述

中央电视台新台址主楼（以下简称"CCTV 主楼"）结构形式为钢结构，由两座双向倾斜塔楼、10 层裙房和 14 层悬臂结构组成。两座塔楼分别由外框筒、核心筒和内部结构三部分组成，塔楼内部核心筒及内柱为竖直，外框筒钢柱为双向倾斜。塔楼 1、塔楼 2 和裙房的外框柱共 97 根，除 12 根钢柱为埋入式钢柱外（图 5.3-82 中阴影部分），其他钢柱都设计有高强预应力锚栓，共计 586 根，如图 5.3-82 所示。

外框筒钢柱柱脚通过大直径高强预应力锚栓与筏板紧密连接，将上部结构与筏板连成整体，以承受钢柱脚拔力。高强预应力锚栓埋深至筏板底部受力钢筋表面处，将锚栓承受的拉力直接传递到基础筏板底部，锚杆长度随着钢柱处筏板厚度和底筋高度的变化而不同，锚杆倾斜角度与钢柱角度相同。高强预应力锚栓主要由直径为 75mm 的高强预应力锚杆（或钢棒）、护管、灌浆管、螺母、垫片等配件组成，锚杆（或钢棒）由碳-铬合金材料热轧制。

2. 关键技术

（1）技术要求

高强预应力锚杆（或钢棒）的屈服强度（0.2% 残余应变下对应的屈服强度）为 835N/mm²，极限抗拉强度为 1030N/mm²。根据设计要求锚栓预张拉控制应力为 35% 材料极限抗拉强度，对于个别锚杆加劲板间距较小的柱脚，可以只张拉到 30% 材料极限抗拉强度。锚杆（或钢棒）的相关参数见表 5.3-2。

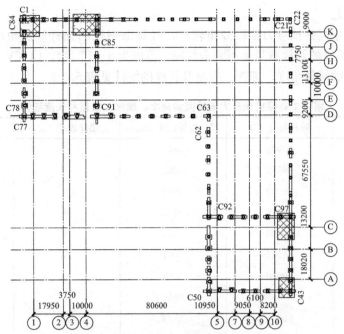

图 5.3-82　预应力锚栓钢柱布置

锚杆截面参数					表 5.3-2
名义直径 （mm）	锚杆直径 （mm）	螺纹直径 （mm）	截面积 （mm²）	螺纹处有效截面积 （mm²）	理论重量 （kg/m）
75.0	73.5	77.2	4243	4025	33.0

　　锚杆张拉控制力应根据螺纹处有效截面积进行计算 $1030 \times 35\% \times 4025 = 145.1 \times 10^4 \mathrm{N} = 1451 \mathrm{kN}$。高强预应力锚栓装配如图 5.3-83 所示。

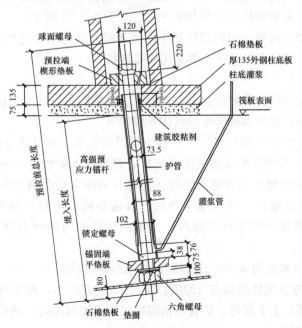

图 5.3-83　高强预应力锚栓装配示意

（2）埋设工艺

CCTV 主楼中高强预应力锚栓分布较广，且每根钢柱的锚杆倾斜角度不同（范围为6°~8.45°），每根柱的锚栓数量也不完全相同（范围为4~12根）。CCTV 主楼塔楼1所有高强预应力锚栓的倾斜角度、埋深、数量及长度的统计见表5.3-3。

塔楼1高强度预应力锚栓倾斜角度、埋深、数量和长度统计　　　　表5.3-3

钢柱编号	倾斜角度（°）	埋入筏板长度（mm）	锚栓数量（套）	锚栓总长度（mm）
C86	60000	3871	6	4404
C3、C83	84545	3892	24	4437
C88	60000	3972	6	4504
C81	84545	3993	6	4538
C87	60000	4022	6	4554
C4~C5、C82	84545	4044	30	4588
C89、C90	60000	5028	16	5560
C79~C80	84545	5055	16	5599
C71、C91	60000	5731	18	6264
C72~C78	84545	5763	76	6307

1）套架设计和加工

以每根钢柱为单位，设计锚栓支撑套架，截面主要采用角钢和钢板。锚栓套架立柱垂直设计，套架上下设计有两层钢板用于定位锚杆，所有预应力锚杆全部固定在套架内，且倾斜布置，在钢板上按照锚杆的倾斜角度放样出锚栓的定位孔，锚杆上端与套架上表面钢板连接，下端与下层钢板连接，每根锚栓的倾斜角度为上下定位孔的空间角度。上层钢板表面与筏板表面平齐以便确定柱底定位控制点（即钢柱的轴线点），下层钢板标高结合锚杆长度确定。塔楼1典型钢柱C79锚栓套架设计如图5.3-84所示。

锚栓套架结构较为简单，采用现场加工以便运输，且可立即进行下道锚杆装配工作，可以节省安装工期。锚栓套架加工全部采用焊接连接。

2）系统装配

在套架加工地点将锚杆装配到套架内，以减少现场作业与其他工程交叉作业，降低安全风险且作业速度快。锚栓系统装配的具体步骤如下：

① 套架内安装 $\phi88\times2$ 锚杆护管（护管下端设放大头，尺寸为 $\phi102\times2$），护管上端略伸出套架上表面；采用汽车起重机安装锚杆，将其插入护管内，吊装点设置方式为在锚杆一端安装一个临时螺母并在螺母上焊接吊耳（锚杆为高强钢，不得在上面焊接任何零件）；同时安装锁定螺母、锚固端平垫板、石棉垫板、垫圈和螺母，然后起吊松钩；最后去除临时吊装螺母，安装球形螺母。每根钢柱套架内的所有锚杆按上述顺序逐根完成。

② 安装灌浆管（规格为 $\phi20\times2$），将其与护管焊接连接。

③ 套架上表面标出钢柱控制点（即钢柱定位轴线控制点），校正每根锚杆的定位尺寸和倾斜角度，然后紧固上下螺母；护管与锚固端平垫板围焊连接；最后将锚固端平垫板与套架下层钢板焊接连接。

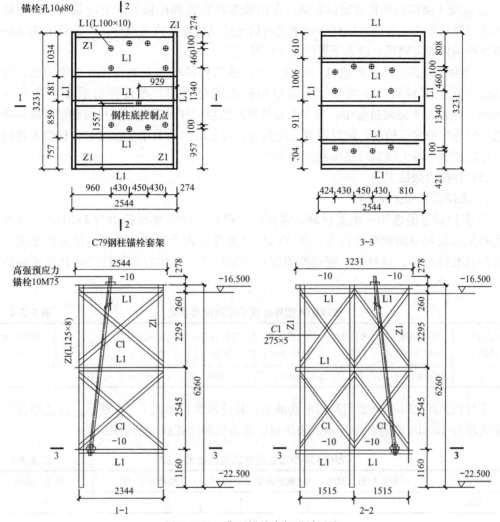

图 5.3-84　典型锚栓套架设计示意

注：为了清晰起见，图中仅画出一根锚杆

3）埋设方法

① 防水垫层施工：在筏板防水垫层施工阶段，根据外围轴线控制点及标高控制点测放出套架每个预埋件的准确位置，安装套架预埋件；对较高和较重的锚栓套架，应增加四周斜支撑预埋件。垫层混凝土完成后，对埋件定位进行复测。

② 锚栓系统埋设：筏板底筋绑扎前，开始预应力锚栓支撑套架的埋设工作。采用土建塔式起重机将锚栓套架吊装就位，待套架定位校正完毕后，套架角钢支腿与垫层预埋件焊接；为了防止筏板混凝土浇筑和钢筋绑扎对锚杆产生位移和变形，在套架四角加设角钢斜支撑，以增强套架刚度，同时在斜支撑与套架之间的中部增设临时横向支撑，如图 5.3-85 所示。

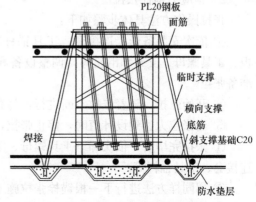

图 5.3-85　锚栓系统埋设图

③ 混凝土浇筑前的精确定位复测：在钢筋绑扎完后和筏板混凝土浇筑前，对预应力锚杆进行最后复测，可调节锚杆与套架之间的连接以校正其位置及标高，最后采用临时夹具将每根锚杆固定锁死，进入下道混凝土浇筑工序。

④ 混凝土浇筑时的保护措施：混凝土浇筑前需将锚杆的上端螺纹处涂刷黄油、包上塑料纸并套上塑料管；将灌浆管上端口用胶纸完全封闭，并且伸出混凝土浇筑顶面400mm。在混凝土浇筑过程中，派专人对其进行监控，并且避免振捣棒接触锚杆或离锚杆太近，以免影响定位精度；同时混凝土浇筑时，在基坑四周采用全站仪对锚杆位置进行监控，随时控制混凝土浇筑对锚栓定位的影响。

（3）预拉力张拉工艺

1）张拉设备和张拉条件

① 张拉设备的选用：根据柱脚高强预应力锚栓设计需要预拉力为1451kN，以及钢柱底板加劲板间空间狭窄的特点，选YCQ150型穿心式千斤顶可满足张拉力的要求。该千斤顶具有体积小、重量轻、密封性能好、可靠性高、操作方便等特点，其技术参数如表5.3-4所示。

YCQ150型穿心式千斤顶技术参数　　　　　　　表 5.3-4

额定油压（MPa）	张拉活塞面积（m²）	张拉力（kN）	回程活塞面积（m²）	张拉行程（mm）	穿心孔径（mm）	质量（kg）	外形尺寸（mm）
51	2926×10^{-2}	1490	1.609×10^{-2}	200	105	104	$\phi 275 \times 372$

千斤顶采用ZB3-630型超高压电动油泵，其技术参数如表5.3-5所示。其适用范围为与额定压力63MPa的各种千斤顶、挤压机、镦头机和压花机配套适用。

ZB3-630型超高压电动油泵技术参数　　　　　　表 5.3-5

型号	额定压力（MPa）	额定流量（L/min）	油箱容积（L）	质量（kg）
ZB3-630	63	2×1.5	50	140

② 锚栓张拉条件：外框筒外包式钢柱吊装并校正后，对钢柱抗剪件预留基坑进行浇筑微膨胀C50混凝土。混凝土达到强度后，柱底灌注75mm厚的无收缩水泥砂浆，砂浆达到一定强度后，方可进行锚杆预应力张拉。

2）预应力锚杆张拉

张拉操作方法具体步骤如下：

① 依次安装备母、连接套、工具锚杆、张拉撑脚及扳手、接长筒、千斤顶、工具锚板、工具螺母、支架和滑轮等，调整设备和辅助配件确保安装正确，最后拧紧工具螺母，准备张拉。

② 开始张拉，随着张拉不断进行，将高强螺母拧紧。

③ 当张拉力达到设计值时，停止张拉，拧紧高强螺母，油泵回油，千斤顶卸载。

④ 张拉完毕后，依次卸下工具螺母、工具锚板、千斤顶、定位板、张拉撑脚及扳手、连接套、工具锚杆等。

⑤ 用同样方法进行下一根锚栓张拉施工，以对称方式依次完成每根钢柱锚栓张拉。

预应力锚杆张拉组装如图5.3-86所示。

在锚杆周围空间满足千斤顶布置的情况下，即锚栓中心线到周围净空距离＞145mm时，可以取消接长筒直接张拉，步骤与上述相同，如图5.3-87所示。

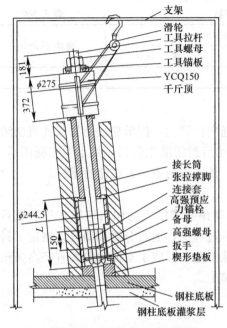

图5.3-86 预应力锚杆张拉组装

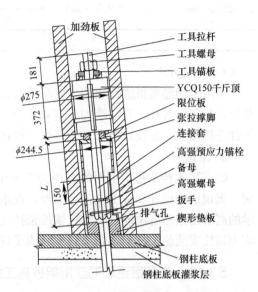

图5.3-87 预应力锚杆张拉组装（无接长筒）

3）锚栓张拉的要求

① 张拉力及伸长值。按设计张拉力值进行张拉，张拉伸长值应与设计理论伸长值进行校核。发现异常时及时处理，分析原因，采取可靠措施后方可继续张拉。

② 张拉顺序。锚杆张拉顺序应使混凝土及钢柱构件不产生超应力、构件不扭转与侧弯、结构不变位等。同时，还应考虑尽量减少张拉设备的移动次数。

③ 实际伸长值与计算伸长值偏差应在−6%～+6%范围内，超出时，应停止张拉，检查原因，采取措施后才能继续张拉。

（4）灌浆工艺

本工程灌浆的特点是：灌浆孔道狭窄，锚栓与护管间距约4mm（如果考虑安装误差可能只有2mm）；灌浆距离较长，最长距为12m。此工艺要求灌浆料具有较好流动性，并且要求压力灌浆，灌浆速度快等。

1）灌浆工艺要求

灌浆用水泥采用P·O42.5普通硅酸盐水泥，水泥浆体标准强度大于40MPa，水泥浆的水灰比采用0.4。便于灌浆水泥浆中可掺入减水剂以增加流动度，搅拌后3h的泌水率控制在2%以内，流动度符合规范要求。为增加孔道灌浆的密实性，在水泥浆中应掺入适量外加剂，达到减水、缓凝、膨胀的效果。灌浆应缓慢均匀地进行，不得中断，并应排气通顺，水泥浆自调制至灌入孔道的延续时间不宜超过30min。

灌浆前，应进行机具准备和试车，检查灌浆管及护管内是否通畅、洁净。灌浆前应按配比要求用量具盛取水泥及其他材料，在磅秤上进行称重，做好标记，施工时按标记量取材料，确保配比准确。

2）灌浆机相关参数

本工程中锚栓灌浆采用 UB3 型灌浆机，其性能技术参数如表 5.3-6 所示。

手动灌浆机技术参数
表 5.3-6

输送量（m³/h）	工作压力（MPa）	输送距离		重量（kg）
		水平（m）	垂直（m）	
1.0	0.6	100	60	30

3）灌浆方法

采用手动灌浆机进行灌浆，以灌浆管为入口，通向护管内，楔形垫块上排气孔流出浓浆后，封闭排气孔，并继续加压至 0.5～0.6MPa，然后封闭灌浆管口，待水泥浆凝固后，拆卸连接接头，按设计要求对锚杆张拉端进行封端。依次进行下一根锚栓的灌浆。

3. 结论

CCTV 主楼工程中采用的直径为 75mm 的高强度预应力锚栓为国内房屋建筑领域首例，无现成的设计和施工规范可参考。在本工程实施过程中，通过分析和研究，制定了科学的高精度锚栓定位埋设工艺、锚栓张拉工艺及灌浆工艺，形成了双向倾斜大直径高强预应力锚栓安装施工技术，高质量地完成了现场安装施工。

5.3.13　超高层建筑钢筋桁架板施工技术

1. 概述

随着建筑业的高速发展，超高层钢结构建筑也越来越多，而传统现浇钢筋混凝土板施工工序复杂，其施工速度已经严重制约了钢柱和钢梁的施工速度，进而影响整个工程的进度。为解决楼板施工和钢结构主体施工不匹配的现象，压型钢板应运而生。无论开口压型钢板还是闭口压型钢板都有着严重的局限性，如开口压型钢板仅作为永久性模板使用，闭口压型钢板虽然减少了钢筋用量，但是存在使建筑物净高减小、楼板下表面不平整、双向板设计及施工困难、钢筋绑扎繁琐等问题。钢筋桁架板的出现解决了这些棘手的问题，它除了具有压型钢板和现浇板的各种优点外，还具有施工周期短、施工质量容易控制的巨大优势，得到建筑行业的一致好评。

某超高层工程由 2 栋超高层塔楼和 1 栋裙房构成，其中 A 塔楼共 58 层，高 249.5m；B 塔楼共 68 层，高 314.5m。

两栋塔楼的楼板均采用钢筋桁架板，其中 A 塔楼的钢筋桁架板共有 4 种规格，分别是：TD6-8、TD6-90、TD6-100 和 TD6-120；B 塔楼的钢筋桁架板共有 3 种规格，分别是：TD6-70、TD6-120 和 TD6-220。

2. 关键技术

（1）施工流程

施工前准备→钢筋桁架板吊装转运→钢筋桁架板铺设（包含边模焊接和降板处理）→栓钉焊接→附加钢筋绑扎（含洞口处理）→混凝土浇筑。

（2）施工前准备

1）钢结构构件安装完成并验收合格，钢梁表面吊耳清除。

2）钢筋桁架板构件进场并验收合格。

3）检查钢筋桁架板中的拉钩是否变形。若已经变形，且影响拉钩之间的连接，需采用矫正器进行修理，保证相邻板之间的搭钩连接牢固。

4）底模的平直部分和搭接边的平整度偏差每米不应大于 1.5mm。

5）按照建筑工业行业产品标准《钢筋桁架楼承板》JG/T 368 中的相关规定对钢筋桁架板外观质量进行检查。

（3）钢筋桁架板吊装转运

1）本工程钢筋桁架板最大长度为 11.9m，每米质量最大约为 4.3kg，运至现场后，卸车堆放于指定区域内枕木之上，以防地面有水浸泡，且枕木应有一定倾斜度，以防止上面积水。

2）吊装前先核对钢筋桁架板捆绑编号及铺设位置是否准确，角钢包装是否稳固。

3）起吊前应先进行试吊，检查吊装重心是否稳定，钢索是否滑动，确保安全后方可起吊。

4）钢筋桁架板采用专用吊具进行吊装，以防止滑落。起吊时，每捆应有两条软吊装带，分别捆于两端四分之一处。

5）每层钢筋桁架板吊运需及时，规避倾斜进料可能导致的风险。

（4）钢筋桁架板安装

1）钢筋桁架板铺设宜待下节钢柱及配套钢梁安装完毕后进行。铺设步骤为：对准基准线，铺设第一块桁架板，并依次铺设相邻桁架板。相邻桁架板之间的连接采用扣合方式，确保拉钩连接紧密、混凝土浇筑时不漏浆。钢筋桁架板就位后，应立即将桁架板端部竖向钢筋与钢梁点焊牢固；沿板宽度方向，将底模镀锌板与钢梁点焊，焊接采用手工电弧焊，点焊间距≤300mm。

2）钢筋桁架板在钢梁上的支撑长度应满足设计要求，且宜≥75mm。钢筋桁架板与钢梁搭接如图 5.3-88 所示。

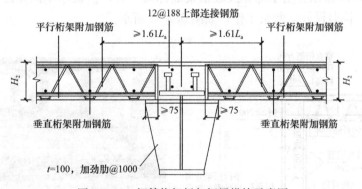

图 5.3-88　钢筋桁架板与钢梁搭接示意图

3）钢筋桁架板与核心筒剪力墙连接须设置角钢支撑，焊接支撑的埋件间距需满足设计要求，本工程受力方向埋件间距为 800mm，非受力方向埋件间距为 1200mm，其连接节点如图 5.3-89 所示。

4）待钢筋桁架板就位后，立即将其端部的竖向支座钢筋与钢梁点焊牢固。避免大风或施工扰动改变板基准线的位置。

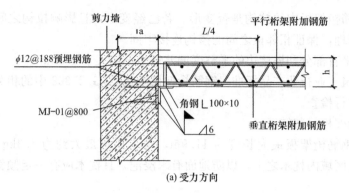

(a) 受力方向

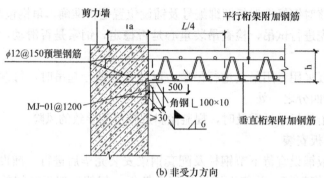

(b) 非受力方向

图 5.3-89　钢筋桁架板与剪力墙连接节点

（5）降板处理

鉴于使用功能不同，同一楼层不同部位可能存在降板，不同标高位置的桁架板需进行相应处理，本工程主要是通过 Z 形封边板进行连接（其搭接长度≥100mm），降板处理典型节点如图 5.3-90 所示。由于部分区域钢梁面标高一致，但板厚不同，需通过特殊处理以垫高桁架板，同时做好防漏浆工作，如图 5.3-91 所示。

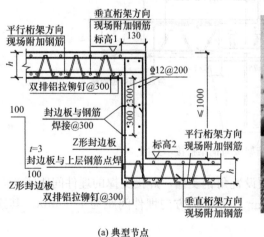

(a) 典型节点

(b) 工程实例

图 5.3-90　降板处理典型节点图

(a) 桁架板下焊接支撑　　　　　　　　(b) 通长设置支撑

图 5.3-91　不同规格板搭接节点

（6）边模板施工

1）边模板采用 2mm 镀锌钢板压制而成，根据图纸要求，选定边模板型号，边模板搭接长度≥50mm。

2）钢筋桁架板铺设前，需检查所有边模是否已按施工图要求安装完成；桁架板铺设时，需保证边模板紧贴钢梁面。边模板沿钢梁长度方向每隔 300mm 点焊固定，焊缝长 25mm、焊脚高度 2mm。

3）边模板安装完成后，需进行拉线校直，满足要求后，采用短钢筋将栓钉与边模连接，固定边模板。边模板在混凝土浇筑过程中有效阻止了混凝土的渗漏。边模板节点施工如图 5.3-92 所示。

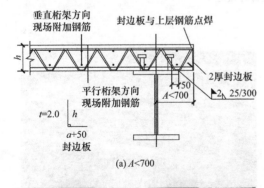
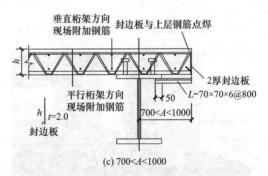

(a) A<700　　　　　　　　　　　(c) 700<A<1000

(b) 边模板施工　　　　　　　　　　(d) 边模板施工完毕

图 5.3-92　边模板节点施工

（7）栓钉焊接

1）栓钉使用栓钉熔焊机进行焊接，采用独立电源进行供电。

2）根据设计图纸中对栓钉间距的要求，在钢梁上翼缘上表面放线，选取钢筋桁架板波谷位置（且间距不大于栓钉最大间距）标记出栓钉的焊接位置。

3）栓钉施焊前先放线、定位，标记出栓钉的准确位置，并对该点进行除锈、除漆等处理，并确保施焊点局部平整。

4）每套栓钉由一个栓钉和一个瓷环组成，瓷环在栓钉施焊过程中起到保护电弧热量以及稳定电弧的作用。磁环使用前进行干燥处理，即在120℃的干燥器内烘干2h。

5）栓钉施焊人员平稳握枪，同时使枪与栓钉同中心并与钢梁上表面垂直。栓钉根部焊脚应均匀、饱满，强度满足设计要求。施焊完成后，需采用榔头敲击栓钉成30°的方式，检查栓钉根部焊缝质量，无裂纹视为合格。栓钉焊接施工如图5.3-93所示。

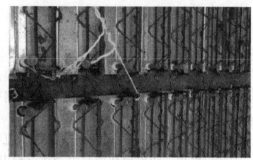

(a) 栓钉施工准备   (b) 栓钉焊接

图 5.3-93　栓钉焊接施工

（8）附加钢筋及洞口处理（图5.3-94）

(a) 附加钢筋施工   (b) 洞口处理

图 5.3-94　附加钢筋及洞口处理

1）根据设计图纸要求，待钢筋桁架板铺设完成后，进行附加受力钢筋、支座连接筋及负筋的绑扎工作，连接筋与桁架钢筋绑扎或焊接固定。

2）根据设计管线图纸要求，在楼板上预留洞口，并在洞口边设置加强筋，加强筋布置在钢筋桁架面筋以下，待楼板混凝土浇筑完成并达到设计强度时，方可按照洞口位置进行钢筋桁架板的切割；切割需采用机械切割。

3）由于钢筋桁架板中钢筋的影响，楼板中的管线应采用柔韧性较好的波纹管，且应尽量避免多根管线集束预埋，进而削弱楼板厚度。

4）进行附加钢筋绑扎及管线敷设过程中，应做好已铺设完成钢筋桁架板的成品保护工作，减少在镀锌板面上行走。禁止随意扳动、切断桁架板上的钢筋；若确实需要截断桁架板上的钢筋，需采用同强度的钢筋将截断两端的钢筋重新连接固定。

（9）浇筑混凝土

1）混凝土浇筑前，需清除楼承板上的杂物。

2）楼承板上人员、设备使用频繁的区域，应在桁架板上铺设垫板，避免造成楼承板不必要的受损或变形，进而降低楼承板的承载能力。

3）混凝土浇筑时，尽量选取在钢梁上方堆积混凝土。混凝土堆积不宜过高，避免因倾倒混凝土引起的冲击，导致楼承板局部出现过大的变形。

4）混凝土浇筑完成后，待混凝土强度达到 75％设计强度时，方可在楼层面上增加其他荷载。

5）当钢梁跨度大于钢筋桁架板最大无支撑跨度时，需在跨中位置设置临时支撑，待混凝土达到 75％设计强度后，方可拆除下方临时支撑。

3. 结论

该项目双塔楼及裙房工程目前已完成两栋塔楼的桁架板施工，且均满足设计要求。同时，从本工程实例来看，采用钢筋桁架板体系不需要架设模板及脚手架，不需防火及防腐维护，现场钢筋绑扎量减少 70％左右，极大地提高了施工效率，具有极高的推广价值。

5.3.14 伸缩式跨障碍自爬升平台施工技术

1. 概述

跨障碍自爬升平台技术应用于超高层钢柱对接焊缝焊接所需要搭设的操作平台，为施工人员作钢柱的安装、焊接、探伤机检查之用。目前国内对钢柱焊接搭设的操作平台多为脚手架管操作平台及装配式型钢操作平台，脚手架操作平台采用脚手管、扣件及踏板为材料，由人工搭建而成，搭设及拆除均较麻烦，且周转时需要拆除后重装，费时费人工；装配式型钢操作平台采用角钢、槽钢或其他标准截面型钢加工而成，可分解为单元周转使用，需在周转时利用施工塔式起重机进行拆装转移。本技术使用操作平台自带的大梯度液压爬升系统，达到了平台自身的转移，且自行适应并跨越钢柱变截面及牛腿障碍的目的，解决了传统操作平台转移时占用塔式起重机时间长、高空人工拆装量大、高空作业安全风险高的问题。

伸缩式跨障碍自爬升平台由下部液压爬升机构、上部伸缩式操作平台组成，为单元-整体式设计。整体结构由置于下部液压爬升机构的低压油泵作为动力，沿悬挂于钢柱外壁的导向爬升梯进行爬升。其适用于超高层钢柱对接焊缝焊接所需要的操作平台，其结构科学合理，在降低各项成本的同时保证了现场施工的安全，减少了操作平台对塔式起重机的占用时间。

2. 关键技术

在某超高层工程结构施工方案形成阶段，对巨柱操作平台的形式进行方案比选。对电动葫芦提升平台、液压爬升平台两组初步设计方案进行比较分析。电动葫芦提升平台类似于现行幕墙施工中使用的电动挂篮，具有结构简单、移动速度快的优点；液压爬升平台类似于液压爬模系统，具有抗风稳定性强、防坠性能好的优点。在充分考虑安全性与钢结构施工适用性，并对液压爬模进行充分调研后，课题组决定选用液压爬升系统为研究参照。该系统采用导轨、机架两者轮流爬升的形式，具备成熟的工艺与应用基础，在安全性能方面有较大优势。

对巨柱结构形式、实际工况、自爬升操作平台的功能进行分析后，进行液压爬升系统的初步设计。在单位工程机械方面资深人员的带领下，进行自爬升操作平台系统的功能分析、整体设计，并组织项目及公司对概念方案进行多次专题论证。根据功能需求，对总成、框架结构进行初步设计，期间对整体结构进行整体受力分析。

通过科研攻关，成功研制出一项超高层钢结构伸缩式跨障碍自爬升操作平台技术，其功能组成如图 5.3-95 所示，并取得了如下关键创新技术成果。

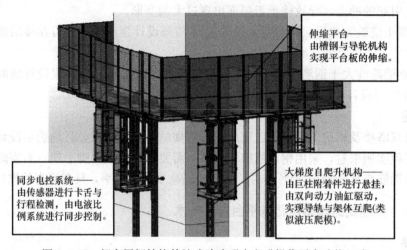

图 5.3-95　超高层钢结构伸缩式跨障碍自爬升操作平台功能组成

（1）实现大梯度变截面自爬升跨障碍：通过挂座、导轨、机架创新的机械配合形式，使导轨与机架可自由地绕挂座进行大角度转动，实现至少 500mm 的大梯度变截面爬升（图 5.3-96、图 5.3-97）。

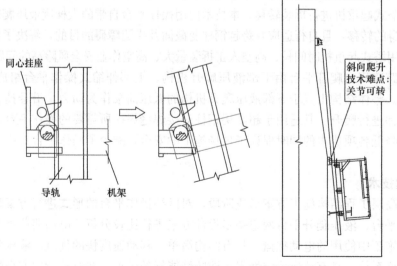

图 5.3-96　大梯度变截面自爬升关键构造设计

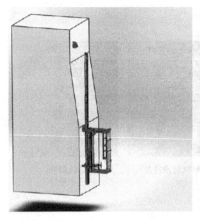

图 5.3-97 大梯度变截面自爬升演示

（2）具有伸缩式工作平台：平台尺寸无级调节，护栏重叠无需拆装，集成伸缩、翻板、翻门机构，实现全面安全围闭（图 5.3-98）。

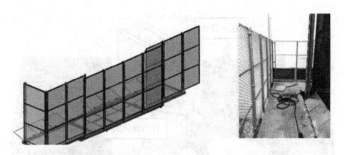

图 5.3-98 伸缩式工作平台机构调节演示

（3）实现多油缸电控自动同步爬升：采用"电控-液压比例阀"系统，并具有防坠卡舌状态监测报警功能，实现平台不上人操作与整体同步爬升（图 5.3-99）。

图 5.3-99 平台不上人操作与整体同步爬升示意（多油缸部分或全部同时同步爬升）

（4）实现结构措施安全及节能

1）自动悬挂附着装置：导轨通过挂座上的自动挂钩进行悬挂，不需人工攀爬固定，实现移位安装简便、安全，减少劳动力投入（图 5.3-100）。

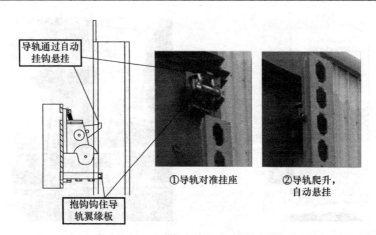

①导轨对准挂座 ②导轨爬升，自动悬挂

图 5.3-100 自动悬挂附着装置功效一

机架通过一对自动回位爪，爬升到位后可自动挂于挂座两侧圆槽，无需人工连接（图 5.3-101）。

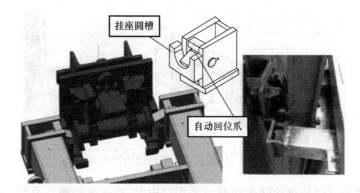

图 5.3-101 自动悬挂附着装置功效二

2）伸缩卡舌式防坠调向机构：采用伸缩式可换向单向爪，简化换向操作，便于肉眼及传感器判断单向爪工作情况（图 5.3-102、图 5.3-103）。

图 5.3-102 防坠调向机构构造

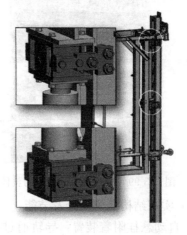

图 5.3-103 防坠调向机构装配

3) 双道安全防坠系统：在悬挂机构、传动机构、控制机构三个部位分别设置防坠构造，导轨两端设置防脱出构造（图 5.3-104、图 5.3-105）。

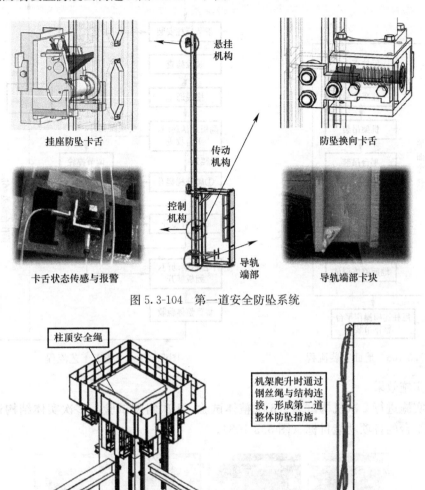

图 5.3-104　第一道安全防坠系统

图 5.3-105　第二道安全防坠系统

（5）通过以上关键结构创新设计使该项目技术实施具有以下显著特点

1) 在超高层钢结构施工领域，采用具有跨越牛腿障碍、跨越大梯度变截面、整体自动同步功能的自爬升式操作平台，节省大量塔式起重机有效工作时间，避免大量高空安拆作业。

2) 采用大梯度自爬升技术，应用同心挂座的设计，使液压爬升设备具备爬升导轨与爬升架体一同绕挂座进行大角度顺畅转动的功能，从而实现大梯度变截面爬升。

3) 采用跨障碍伸缩平台技术，通过互相嵌入式导槽、滑轮的子母平台结构，以及采用重叠式安全围护，在无需拆装的前提下，使子平台相对于母平台可随意伸缩，实现伸缩平台系统的尺寸无级调整。

4) 钢结构施工采用机械动力施工措施技术，提供了一种全新的操作方法和管理思路，提高了施工效率，为施工自动化、机械化发展提供了宝贵经验。

地面安装流程如图 5.3-106 所示，施工工艺流程如图 5.3-107 所示。

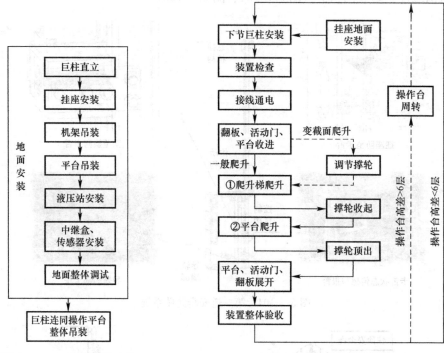

图 5.3-106　地面安装流程　　　　　　　图 5.3-107　施工工艺流程

（6）实施效果

通过实施进行 2 次机构试验、3 次整体试验、3 次斜爬试验、多次实体结构运行，分阶段实现平台的各项功能目标（图 5.3-108）。

图 5.3-108　各阶段实施情况

3. 结论

经技术攻关，研发的钢结构巨柱自动化爬升施工平台具有以下特点：

（1）拆装简便，高空移位操作安全。

（2）实现自行移位安装，减少超高空拆装对塔式起重机吊次的占用。

（3）上方钢梁安装后，操作平台仍可跨过障碍自行移位。

（4）能较好地适应巨柱截面尺寸多次变化的要求。

该技术取得多项突破性成果，已成功应用于广州东塔项目超高层钢结构跨障碍自爬式操作平台施工，综合效益显著；且超高层建筑正在快步发展中，巨型钢柱的运用越加广泛，钢柱的焊接成为超高层钢结构安装重点，因此，伸缩式跨障碍自爬升平台施工技术具有广泛的应用和推广前景。

5.4 巨型悬挑钢桁架结构砂箱集群卸载技术

1. 概述

砂箱卸载技术原本是桥梁施工中的一项专有技术，在深圳证券交易所营运中心工程抬升裙楼超长巨型悬挑空间钢桁架结构卸载中，成功地将这项技术引入民用房建钢结构工程，实现了大吨位临时支撑荷载向结构本体的平稳过渡，不但创新了钢结构施工技术，而且具有广泛的通用性，为类似工程提供了可供借鉴的成套工艺。

深圳证券交易所营运中心工程是深圳市标志性建筑，位于深圳市福田中心区，地上 46 层、地下 3 层，总建筑面积约 26.24 万 m^2，结构主体总高度 236.95m。塔楼结构为核心筒混凝土-外钢框架结构体系，竖向分为 3 段，地上 1～6 层为第 1 段，平面尺寸 90m×54m，外廓结构为桁架筒结构和塔楼南北面框架；第 2 段为抬升裙楼，标高 7～10 层，平面尺寸 162m×98m，为空间正交悬挑钢桁架体系；第 3 段为 10 层以上结构，平面尺寸 54m×54m，外廓结构为外框架型钢混凝土组合柱。

抬升裙楼为超长巨型悬挑空间钢桁架结构，是世界上最大的悬挑平台，下弦距一层楼面约 36m，四周悬挑，东西长 162m，悬挑 36m；南北宽 98m，悬挑 22m，总厚度 25m。该结构由 6 类 14 榀巨型悬挑钢桁架纵横交叉构成，为全焊接桁架，由巨型钢板焊接节点和大截面箱形杆件拼装而成，部分与塔楼钢结构结合为一体。裙楼构件多为重型、大型复杂构件，节点 152 个，最大节点重量为 170.36t（分 7 段高空拼装），除节点外最大单件重量为 80.6t，整个抬升裙楼用钢量约 2.8 万 t（图 5.4-1）。裙楼结构综合采用了大跨度、大悬挑结构，如此新颖的结构形式在工程中罕见，也为钢结构安装施工设置了难题，尤其是裙楼整体钢结构的卸载堪称难中之难。

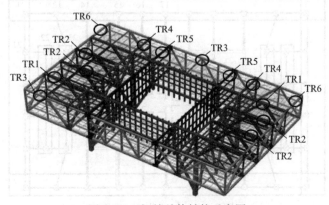

图 5.4-1 裙楼总体结构示意图

2. 关键技术

（1）卸载工艺

1）卸载工艺流程

整体卸载施工工艺流程如图 5.4-2 所示。

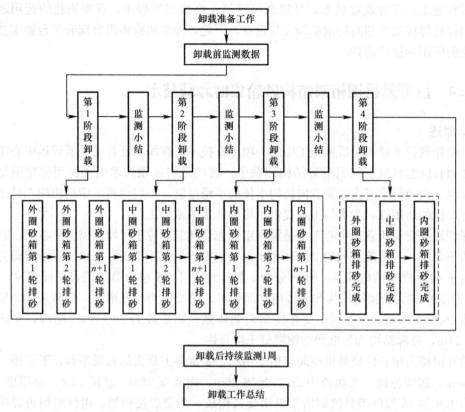

图 5.4-2 整体卸载施工工艺流程

2）卸载分区

根据结构本身及支撑胎架的布置情况，在计算分析的基础上将整个支撑胎架体系分为外、中、内 3 圈，外圈 30 个支撑胎架，中圈 8 个，内圈 8 个。卸载将按照此外、中、内 3 圈分级进行卸载（图 5.4-3）。

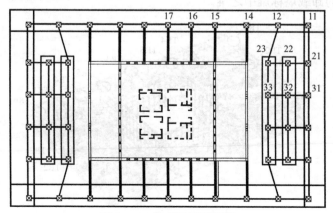

图 5.4-3 卸载分区示意图

3）卸载步骤

根据模拟分析结果，按照由外到内的卸载顺序，将整个卸载过程划分为 4 个阶段，12 个步骤，具体的卸载步骤和卸载量见表 5.4-1。

施工步骤	卸载阶段	卸载点	砂箱下降高度（mm）	卸载量
1		外圈胎架	8	29%竖向卸载量
2	第 1 阶段	中圈胎架	5	32%竖向卸载量
3		内圈胎架	3	26%竖向卸载量
4		外圈胎架	10	34%竖向卸载量
5	第 2 阶段	中圈胎架	5	32%竖向卸载量
6		内圈胎架	3	26%竖向卸载量
7		外圈胎架	10	34%竖向卸载量
8	第 3 阶段	中圈胎架	5	32%竖向卸载量
9		内圈胎架	5	44%竖向卸载量
10		外圈胎架	自然流出	达到最终卸载位移量
11	第 4 阶段	中圈胎架	自然流出	达到最终卸载位移量
12		内圈胎架	自然流出	达到最终卸载位移量

裙楼支撑胎架卸载步骤和卸载量　　　　　　　　　　表 5.4-1

为确保砂箱卸载的同步性和均匀性，每个卸载步骤细分为 2mm/3mm 一轮逐轮卸载，每 2 轮排砂后，检查砂箱卸载的同步情况，若发现同步误差超过 2mm 时，在下一轮排砂时进行调整，调整方法为调整同级高度偏高的砂箱活塞至偏低的砂箱活塞持平或同步误差控制在 1mm 以内。

每完成一个卸载阶段，进行卸载过程中的位移监测，验证实测值和理论值的差异。

4）卸载控制要点

① 地面设 2 名总指挥，总指挥主要负责每级卸载的指令及监测数据的汇总。每个砂箱安排专门排砂操作手，部分胎架上布置有 3 个砂箱，需安排一组长负责协调和汇报砂箱的读数。

② 为控制每级释放量，事先在砂箱上标定刻度，精确到毫米，下沉量以砂箱的绝对缩短量控制，而非结构的下沉量。另外配备量杯，以排砂体积校核砂箱下降量。

③ 释放到位标准为节点底部出现间隙，砂箱仍可下降，且节点顶面标高不再变化。

④ 卸载过程中，在每个卸载阶段完成后由专人对应力较大的焊缝受力部位进行过程检查，若发现异常，应停止卸载工作，上报项目部妥善处理。

⑤ 卸载完成后，按各点的理论挠度作为验收依据，通过测量远端与近端之间标高差值，比较与设计起拱值的偏差，判断卸载是否合格。

⑥ 在卸载完成后还应对抬升裙楼外框尺寸进行详细的测量复核。

（2）同步监测结果分析

1）位移监测结果

卸载过程中，由健康监测单位采用数码视觉位移监测系统对两处对称节点做实时位移监测。卸载完成后对所有测点进行位移监测。对裙楼下弦所有起拱点的位移监测表明，卸载后的结构起拱值满足设计要求，所有测点最大下挠值为 21.5mm，小于设计预定值 28mm。

抬升裙楼位移监测点的限值按照设计要求起拱值及卸载后理论起拱值进行控制。抬升裙楼卸载完成后，各测点的起拱值中极个别点略低于卸载后理论起拱值，其他测点起拱值均高于卸载后理论起拱值，在控制范围内。

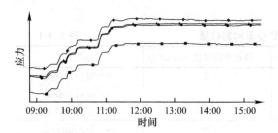

图 5.4-4　卸载过程中监测点的应力-时间变化曲线

2）应变监测结果

图 5.4-4 为卸载完毕时结构应力随时间变化曲线，直观地反映了结构卸载过程各阶段监测点的应力变化情况，从曲线特征上看，在每轮卸载开始阶段，呈阶梯状缓慢上升趋势，表明卸载过程中主体结构应力缓慢增加，无局部异常突变情况，结构正由胎架支撑状态安全可靠地过渡为主体结构受力状态。

应力监测结果表明，所有测点在卸载过程中的最大拉应力增量为 20.03MPa，最大压应力增量为 21.42MPa，均小于设计的应力控制阈值 50MPa，且结构受力呈现双轴对称性。

3）胎架监测结果

对 4 组胎架的 16 个测点进行变形和应力监测，卸载阶段胎架逐渐回弹，应力逐步减小，卸载后胎架应力和压缩变形基本归零。

3. 结论

通过深圳证券交易所营运中心抬升裙楼钢结构工程的卸载及同步监测的实践，证明了砂箱装置在钢结构卸载中可以成功应用，更由同步监测的数据分析得出，结构卸载过程中位移和应力的变化情况，与原结构设计计算的结果基本相符，不仅表明结构安装阶段的精度得到了良好控制，而且说明卸载工艺合理。

砂箱装置用于钢结构的卸载裙楼卸载采用的群体砂箱，通过其单向位移的有效控制，能够达到液压千斤顶的控制精度，而且在构造、成本和环保上明显优于液压千斤顶，值得在同类工程中推广。

5.5　负载状态下钢结构工程加固技术

1. 概述

为完成原钢结构的续建，需对已建部分进行拆改加固，弥补原有结构性能的损失。采用负载加固技术，加固原结构的钢柱。采用钢柱断续焊方式，减小对原负载结构的损伤，减少焊接量，节约施工的投入。进行负载钢柱不同加固焊接形式下的实验室缩比试验，得到不同加固焊接形式下加固钢柱承载能力的实测数据。通过数字模拟技术与实验室实测数据相结合，确定加固钢柱在原结构加固后承载能力提升的比率。研究加固焊接过程对负载钢柱的影响，采用数字模拟分析技术分析在焊接温度场作用下，钢梁及支撑的应力分布、变形、焊接完成后的恢复情况。通过对加固后结构进行的现场监测数据分析，最终得出整体结构加固后的响应，保证结构加固后的安全性。

2. 关键技术

某项目原建部分于 1996 年 4 月开始施工，在 2000 年 7 月停工，停工时主塔楼（A 塔楼）结构已完成至地上 25 层，原设计高度 250m，原有结构概貌如图 5.5-1 所示。由于功能改变，2011 年 5 月 30 日工程开始改扩建。重新设计的主塔 A 塔楼为外围钢框架-钢框架支撑核心筒结构组成的全钢结构体系，外框钢框架由 20 根钢柱与 H 形框架钢梁组成，核心筒由 16 根钢柱以及柱间钢梁、支撑组成，高度 235m，共 57 层。为完成结构的续建，需对已建部分进行拆改加固，弥补原有结构性能的损失。

（1）加固柱和梁的分布以及加固方法概述

1）需加固柱和梁的布置

本工程需加固的柱和梁主要材质：当钢板厚度不大于 35mm 时，采用 Q345 钢材；当钢板厚度为 36～100mm 时，采用 Q345GJC 钢材，25 层以下为已建部分需要加固。加固构件的平面布置如图 5.5-2 所示。

图 5.5-1 原有结构概貌

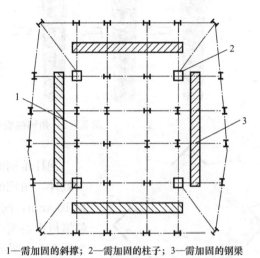

1—需加固的斜撑；2—需加固的柱子；3—需加固的钢梁

图 5.5-2 加固构件的平面布置

2）加固柱和梁的方法

已建部分的加固，主要采用增加构件受力截面的方式进行。采用外包角钢与缀板加大钢柱截面的办法进行加固，如图 5.5-3 和图 5.5-4 所示。

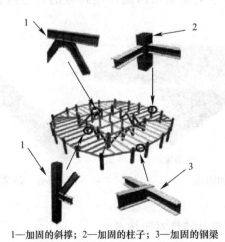

1—加固的斜撑；2—加固的柱子；3—加固的钢梁

图 5.5-3 加固构件的立体示意图

图 5.5-4 箱形钢框架柱增加截面加固法

已建钢柱在加固时采用钢材截面形式多，为保证加固件与原有结构件焊接质量，钢柱加固顺序为：加固构件基面处理→角钢钢板下料、除锈、涂装→加固构件表面放线→角钢的安装连接→钢板缀板的安装连接→角钢与钢板缀板焊接→验收、防锈处理。

钢柱加固角钢缀板安装焊接流程：按设计图纸在需要加固的钢柱做好基面处理后，对称安装焊接角钢，两对角的角钢同时由下向上焊接，角钢安装完毕后缀板也由下至上安装焊接。角钢缀板安装焊接顺序如图 5.5-5 所示。

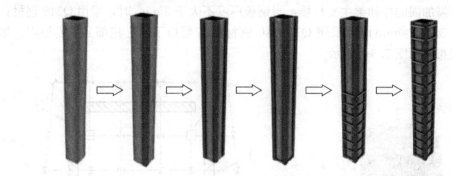

图 5.5-5　角钢缀板安装焊接顺序

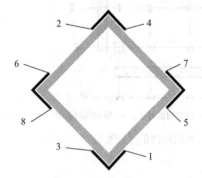

图 5.5-6　角钢焊缝焊接顺序
注：按 1～8 顺序焊接。

如图 5.5-8 所示。

钢柱角钢的对称焊接流程：为保证钢柱受力变形的一致性，角钢的焊接按顺序依次进行，角钢与柱焊缝焊接 100mm，间断 250～300mm。缀板宽度为 100mm，相邻缀板中心至中心最小间距 600mm。角钢焊缝焊接顺序如图 5.5-6 所示。

3）钢梁的加固

已建钢梁主要采用下翼缘焊接钢板或工字形钢构件加大钢梁截面的办法进行加固，如图 5.5-7 所示。

4）已建斜撑的加固

已建斜撑主要采用两侧焊接封板的方法进行加固，如图 5.5-8 所示。

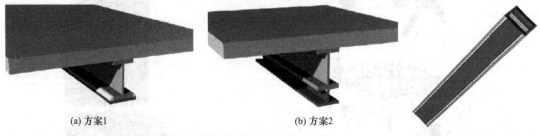

(a) 方案1　　　　　　　　　　(b) 方案2

图 5.5-7　工字形钢梁增加截面加固法　　　　图 5.5-8　斜撑加固方法

（2）加固重难点分析

1）负载状态下钢柱加固技术与加固前后钢柱特性对比技术

本工程对原有的钢结构部分进行加固处理，其中钢柱加固为增加构件截面的加固方式，在原钢柱表面焊接补强角钢和缀板，以达到加固的目的。角钢与箱形钢柱之间采用不同断续焊的角焊缝连接，缀板通过三面围焊来与相邻的角钢连接。当箱形钢柱截面内承受竖向荷载时，角钢与箱形钢柱之间的角焊缝可承受轴向力，同时角钢和缀板的共同作用能对箱形钢柱形成"环箍"作用，约束钢柱的轴向和侧向变形，达到加固的目的。

通过模型模拟与试验实测相结合的方法，研究焊接角钢和缀板加固的箱形钢柱的轴压性能，通过评定此种加固方式对钢柱的加固效果，分析不同的断续焊方式下负载钢柱受力的特性差别。

2）负载结构整体加固前后特性对比技术

通过模型模拟，分析加固后结构的整体性、层间位移角、竖向变形等性能的变化。同时施工过程中利用应变监测仪器，24h 不间断监测钢柱在施工荷载增加情况下的应变数据，全面反映结构加固后的性能变化。

3）加固焊接过程对负载状态下钢梁斜撑安全性能影响分析技术

采用有限元分析软件，对构件的实际加固过程进行模拟。模型尺寸和边界条件如下：钢梁截面尺寸为 $148\text{mm}\times100\text{mm}\times6\text{mm}\times9\text{mm}$，跨度 1.2m，在钢梁两端按照相应比例建立 2 根箱形柱的模型，将钢梁的两端与钢柱之间固定连接，钢梁下翼缘焊接加固形式为平焊的连续焊，加固所需的 T 形钢截面尺寸为 $74\text{mm}\times100\text{mm}\times6\text{mm}\times9\text{mm}$，长度与钢梁跨度相同；钢支撑截面尺寸为 $194\text{mm}\times150\text{mm}\times6\text{mm}\times9\text{mm}$，长度 1m，支座端为三向铰支，加载端为两向铰支。

3. 结论

采用负载状态下钢结构工程加固技术，加固了原结构的钢柱，并采用钢柱断续焊方式，减小了对原负载结构的损伤，减少了焊接量，节约了施工的投入。

进行了负载钢柱不同加固焊接形式下的实验室缩比试验，得到了不同加固焊接形式下加固钢柱承载能力的实测数据。通过数字模拟技术与实验室实测数据相结合，确定了加固钢柱在原结构加固后承载能力提升的比率。

5.6　钢与混凝土组合结构应用技术

1. 概述

钢与混凝土组合结构在 20 世纪 20 年代进行了一些基础性的研究。第二次世界大战后，当时的欧洲在道路桥梁和房屋的恢复重建中，大量采用了钢与混凝土组合结构，加快了重建的速度。20 世纪 60 年代后许多国家制定了相应的设计与施工技术规范。1971 年成立了由欧洲国际混凝土委员会（CES）、欧洲钢结构协会（ECCS）、国际预应力联合会（FIP）和国际桥梁及结构工程协会（IABSE）组成的组构委员会，并于 1981 年正式颁布了《组合结构》规范。欧洲标准委员会（CEN）于 1994 年颁布的欧洲规范 4（Ec4），对组合结构的研究和应用作了全面的指导。

我国在近几十年来，特别是近 30 年来在大量学者的研究成果与应用的基础上，各部门陆续制定和颁发了一些专项规程（行业标准），并在近些年推出了国标的设计施工规范。中国工程建设标准化协会 1990 年制定了《钢管混凝土结构设计与施工规程》CECS 28—1990、《矩形钢管混凝土结构技术规程》CECS 159—2004。原能源部电力规划设计管理局于 1992 年颁布了《火力发电厂主厂房　钢-混凝土组合结构设计暂行规定》DLGJ 99—

1991，内容包括钢管混凝土结构、外包钢混凝土结构和组合梁结构。1997年冶金工业部颁发了《钢骨混凝土结构设计规程》YB 9082—1997，并于2006年修订为《钢骨混凝土结构技术规程》YB 9082—2006。2001年建设部颁布了《型钢混凝土组合结构技术规程》JGJ 138—2001，在2016年又修订成《组合结构设计规范》JGJ 138—2016。应近几年国内钢板剪力墙应用的需要，住房城乡建设部颁布了《钢板剪力墙技术规程》JGJ/T 380—2015。在国家标准《钢结构设计规范》GB 50017—2003（注：目前现行标准为《钢结构设计标准》GB 50017—2017）中，在原规范的基础上增补了钢与混凝土连续组合梁负弯矩部位的计算方法，混凝土翼板用压型钢板作底模的组合梁计算和构造特点，部分剪切连接的组合梁的设计规定以及组合梁挠度计算。在综合行业标准的基础上陆续颁布了《钢管混凝土工程施工质量验收规范》GB 50628—2010、《钢-混凝土组合结构施工规范》GB 50901—2013、《钢管混凝土结构技术规范》GB 50936—2014。这些规范、规程的颁发，推动了组合结构在我国的推广应用，使得钢与混凝土组合结构体系发展成以下类型。

（1）组合框架结构体系：由钢管或型钢混凝土柱、钢-混凝土组合梁、钢混凝土组合板三部分组成。

（2）混合结构体系：如采用钢管混凝土或钢板组合剪力墙形成框筒或实腹筒，由钢-混凝土组合梁与组合柱形成外框架，两者之间通过组合楼盖或伸臂桁架的作用保持工作。

（3）组合钢板剪力墙结构体系：包括了钢板墙混凝土剪力墙中间内置钢板以增加抗剪能力的钢板剪力墙及两侧外包钢板和中间内填混凝土组合为整体的钢板剪力墙。当然还可以派生出组合钢板剪力墙-组合框架结构、组合钢板剪力墙-钢框架结构。

（4）巨型结构体系：由巨型组合构件组成的简单而巨大的桁架或框架等作为主体结构，与其他结构构件组成的次结构共同工作的一种超高层建筑结构体系。

钢与混凝土组合结构是指钢（钢板和型钢）与混凝土（素混凝土和钢筋混凝土）组成一个结构或构件而共同工作的结构。钢与混凝土组合结构是继木结构、砌体结构、钢筋混凝土结构和钢结构之后发展兴起的第五大类结构。国内外常用的钢-混凝土组合结构主要包括压型钢板与混凝土组合板、钢与混凝土板组合在一起的组合梁、型钢混凝土结构、钢管混凝土结构、外包钢混凝土结构和组合钢板剪力墙结构六大类。

组合结构充分发挥了钢材与混凝土各自的特点和优势，取长补短，在强度、刚度和延性等方面都比一般的钢筋混凝土结构要好，同时还方便施工，因此组合结构具有广阔的发展前景。组合结构是由两种材料共同工作，两种不同性能的材料组合成一体，发挥各自的长处，其关键在于"组合"。主要是依靠两种不同材料之间的可靠连接，必须能有效地传递混凝土与钢材之间的剪力，使混凝土与钢材组合成整体，共同工作。剪切连接件的形式可以分为两大类：即带头栓钉、斜钢筋、环形钢筋以及带直角弯钩的短钢筋等柔性连接件和短型钢块式连接的刚性连接件。

2. 主要技术内容及其特点

（1）压型钢板混凝土组合板及其特点

压型钢板在施工阶段用作楼面混凝土板的永久性模板，用于混凝土凝固之前的施工阶段。它仅承受自重、湿混凝土重及施工活荷载。组合板中的压型钢板，在使用阶段当作组合板结构中的下部受力钢筋之用，从而减少混凝土板中的钢筋。组合板具有下列特点。

1）不需要模板，因此也不需模板拆卸安装工作，也可避免由易燃的模板而引起的建筑失火的危险。

2）压型钢板的作用相当于抗拉主钢筋，用以抵抗板底面的正弯矩，只在认为需要之处才加设抵抗混凝土收缩及温度影响的钢筋。

3）压型钢板本身为混凝土楼层提供了平整的顶棚表面。

4）压型钢板可叠在一起，并可置于集装箱内，易于运输、存储、堆放与装卸。

5）压型钢板的波纹间有预加工的槽，供电力、通信等工程之用。

6）在安装后，压型钢板可用作工人、工具、材料、设备的安全工作台。

7）使用组合板，施工时间减少，可以继续进行另一楼层混凝土的浇筑，而不需要等待前一层浇筑的楼板达到要求的混凝土强度等级。

（2）钢筋桁架楼承板组合板及其特点

1）钢筋桁架楼承板是将楼板中钢筋在工厂加工成三角形钢筋桁架，并将钢筋桁架与底模连接成一体的组合楼承板。钢筋形成桁架，承受施工期间荷载，底模托住湿混凝土，因此这种技术可免去支模、拆模的工作及费用。

2）钢筋桁架楼承板根据是否设临时支撑分为两种情况：①设临时支撑时，与普通现浇混凝土楼板基本相同；②不设临时支撑时，在混凝土结硬前，楼板强度和刚度即钢筋桁架的强度和刚度，钢筋桁架楼承板自重、混凝土重量及施工荷载全由钢筋桁架承受。混凝土结硬是在钢筋桁架楼承板变形下进行的，所以楼承板自重不会使板底混凝土产生拉力，在除楼承板自重以外的永久荷载及楼面活荷载作用下，板底混凝土才产生拉力。这样，楼板开裂延迟，楼板的刚度比普通现浇混凝土楼板大。

3）在使用阶段，钢筋桁架上下弦钢筋和混凝土一起共同工作，此楼板与钢筋混凝土叠合式楼板具有相同的受力性能，虽然受拉钢筋应力超前，但其承载力与普通钢筋混凝土楼板相同。

钢筋桁架楼承板组合板同时具有压型钢板混凝土组合板的特点。

（3）钢与混凝土组合梁及其特点

组合梁由于能充分发挥钢与混凝土两种材料的力学性能，在国内外获得广泛的发展与应用。组合梁结构除了能充分发挥钢材和混凝土两种材料受力特点外，与非组合梁结构比较，还具有下列特点。

1）节约钢材：钢筋混凝土板与钢梁共同工作的组合梁，节约钢材 17%～25%。

2）降低梁高：组合梁较非组合梁不仅节约钢材，降低造价，而同时降低了梁的高度，在建筑或工艺限制梁高的情况下，采用组合梁结构特别有利。

3）增加梁的刚度：在一般的民用建筑中。钢梁截面往往由刚度控制，而组合梁由于钢梁与混凝土板共同工作，大大地增强了梁的刚度。

4）抗震性能好，抗疲劳强度高。

5）增加梁的承载力，局部受压稳定性能良好。

（4）钢管混凝土柱及其特点

钢管混凝土是指在钢管中填充混凝土而形成的构件。钢管混凝土研究最多的是圆钢管，在特殊情况下也采用方形、矩形钢管或异形钢管，除了在一些特殊结构当中有采用钢筋混凝土的情况之外，混凝土一般为素混凝土。钢管混凝土在我国的应用范围很广，发展很快。在应用范围和发展速度两个方面都能居于世界前列。主要应用领域一个是公路和城市桥梁，另一个是工业与高层和超高层建筑。钢管混凝土具有下列基本特点。

1）承载力大大提高：钢管混凝土受压构件的强度承载力可以达到钢管和混凝土单独承载力之和的 1.7~2.0 倍。

2）具有良好的塑性和抗震性能，在钢管混凝土构件轴压试验中。塑性性能非常好。钢管混凝土构件在压弯剪循环荷载作用下，表现出的抗震性能大大优于钢筋混凝土。

3）施工简单，可大大缩短工期：和钢柱相比，零件少，焊缝短，且柱脚构造简单，可直接插入混凝土基础预留的杯口中，免去了复杂的柱脚构造；和钢筋混凝土柱相比，免除了支模、绑扎钢筋和拆模等工作；由于自重的减轻，还简化了运输和吊装等工作。

4）经济效果显著：和钢柱相比，可节约钢材 50%，和钢筋混凝土柱相比，可节约混凝土约 70%，减少自重约 70%，节省模板 100%，而用钢量略相等。

（5）型钢混凝土结构及其特点

由混凝土包裹型钢做成的结构被称为型钢混凝土结构。它的特征是在型钢结构的外面有一层混凝土的外壳。型钢混凝土中的型钢除采用轧制型钢外，还广泛使用焊接型钢。此外还配合使用钢筋和箍筋。型钢混凝土梁和柱是最基本的构件。型钢可以分为实腹式和空腹式两大类。实腹式型钢可由型钢或钢板焊成，常用的截面形式有 I、H、工、T、槽形等和矩形及圆形钢管。空腹式构件的型钢一般由缀板或缀条连接角钢或槽钢而组成。

由型钢混凝土柱和梁可以组成型钢混凝土框架。框架梁可以采用钢梁、组合梁或钢筋混凝土梁。在高层建筑中，型钢混凝土框架中可以设置钢筋混凝土剪力墙，在剪力墙中也可以设置型钢支撑或者型钢桁架，或在剪力墙中设置薄钢板，这样就组成了各种形式的型钢混凝土剪力墙。型钢混凝土剪力墙的抗剪能力和延性比钢筋混凝土剪力墙好，可以在超高层建筑中发挥作用。

型钢混凝土与钢筋混凝土框架相比较具有以下特点。

1）型钢混凝土的型钢可不受含钢率的限制，其承载能力可以高于同样外形的钢筋混凝土构件的承载能力 1 倍以上，可以减小构件的截面，对于高层建筑，可以增加使用面积和楼层净高。

2）型钢混凝土结构的施工工期比钢筋混凝土结构的工期大为缩短。型钢混凝土中的型钢在混凝土浇筑前已形成钢结构，具有相当大的承载能力，能够承受构件自重和施工时的活荷载，并可将模板悬挂在型钢上，而不必为模板设置支柱，因而减少了支模板的劳动力和材料。型钢混凝土多层和高层建筑不必等待混凝土达到一定强度就可继续施工上一层。施工中不需搭设临时支柱，可留出设备安装的工作面，让土建和安装设备的工序实行平行流水作业。

3）型钢混凝土结构的延性比钢筋混凝土结构明显提高，尤其是实腹式的构件。因此在大地震中此种结构呈现出优良的抗震性能。

4）型钢混凝土框架较钢框架在耐久性、耐火性能等方面均胜一筹。

（6）外包钢混凝土结构及其特点

外包钢混凝土结构（以下简称"外包钢结构"）是外部配型钢的混凝土结构。由外包型钢的杆件拼装而成。杆件中受力主筋由角钢代替并设置在杆件四角，角钢的外表面与混凝土表面取平，或稍突出混凝土表面 0.5~1.5mm。横向箍筋与角钢焊接成骨架，为了满足箍筋的保护层厚度的要求，可将箍筋两端墩成球状再与角钢内侧焊接。外包钢混凝土结构主要有以下特点。

1) 构造简单：外包钢结构取消了钢筋混凝土结构中的纵向柔性钢筋以及预埋件，构造简单，有利于混凝土的捣实，也有利于采用高强度等级混凝土，减小杆件截面，便于构件规格化，简化设计和施工。

2) 连接方便：外包钢结构的特点就在于能够利用它的可焊性，杆件的连接可采用钢板焊接的干式接头，管道等的支吊架也可以直接与外包角钢连接。和装配式钢筋混凝土结构相比，可以避免钢筋剖口焊和接头的二次浇筑混凝土等工作。

3) 使用灵活：外包角钢和箍筋焊成骨架后，本身就有一定强度和刚度，在施工过程中可用来直接支承模板，承受一定的施工荷载。这样施工方便、速度快，又节约材料。

4) 抗剪强度提高：双面配置角钢的杆件，极限抗剪强度与钢筋混凝土结构相比提高 22% 左右。

5) 延性提高：剪切破坏的外包钢杆件，具有很好的变形能力，剪切延性系数和条件相同的钢筋混凝土结构相比要提高 1 倍以上。

(7) 组合钢板剪力墙与型钢混凝土剪力墙结构及其特点

组合钢板剪力墙结构，包括了混凝土剪力墙中间内置钢板以增加抗剪能力的钢板剪力墙及两侧外包钢板和中间内填混凝土组合为整体的钢板剪力墙。

型钢混凝土剪力墙是在传统的剪力墙的边缘构件内配置型钢的剪力墙结构。

组合钢板剪力墙、型钢混凝土剪力墙的优点，具有更好的抗震承载力和抗剪能力，提高了剪力墙的抗拉能力，可以较好地解决剪力墙墙肢在风与地震作用组合下出现受拉的问题。

内置钢板的组合钢板剪力墙，经常用在高层超高层建筑的剪力墙或钢筋混凝土核心筒的墙体中，可以显著提高墙的承载力，减少剪力墙的厚度。特别是弯矩很大的底部墙肢易出现拉应力而且剪力也特别大，内置钢板组合剪力墙的钢板可以承担全部拉应力，而且钢板的抗剪承载力是混凝土的 30~40 倍，其抗剪承载力得以巨幅提高。钢板墙弥补了混凝土剪力墙或核心筒延性不足的弱点。试验表明，钢板墙自身延性非常好，延性系数均在 8~13 之间，很难发生钢板墙卸载的情况，相应外框架分担的水平力也不会大幅变化，有利于实现结构多道抗震防线的理念。

两侧外包钢板和中间内填混凝土组合为整体的钢板剪力墙其性能更加优异，混凝土受钢板约束，钢板通过缀板、栓钉保持稳定，其承载力与抗震性能如同钢管混凝土，而且免模板施工。试验研究表明其具有良好的延性与耗能能力，滞回曲线饱满稳定，极限位移角满足相关规范的规定，可以很好满足超高层建筑结构对剪力墙的"高轴压、高延性、薄墙体"的设计要求。

钢管束柱剪力墙可以实现钢板剪力墙工业化生产，可利用带钢加工成 U 形，按顺序焊接成墙体，一字形、T 形、L 形也都方便在工厂进行自动化焊接加工。而且束柱墙体可以进行模数化设计，实现构件标准化，便于进行工业化生产，实现钢结构建筑工业化。

3. 技术指标与技术措施

(1) 组合板的构造要求

压型钢板的表面应有保护层，应采用镀锌钢板。除了仅供施工用的压型钢板外，压型钢板的厚度不应小于 0.75mm。常用的钢板厚度为 0.75~2.5mm。组合楼板截面的全高不应小于 90mm，而压型钢板顶面至组合板顶面的高度不应小于 50mm。简支组合板的跨高比不大于 25，连续组合板的跨高比不大于 35，组合板在钢梁上的支承长度不应小于 75mm，而其中压型钢板的支承长度不应小于 50mm。支承于钢筋混凝土梁或砌体上时，则组合板的支承长度不应小于 100mm，而其中压型钢板的支承长度不应小于 75mm。

（2）钢筋桁架组合楼板的构造要求

1）钢筋桁架楼板底模采用镀锌卷板时，基板厚度为 0.5mm，屈服强度应不低于 260N/mm^2，镀锌层两面总计不小于 80g/m^2，质量应符合相应标准的规定。底模采用冷轧钢板时，基板厚度为 0.4mm，屈服强度应不低于 260N/mm^2，质量应符合相应标准的规定。底模厚度较薄，而且考虑经济性，钢板下部不进行防火处理，所以底模仅作为施工阶段模板，使用阶段不承受荷载。在正常使用情况下，钢板的存在增加了楼板的刚度，改善了楼板下部混凝土的受力性能。

2）钢筋桁架式楼承板中的上下弦受力钢筋应满足在施工阶段作为模板时的强度和刚度要求。上下弦钢筋和腹杆筋均可采用 HRB400 钢筋，强度设计值 $f_y = 360N/mm^2$。

（3）组合梁的构造要求

组合梁中现浇混凝土板的混凝土强度等级不低于 C25，组合梁中混凝土板的厚度，一般采用 100～160mm，采用压型钢板与混凝土组合板，则压型钢板肋顶至混凝土板顶间的距离不小于 50mm，组合板的整个高度不小于 90mm，混凝土板中应设置板托。钢梁顶面不得涂刷油漆，在浇筑或安装混凝土板之前应消除铁锈、焊渣及其他脏污杂物。

（4）钢管混凝土的构造要求

钢管与钢管的连接应尽可能采用直接连接的方式。只有在直接连接实在困难的情况下才采用节点板连接，与节点板连接的空钢管，必须在管端焊接钢板封住，以免湿气侵入腐蚀钢管内壁。主钢管在任何情况下都不允许开洞。钢管上的焊缝应尽可能在浇筑混凝土前完成。在浇筑混凝土后，只允许施加少量的构造焊缝，以免在焊接高温下产生温度应力，影响钢管与混凝土的受力性能。钢管混凝土柱与梁的连接与一般钢结构梁柱或钢柱与钢筋混凝土梁连接不同。通过加强环与钢梁或预制钢筋混凝土梁连接是比较可靠的连接方法；钢管混凝土柱与现浇钢筋混凝土梁连接时，可将梁端宽度加大，使纵向主筋绕过钢管直通，然后浇筑混凝土，将钢管包围在节点混凝土中，而在梁加宽处加设附加钢箍，梁宽加大部分的斜面坡度应≤1/6。钢管混凝土柱柱脚与基础的连接可分为两大类：一类是与钢柱连接类似，在柱脚底焊接底板与柱脚加劲肋，底板与基础顶面预埋的钢板直接焊接，然后浇筑混凝土，也可将底板与基础预埋螺栓用螺母连接；另一类柱脚与钢筋混凝土基础的连接构造类似，做成刚性连接，连接时将钢管混凝土柱插入混凝土杯形基础的杯口中。

（5）型钢混凝土柱的构造要求

型钢混凝土柱的混凝土强度等级不宜低于 C30，混凝土粗骨料的最大直径不宜大于 25mm，型钢柱中型钢的保护厚度不宜小于 150mm，柱纵向钢筋净间距不宜小于 50mm，且不小于柱纵向钢筋直径的 1.5 倍，柱纵向钢筋与型钢的最小净距不应小于 30mm，且不应小于粗骨料最大粒径的 1.5 倍。

型钢混凝土柱的纵向钢筋最小配筋率不宜小于 0.8%，且必须在四角各配置一根直径不小于 16mm 的纵向钢筋。

柱中纵向受力钢筋的间距不宜大于 300mm；当间距大于 300mm 时，宜设置直径不小于 14mm 的纵向构造钢筋。

型钢混凝土柱的型钢含钢率不宜小于 4％，且不宜大于 15％。

（6）组合钢板剪力墙与型钢混凝土剪力墙结构的构造要求

型钢混凝土剪力墙结构的构造要求是应该在约束边缘构件中满足型钢混凝土柱的构造要求。

组合钢板剪力墙结构的构造要求之一是，内置钢板的组合钢板剪力墙，应在边缘构件中配置型钢，墙体应满足混凝土剪力墙的构造要求，内置钢板厚度不宜过小，钢板应双面焊接栓钉加强钢板与混凝土间的粘结力，并与边缘构件中配置型钢连接。

组合钢板剪力墙结构的构造要求之二是，双钢板内填混凝土的组合钢板剪力墙其墙体厚度与墙体钢板厚度的比值应该在 1/25～1/100 之间，墙体钢板的厚度不宜小于 10mm，当钢板组合剪力墙的墙体连接构造采用栓钉或对拉螺栓时，栓钉或对拉螺栓的间距与外包钢板厚度的比值 $\leqslant 40\sqrt{235/f_y}$；当钢板组合剪力墙的墙体连接构造采用 T 形加劲肋时，加劲肋的间距与外包钢板厚度的比值应 $\leqslant 60\sqrt{235/f_y}$；钢板组合剪力墙的墙体两端和洞口两侧应设置暗柱、端柱或翼墙，暗柱、端柱宜采用矩形钢管混凝土构件。

（7）型钢混凝土计算方法

型钢混凝土结构构件应由混凝土、型钢、纵向钢筋和箍筋组成。型钢混凝土结构构件的计算有三种：

1）按平截面假定采用钢筋混凝土构件计算方法即认为型钢与钢筋混凝土能够成为一个整体且变形一致，共同承担外部作用，将型钢离散化为钢筋，并用钢筋混凝土的公式计算其强度。

2）基于试验与数值计算的经验公式，一种是以钢结构计算方法为基础，根据型钢混凝土结构的试验结果，经过数值计算，引入协调参数加以调整的经验公式。另一种是在对型钢混凝土构件试验研究的基础上，通过大量的数值计算直接拟合试验结果的近似经验公式。

3）累加计算方法。对空腹式型钢混凝土构件按钢筋混凝土的方法计算，而对实腹式型钢混凝土构件在型钢不发生局部屈曲的假定下，分别计算型钢和钢筋混凝土的承载力或刚度，然后叠加，即为构件的承载力或刚度。这种方法是一种简单的叠加法，没有考虑型钢和钢筋混凝土之间的粘结力及型钢骨架与混凝土间的约束与支撑作用，其承载力和刚度计算结果均偏于保守，且当型钢不对称时精度不高。按该法，在计算柱截面的承载力时，弯矩和轴力在型钢和钢筋混凝土之间的分配，可根据具体情况采用不同的分配方式。

（8）钢管混凝土柱及组合钢板剪力墙的计算方法

钢管混凝土及组合钢板剪力墙结构进行弹性内力及位移分析时，按照型钢和钢筋混凝土分别计算截面刚度，然后叠加；对钢管混凝土柱的承载力的计算采用基于试验的极限平衡法，考虑含钢率指标套箍系数的影响；组合钢板剪力墙结构的承载力的计算采用全截面塑性方法，组合钢板剪力墙受弯承载力可采用全截面塑性设计方法计算，且考虑剪力对钢板轴向强度的降低作用，对受剪承载力偏于保守只取钢腹板的受剪承载力。

4. 应用与推广

组合结构在我国发展和应用的历史虽然不及欧美等发达国家的长，但它在我国的发展势头已显示出强劲的生命力和广阔的应用前景。在可以预见的未来，组合结构在大跨桥梁和高层建筑领域有望发展成为与钢结构和混凝土结构同样重要的主要结构形式。21 世纪的组合结构，将在新型组合构件、组合结构体系方面有着广阔的发展前景。

（1）新型组合构件

新型组合构件的研发应包括新材料的应用和结构形式的创新。无论从提高性能上考虑还是从降低造价的目的出发，在设计复合材料结构时应将其与钢材、混凝土等其他材料通过不同方式进行组合，发挥各自的优势，以设计出综合性能更高、价格更低廉的结构。这些组合构件将在抗腐蚀性能、抗震性能和减轻自重等方面具有很大优势。

对已有的传统材料进行合理组合，也可以开发出更高效能的组合构件，解决传统结构形式难以解决的问题。如通过栓钉抗剪连接件将钢板与后浇混凝土组合成整体而形成的钢板-混凝土组合板，是解决异形混凝土板发生开裂的有效手段和方式。钢板组合剪力墙、钢管束柱组合剪力墙，可以满足高层超高层建筑结构对剪力墙的"高轴压、高延性、薄墙体"的设计要求。小规格钢板组合剪力墙或钢管束柱剪力墙特别适合高层住宅钢结构，房间可以不露梁露柱。钢管混凝土叠合柱具有承载力高、抗震性能好的特点，同时也有较好的耐火性能和防腐蚀性能。小管径薄壁（＜16mm）钢管混凝土柱具有钢管混凝土柱的特点，同时还具有断面尺寸小、重量轻等特点。再如，空心钢管混凝土，既可以利用内、外层钢管对混凝土产生约束作用和代替钢筋及模板，又可以利用内层钢管作为拉索的锚固端及结构的竖向运输通道，在大型桥塔和巨型组合框架柱中都具有重要应用价值。

（2）超高层与大跨组合结构体系

在高层及超高层结构领域，组合筒体、组合框架结构体系、巨型组合结构体系和钢-混凝土组合转换层和组合加强层结构都是发展的方向。这几种结构体系的承重及抗侧力体系均由组合构件组成，具有钢结构和钢筋混凝土结构体系所不具有的一系列优点。

组合结构的发展也为桥梁等大跨结构提供了更多的选择。例如，大型桥梁的上部结构可以采用钢、FRP、混凝土等材料形成的组合桥面，钢管混凝土与混凝土板形成的组合梁或波形钢腹板组合梁，斜拉桥和悬索桥还可采用钢-混凝土组合桥塔，下部结构则可以采用钢-混凝土组合桥墩和基础等。

5. 工程案例

上海环球金融中心、广州周大福金融中心等。

5.7 钢结构滑移、顶（提）施工技术

5.7.1 超高层核心筒内钢结构安全高效提升施工技术

1. 概述

目前国内超高层建筑项目核心筒内钢构件的吊装主要采用塔式起重机、拔杆等方法，对于采用爬模系统施工的项目主要利用塔式起重机进行筒内构件吊装，这种安装方法大大占用了塔式起重机吊次，施工效率较低，容易产生较大的筒内外施工高差。对于采用顶升钢平台系统施工的项目主要采用拔杆施工方法，这种安装方法操作可控性以及施工安全性较低，不适于推广及使用。某工程由于智能顶升钢平台系统的应用，使得核心筒顶部完全封闭，核心筒内钢梁、钢楼梯等钢构件无法直接用塔式起重机吊装。本技术设计了一种自爬升式的硬质防护与行车吊系统集成一体的体系，用于核心筒区域施工的顶部防护和核心筒钢构件的吊装。硬质防护作为整个体系的承力结构支撑于核心筒墙体上，行车吊系统悬挂于硬质防护底部。

2. 关键技术

（1）高效的核心筒内智能吊装设备

研发的高效核心筒内智能吊装设备（图 5.7-1），解决了核心筒内构件无法利用塔式起重机吊装的困难，并且大大减少了内外筒构件安装高差，保证核心筒筒内与筒外施工进度同步。

智能吊装设备由硬质防护、轨道梁、行车吊、系统提升装置、控制系统等部分组成，硬质防护是整个行车吊系统提升时的支撑结构，也是行车吊系统运行时的支撑结构。整个系统通过安装在硬质防护底层的同步卷扬机提升至设定位置后，将支撑主梁与核心筒钢梁埋件上预先安装的牛腿采用高强度螺栓连接，这样将系统固定于核心筒墙体上。之后通过控制车吊进行钢梁、钢楼梯等构件吊装作业。吊装完成本阶段内的构件后，系统开始下一次提升，循环往复，完成核心筒构件的安装作业。硬质防护框架顶部采用 3mm 花纹钢板满铺，设备区域局部采用 6mm 花纹钢板补强，靠近墙体部位采用翻板与密封橡胶密封，从而达到安全防护的目的（图 5.7-2、图 5.7-3）。

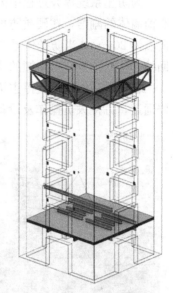

图 5.7-1　智能吊装设备示意图

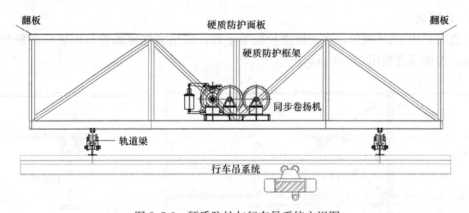

图 5.7-2　硬质防护与行车吊系统主视图

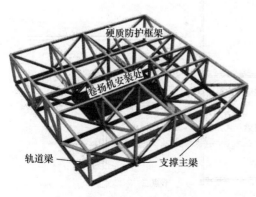

图 5.7-3　硬质防护框架效果图

1）硬质防护

硬质防护在智能顶升钢平台施工作业层与核心筒内水平结构施工作业层之间形成一道防护层，防止上部作业层物体坠落对下部施工人员造成伤害。硬质防护支撑主梁与楼层钢梁埋件连接，形成整个行车吊系统的承重结构。从支撑主梁延伸次梁，形成一个框架结构。硬质防护由两道 I40B 支撑主梁与 I20a、I10 组成，框架上下两层铺设 3mm 花纹钢板。硬质防护边缘距核心筒墙体

300mm，采用翻板形式将顶部封闭。

为防止系统提升过程中因运行不够平稳或核心筒墙体混凝土结构误差过大而造成与核心筒墙体的剐蹭，在硬质防护下层四个角部设置了8个可伸缩式的防撞滚轮，滚轮边缘距离墙体20mm，当防护体系与墙体发生接触时，滚轮首先接触墙面，当受力过大时，滚轮回缩，从而达到减振防撞的效果（图5.7-4）。

在硬质防护底层支撑主梁跨中安装同步卷扬机安装平台，在卷扬机安装层设置设备检修通道，方便人员操作及设备检修，如图5.7-5所示。

图5.7-4　滚轮实物图

图5.7-5　硬质防护效果图

2）轨道梁

轨道梁采用I32B制作，在硬质防护框架下部，采用高强度螺栓与硬质防护框架主次梁连接。连接示意如图5.7-6所示。

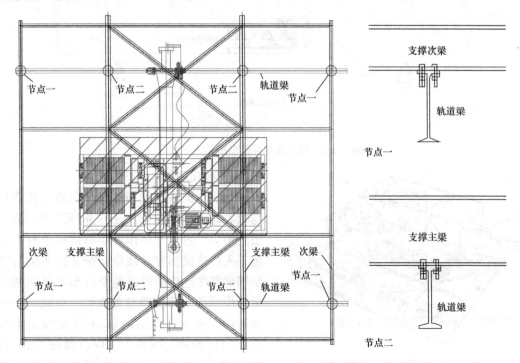

图5.7-6　轨道梁与硬质防护连接示意图

3）行车吊

行车吊采用下挂方式，悬挂于轨道梁下部，采用 LX3-6.6A3 和 LX3-6.239A3 两种型号，可吊装最大重量为 3t，部分行车吊主梁现场补强，现场焊接焊缝质量等级为三级（图 5.7-7）。

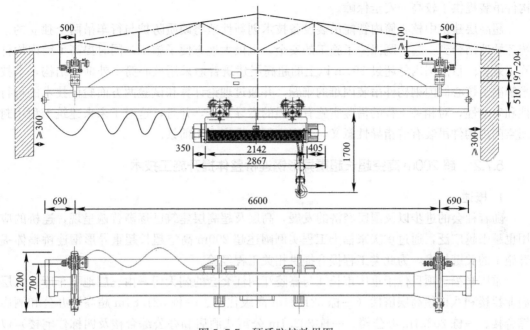

图 5.7-7　硬质防护效果图

（2）设计新型智能自爬升式体系

行车吊系统的提升采用一台组合式同步卷扬机系统提升的方式，组合式同步卷扬机系统放置在硬质防护中部，在支撑梁端部设置 4 个导向滑轮，将卷扬机钢丝绳向上转向，上吊点设置在钢梁埋件上，将系统提升到位后硬质防护支撑主梁与吊点埋件下层钢梁埋件相连（图 5.7-8）。

在防护体系提升就位，待顶升钢平台顶升至合适位置后，将上吊点处钢丝绳绳头向上提升。提升时，首先操作人员站在硬质防护顶部将绳头解下，位于顶升钢平台挂架底部的另一名操作人员将拽绳器放下，待将绳头挂好后，开动卷扬机反转，上部操作人员缓慢将钢丝绳上拽到位，将绳头与上吊点固定。

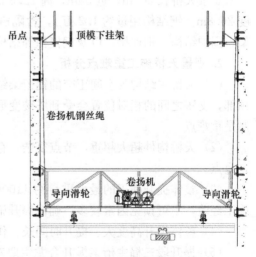

图 5.7-8　行车吊系统提升示意图

上吊点耳板为 25mm 厚钢板，材质为 Q345B，与埋件板采用等强连接，卷扬机钢丝绳绳头与上吊点耳板之间采用 10t 弓形卸扣连接。为保证提升系统同步运行，在平台上每根钢丝绳上设置调节装置，以便在钢丝绳长短不一致的情况下调节钢丝绳长度，达到平台同步提升的目的。

3. 应用与推广情况

本技术已成功运用于北京中信大厦项目，创造了核心筒水平钢梁 5 天施工一层的高效率，将传统施工速度提高 2 倍以上。并且在施工过程中智能行车吊系统运行安全稳定，给构件吊装提供了较高的安全保障。

超高层建筑中核心筒内智能吊装设备技术创新性地将硬质防护与行车吊两个独立的系统巧妙地结合到一起，既保障了施工的安全，也极大地方便了施工，同时提高了筒内构件施工效率。目前国内外超过 300m 以上的超高层建筑普遍采用核心筒＋外框筒结构，本技术解决了核心筒内钢构件吊装困难的难题，并通过理论计算和试验两方面验证技术的可行性和安全性，对相关工程的借鉴实施有很强的指导意义，并且，这对于未来建筑工程中封闭空间内构件吊装有着指导性意义，具有广阔的推广应用前景。

5.7.2　超 200m 高空超长超重异形钢连桥整体提升施工技术

1. 概述

随着社会的进步以及国民经济的发展，高层及超高层建筑已逐渐普遍呈现，连桥的应用也越来越广泛，通过重庆来福士工程实例阐述超 200m 高空超长超重异形钢连桥整体提升施工的关键技术，为此类工程提升提供相关工程经验。

重庆来福士项目位于重庆市长江与嘉陵江两江交会的朝天门，由三层地下车库、六层商业裙楼和八栋超高层塔楼（一栋 321.84m 高级住宅、一栋 321.84m 超高层办公和酒店综合楼、一栋 202.1m 办公楼、一栋 202.1m 公寓式酒店和办公综合楼及四栋住宅楼）以及连接其中四个塔楼的观景天桥组成，总建筑面积约 113.4 万 m^2。

观景天桥长 300m，宽 30m，高 22.5m，顶标高为 220.93m，最大跨度 54m，悬挑长度 26.8m。钢结构用量约 1.2 万 t，含隔震支座、阻尼器、3 道主桁架及垂直相交的次桁架、围护结构、钢连桥，以及钢楼梯等结构。

2. 观景天桥施工重难点分析

（1）天桥主结构为空间正交的钢桁架结构，总平面呈弯曲的弧形，位于四栋弧形塔楼顶部，支座之间的相对位置会受到塔楼变形、沉降、施工误差的影响，整体的测量精度控制是重难点。

（2）天桥构件超大超重，节点复杂，存在大量厚板高架钢，焊接量大，焊缝质量控制是重点。

（3）整体提升施工的最大重量约 1100t，提升至超 200m 高空，尚无相关规范及成熟施工经验，不可预见因素较多，确保提升施工安全是工程难点。

（4）整体提升高度大、提升时间长、作业时风险较大，多点同步性控制是重难点。

（5）提升段三榀主桁架提升合龙主要对接口多达 12 个，而且全部为箱形杆件，合龙精度控制难度大。

（6）天桥施工受温度、风荷载、各个塔楼之间的相对位置变化等因素的影响，其影响评估是难点。

3. 观景天桥整体提升施工

观景天桥主要施工方法为塔楼上方原位拼装，塔楼悬挑段及小连桥采用高空自延伸安装，塔楼中间段采用地面拼装后进行整体提升，包括 3 个提升段，最大提升段重量约 1100t。观景天桥首段整体提升如图 5.7-9 所示。

图 5.7-9　观景天桥首段整体提升

（1）天桥整体施工模拟仿真分析技术

1）多塔楼＋观景天桥施工模拟

本工程观景天桥与四栋塔楼通过支座连接，天桥自重大，跨度长，采用有限元辅助设计软件，对塔楼及天桥进行整体施工模拟仿真分析，充分考虑塔楼分阶段竣工沉降及徐变、天桥分段施工、天桥整体卸载等工况，从而模拟出观景天桥主桁架及围护结构各工况下的应力及变形情况。

通过观景天桥整体施工模拟仿真分析，主要结论为：

① 弧形塔楼水平位移较大，天桥下方塔楼施工时需要做反向预调。

② 塔楼收缩徐变：观景天桥合龙一年后，相邻塔楼顶部相对变形差最大为 10mm，两年之后变形差最大约为 18mm，主桁架相应挠跨比不足 $L/2600$（L 为桁架跨度），且之后急剧减小呈收敛趋势，因此观景天桥合龙后各塔楼伸缩徐变差对天桥影响很小。

③ 塔楼相对沉降差小于 2mm，对天桥变形影响可忽略。

④ 对提升段主桁架进行 25mm 反向预起拱。

⑤ 温度应力及变形对天桥影响较小可忽略。

2）整体提升施工模拟技术

整体提升段吊点设立于观景天桥三榀主桁架上方，充分考虑提升加速度、风荷载、温度等影响，对提升段、提升平台进行模拟分析，选取合适的吊具并做验算，通过计算结果对薄弱点进行加固。

由整体建模计算结果可以得出，桁架跨中下挠不大于 $L/400$，其中 L 为桁架跨度。提升段桁架最大下挠约 11mm＜34000/400＝85mm，杆件最大应力比约 0.55＜1，根据现行国家标准《钢结构设计标准》GB 50017 规定，可以满足施工要求。吊点处结构需要做加固处理。

（2）高空抗风拉结技术

由于风荷载作用，提升过程中，天桥结构会发生水平位移，参照现行国家标准《重型结构和设备整体提升技术规范》GB 51162 要求，提升时水平位移不能超过 300mm。

提升结构受到的风荷载值基本上随着提升高度增加逐渐增大；被提升结构的水平位移随着高度变化呈现出先递减，再增大至一极值（60～70m 高度时，水平位移最大），随后递减的关系，整个提升过程中最大水平位移大约为 0.296m＜0.300m，4 级风及以下可以满足提升作业要求。因此提升前和提升期间需及时关注气象局风速信息，选择合适天气开始提升，并在提升段两边放置风速测试仪，在现场一旦风力超过 4 级，即停止提升作业，将提升结构与周边塔楼结构用钢丝绳进行临时拉结。

（3）液压整体提升同步性控制技术

天桥提升段利用"超大型构件液压同步提升技术"将其整体提升到位。"液压同步提升施工技术"采用传感检测和计算机集中控制，通过数据反馈和控制指令传递，可实现同步动作、负载均衡、姿态校正、应力控制、操作闭锁、过程显示和故障报警等多种功能，操作人员可在中央控制室通过液压同步计算机控制系统人机界面进行液压提升过程及相关数据的观察和（或）控制指令的发布。

整体提升施工过程中，影响提升速度的因素主要有液压油管的长度及泵站的配置数量，且提升速度太快将不易控制，增加风险。综合工期因素及本工程的设备配置，整体提升实际速度控制为 4.38m/h。

同步性控制对提升安全至关重要，仅通过提升系统，难以精确观测出多点提升同步性。本工程提升时主要采取以下保障措施：

1）程序控制：在提升器上安装压力传感器及位移传感器，通过压力及位移共同控制，保证提升器每个行程的位移相同。

2）全站仪实时测量：在各个吊点位置设置反射片，每提升 5～10m 进行吊点高度测量，并根据测量结果对各点进行调整。

3）激光测距调整：通过在天桥桁架底端贴设"激光接收靶"，下方放置激光发射仪，每 4s 发射一次，在计算机控制界面获取各点相对标高值，偏差过大时及时调整不同步状况，保证提升姿态平稳和受力分配均匀。

利用激光测距仪可以进行连续实时测量，不需要暂停提升，不会影响提升速度，解决了全站仪测量速度慢、受测量环境影响大的弊端。

（4）应力应变监测技术

对于此类超重异形复杂钢结构进行整体提升，除进行详尽的施工模拟计算分析外，还需利用实时应力应变监测技术，对天桥结构应变（力）、隔震支座转角以及变形较大位置的变形进行监测，不仅可以对施工实际荷载情况进行检验，而且通过对施工过程中结构应变（力）和支座转角、结构变形的定期定时监测，结合相关规范和计算模拟报告，提升及后续施工一旦发现应变（力）、支座位移等超限，可立即提出危险预警及处理建议，达到结构安全施工的目的。

施工监测时应保证监测数据真实、准确、及时、可靠，同时形成监测报告，将所获得的数据信息及时反馈到施工各方，实现信息化施工，为类似工程的施工、设计提供依据，积累相关的经验。

（5）异形超长钢连桥合龙精度控制技术

1）施工前控制网联测

由于观景天桥实施的前置条件是塔楼的主体建设阶段完成，在这一阶段的测量工作不仅要保证各个塔楼的主体结构测量精度，也要保证四栋塔楼间的相对位置关系与设计一致，因此天桥施工前先对一、二级控制网进行联测，并对水准控制点、标高控制点联测。对各塔楼间测控点进行闭合平差后作为天桥测控基准点。

2）施工过程测量控制

利用景观天桥控制网对塔楼上方原位拼装段构件进行精确定位测量。

地面拼装前应先对主桁架端部进行测量，确定主桁架端部相互间位置关系并与设计值进行拟合，得出提升部分预拼调整参考值。采用模型取点转换的方法，将图纸中待拼装单元在整体设计中的坐标根据拼装单元的大小转换为拼装场地的局部坐标。根据胎架与投影轴线及特征点之间的位置关系，采用在控制线上架设经纬仪的方法对胎架的平面位置进行调整，用全站仪检测胎架各部位的高差，对胎架的高程进行调整，以便构件开始拼装时，各构件能快速准确就位。

为保证提升就位时能顺利对接，应根据地面拼装段对接口的实测坐标数据来调整塔楼顶部对接口的坐标数据，从而保证提升后可顺利合龙。

（6）异形超长钢连桥超宽焊缝焊接技术

观景天桥提升合龙后，重点在于主桁架弦杆 12 个对接口的焊接质量控制，采用"之"字形的跳焊工艺，来控制整体焊接变形。为了确保提升顺利合龙，单个对接口焊缝间隙设置为 20mm（大于正常 10mm 的焊缝间隙）。针对超宽焊缝提前进行焊接工艺评定。

经过工艺评定，超宽焊缝受力性能满足要求，工艺可行。

1）接口位置分为平焊和立焊两种焊缝类型，其中平焊可用实芯焊丝，立焊需用药芯焊丝。

2）针对这种超宽焊缝，需采用约束板控制焊接变形，用中性火焰加热进行预热、层温和后热，使用测温仪监控温度，焊接完成后用保温棉进行保温。

3）挑选实战经验丰富的焊工进行合龙焊接，有效保障焊缝质量，确保整个天桥的结构安全性。

4. 结论

结合重庆来福士项目观景天桥整体提升施工经验，针对性地分析了超 200m 高空超长超重异形钢连桥整体提升施工技术，使得此类超长超重异形钢连桥施工工艺更加合理，为类似工程的施工提供宝贵经验。

5.7.3　超长超重钢梁非对称提升技术

1. 概述

某项目主塔地下 4 层，地上 88 层，总建筑高度 438m，钢结构用量 4.3 万 t，主塔楼为巨型柱框架-核心筒-伸臂桁架体系。裙楼 4 层钢结构屋面平面尺寸为 41.2m×25.5m，裙房钢梁共 49 根，其中 4 根主钢梁为超长、超重钢梁，2 根截面为 BH1600mm×450mm×25mm×35mm，2 根截面为 BH1600mm×500mm×25mm×35mm，钢梁长度均为 24.750m，质量分别为 14.60t 和 16.10t，钢梁梁顶标高均为 22.860m。

项目裙房 4 层钢结构屋面属于设计变更内容，现场施工塔式起重机确定阶段不存在超重构件起重吊装问题。鉴于建筑功能的需要，新增 4 根超长、超重钢梁，现场原有 70m 臂长的 TC7520 塔式起重机，半径为 30m，起重能力为 87kN，无法满足超长、超重钢梁的吊装需要。裙房在 3 层、4 层结构之间设置有 2.5m 宽悬挑混凝土梁，裙房西侧为回填土，大型起重设备布置难度大，这些均大大增加了超长、超重钢梁的安装难度。超长、超重钢梁现场施工工况如图 5.7-10 所示。

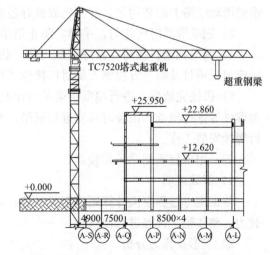

图 5.7-10　超长、超重钢梁现场施工工况

综合现场施工条件，结合超长、超重钢梁的结构特性，若采用分节吊装，每根钢梁需要分为4段，拼接接头过多，不能满足设计要求，且现场需搭设支撑胎架，施工工期长、成本投入大。若采用大型起重机进行整体吊装，根据大型起重机的性能参数和楼层本身高度及现场道路条件，大型起重机选型风险很高且施工成本将大大增加。若把每根超长、超重钢梁分为2段，采用TC7520塔式起重机吊运至3层楼面后，拼装成整体，再利用电动提升机整体提升，则可有效解决起重能力和现场施工条件不满足吊装要求的问题。

2. 吊装工艺设计

（1）裙房超重钢梁吊装

裙房超长、超重钢梁利用塔式起重机吊装至裙房3层楼板上的自制小车上，然后利用捯链（10t）牵引滑动至钢梁拼装位置，两段超重钢梁进行拼装焊接后，在提升支架上设置20t的电动葫芦，进行超长、超重钢梁吊装工作。吊装前应先进行试吊，钢梁试吊高度200mm。试吊后观察钢梁整体变形及提升支架受力情况，确保没有问题之后将钢梁吊装到位。超重、超长钢梁吊装流程如下。

1）塔式起重机将钢梁吊装至裙房3层楼面自制小车上，利用捯链或卷扬机将钢梁牵引至钢梁吊装、焊接位置，对钢梁进行焊接和测量校正。

2）钢梁测量校正完后，将钢梁两端的吊耳与电动葫芦固定。将钢梁提升至试吊高度（200mm），试吊过程中严密观察提升支架的变形，确保提升支架变形在现行国家标准《钢结构设计标准》GB 50017规定的范围内。

3）试吊完毕后，利用电动葫芦将钢梁"A-P"轴端提升至混凝土悬挑梁处。待"A-P"轴端越过悬挑混凝土梁"A-P"轴端后，电动葫芦开始提升"A-P"端钢梁。

4）"A-P"轴端处的电动葫芦将钢梁提升至水平状态，然后两端的电动葫芦同步提升，最后安装就位。

（2）超重钢梁吊装施工要点

1）钢梁吊装前应检查钢丝绳等吊装工具，塔式起重机指挥人员应熟悉钢梁及塔式起重机性能。

2）钢梁吊装前应做好安全防护措施，拉设安全警戒线，清理起吊及落吊位置场地、钢梁滑动线路上的杂物等，并预先放置好超重钢梁落吊时用的脚手架管及木跳板。

3）钢梁滑动时应均匀、平稳，防止钢梁侧翻。

4）两段钢梁拼接时应做好测量工作，拼接位置应位于钢梁安装的正下方。拼接完成后应组织项目及第三方检测人员对拼接位置焊缝进行检测，合格后方可进入下一道工序。

5）拼接完成后，进行超重钢梁吊装作业。吊装前应做好安全防护措施，对钢梁吊耳、预埋件等进行检查，吊装时应先进行试吊，并在试吊过程中密切观察。吊装就位后立即进行螺栓安装工作。

（3）裙房超重钢梁吊装验算

1）荷载说明

依据施工过程模拟计算超重钢梁吊装，采用有限元软件对超重钢梁吊装提升支架的承载力、整体稳定性等进行校核。

2）变形及应力分析

本次超重钢梁吊装施工模拟分析所涉及的荷载考虑恒载（DL，即结构自重）和活载

（*LL*），设计时考虑各种不同的荷载作用参与工况组合。

（4）安全注意事项

安装时应注意：

1）安装安全操作平台使用脚手架搭设，在柱顶搭设 2.3m×2.3m×1.2m 的操作平台，并铺设跳板，便于作业人员进行焊接和提升操作。

2）沿钢柱高度搭设钢爬梯和防坠绳，确保高空作业安全。

3）要求高空作业人员作业时必须系安全带及戴安全帽。

3. 结论

某项目裙房屋面由于 4 根超长、超重钢梁现场整体提升安装的成功，使工程取得了显著的经济效益和社会效益，同时也提高了钢结构施工的技术水平，而且为后期超长、超重钢结构吊装受限部分的安装提供了借鉴。

（1）对超过塔式起重机起重能力的钢梁采用现场分段拼装、现场整体提升的方案，减少了大型吊装机械的投入，避免采取大量安装措施，节约施工投资 10 万元，取得了一定的经济效益。

（2）革新传统安装工艺，缩短了安装时间，为后续结构的尽快安装创造了条件。

（3）通过电动葫芦整体提升、全站仪实时调控等手段，有效地保障了安装安全，控制了安装变形，确保了结构变形满足设计要求。

5.7.4　超高层建筑中大跨度空中平台整体提升施工技术研究

1. 概述

对超高层建筑中大跨度空中平台结构而言，寻求安全、合理的施工方案是工程实施的关键，采用专业软件进行结构受力计算，并结合以往大跨度空间结构的成功案例对安装方法进行研究。本节以三种典型的安装方案为例，对安装方案进行对比分析，给出合理可行、安全可靠的安装方案，为后续类似的工程提供技术支持。

某工程由 3 栋塔楼和空中平台组成，具体分布如图 5.7-11 所示。

3 栋塔楼在 192m 高空通过 6 层高的空中平台连为整体。空中平台结构由底层的转换桁架以及转换桁架上部 5 层钢框架结构组成。

转换桁架承托其上 5 层结构的竖向荷载，并将其传至周边 3 栋塔楼；除了承担竖向荷载以外，还将协调 3 栋塔楼在侧向荷载作用下的内力及变形。

本工程空中平台转换桁架结构最大跨度 72m，高度 8.8m，位于塔楼 43 层与 44 层之间，桁架单片最大质量 230t，整个空中平台

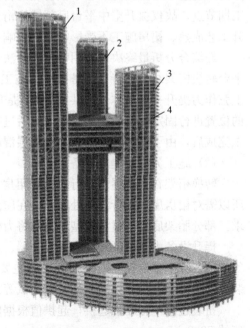

1—塔楼T1，高度368.00m；2—塔楼T2，高度328.00m；
3—塔楼T3，高度300.00m；4—空中平台，高度40.60m

图 5.7-11　钢结构分布

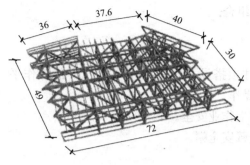

图 5.7-12 空中平台转换桁架（单位：m）

转换桁架总质量 3000t，转换桁架底部距裙房顶部 132.60m，空中平台结构安装不能影响裙房提前营业，合理的拼装、吊装方案的选择是本工程考虑的重点。空中平台转换桁架如图 5.7-12 所示。

2. 关键技术

（1）施工方案选择

空中平台有多个安装方案，选择一个安全可靠、经济合理的安装工艺是本工程的重点。

1）原位胎架安装法成熟可靠，但空中平台底部距裙房顶部 132.60m，胎架搭设高度过高，胎架自身稳定性不足，且空中平台结构的安装不能影响裙房使用，且原位胎架安装法耗工耗时，以上因素制约了该方法的使用。

2）高空延展法即在平面上以跨为单元，以塔楼外框为依托，利用大型动臂塔式起重机进行高空散件安装，分别从 3 栋塔楼逐跨延伸、阶段安装成型；分次合龙完成转换层结构（央视新台址即采用此安装方法）。此法需大幅加固结构、临时措施较多、塔式起重机使用时间较长、耗工耗时，对裙房的提前营业造成一定的安全隐患，综合分析此法不适用于本工程。

3）液压整体提升法是在塔楼上部结构设置提升点，通过液压提升系统将已拼装好的结构进行整体提升就位。上海招商银行、杭州火车东站主站房屋面、成都环球中心、河南鹤壁市龙门大厦转换桁架等众多项目均采用整体提升法，该方法工艺成熟。本工程提升可分为 6 层空中平台提升、空中平台底部转换桁架提升两种方法，考虑到裙房要提前营业的工期节点，故仅提升空中平台底部转换桁架，确保裙房提前营业，此法临时措施较少、提升工艺成熟、裙房施工不受影响、不影响裙房提前营业。

经综合分析最终决定采用整体提升法，并形成总体安装思路：在裙房屋面上拼装空中平台转换桁架结构；待 3 栋塔楼结构施工完成 44 层时，将主楼结构的钢骨柱及转换桁架上弦作为提升平台（本工程共设 15 组提升平台），转换桁架结构上弦提升至主塔楼 44 层的位置进行固定，转换桁架固定完成后进行上部 5 层结构的安装，待整个空中平台结构施工完成后，由下而上依次浇筑平台楼层混凝土。

（2）施工方法及提升设备

转换桁架在裙房屋顶进行拼装，裙房屋面的承载力不足以支撑转换桁架的整体拼装，所以需对裙房屋面进行加固处理，即在屋面和楼层内设置支撑胎架，以满足吊装、拼装要求。部分胎架底部通过加设型钢支撑将力传至框架柱上。

提升设备由液压泵站、液压提升器、计算机控制系统、传感器、穿芯千斤顶和钢绞线等组成。空中平台提升液压系统安装主要包括上、下锚点安装、钢绞线拉设、提升器安装、液压油泵系统、控制系统安装调试等。

拼装过程中存在预起拱，起拱值根据整个空中平台施工模拟计算得出（本工程预起拱值约 78.2mm）。

（3）结构计算

对以下 4 方面内容进行了计算。

1）拼装过程中支撑胎架的受力计算。

2）选择几种拼装顺序进行施工模拟，选择一种合理可行的拼装工艺。

3）转换桁架提升上下吊点受力计算。

4）整个空中平台的施工模拟，计算最大位移，作为拼装预起拱的依据。

本工程共设 15 个提升吊点，每个吊点位置配置 2 台液压提升器，共设 30 台液压提升器，钢丝绳配置满足提升要求，确保钢丝绳有足够的安全系数，液压提升器的型号根据转换桁架结构反力进行确定。拼装阶段反力如图 5.7-13 所示。

计算结果表明，无论是胎架还是空中平台，只需做极少量的加固，就能满足整体提升的需要。

提升系统及转换桁架端部加固立面如图 5.7-14 所示。提升方案说明如下。

1）塔楼 44 层位置设置提升平台。

2）塔楼 43、44 层位置牛腿端部设置 10°的倾斜坡口。

3）塔楼 44 层位置各牛腿均错开 200mm，便于提升；

4）加固杆件截面为 H400mm×400mm×13mm×21mm，连接方式为刚接。

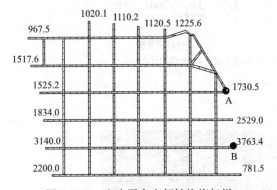

图 5.7-13　空中平台底部转换桁架拼
装阶段反力（单位：kN）
注：A、B 为两个荷载较大的点。

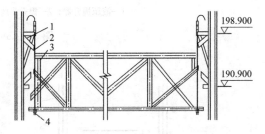

图 5.7-14　提升系统及转换桁架端部加固立面
1—钢板加劲；2—专用钢绞线；
3—加固杆件；4—临时吊具

（4）吊点设计

1）提升上吊点设计

采用液压同步提升设备吊装转换桁架结构，需要设置合理的提升上吊点（图 5.7-15）。提升上吊点即在提升平台上设置液压提升器。液压提升器通过提升专用钢绞线与转换桁架上弦杆上的对应下吊点相连接。

提升上吊点根据转换桁架结构整体提升工艺需要，结合钢柱、主桁架结构特点，以及单组提升吊点的提升反力、配套的液压提升器的选择，同时为降低提升上吊点设置的高度，每一吊点布置两台液压提升器。

2）提升下吊点

提升下吊点采用临时牛腿与提升单元桁架的下弦杆焊接连接，焊缝等级一级，并在桁架弦杆内增设加劲板等。同时，由于桁架分段后上弦杆处于悬臂状态，为满足结构安全要求，在下吊点处设置桁架临时加固杆件，以满足提升过程中结构的受力要求。提升下吊点形式如图 5.7-16 所示。

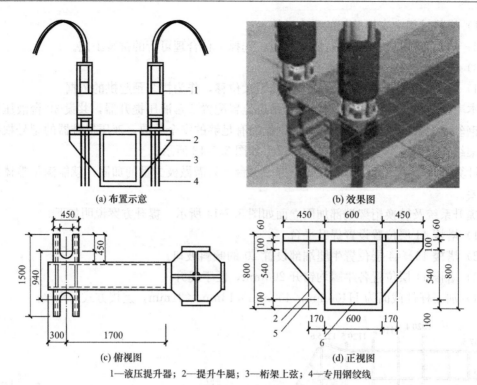

(a) 布置示意   (b) 效果图

(c) 俯视图   (d) 正视图

1—液压提升器；2—提升牛腿；3—桁架上弦；4—专用钢绞线

图 5.7-15　提升上吊点

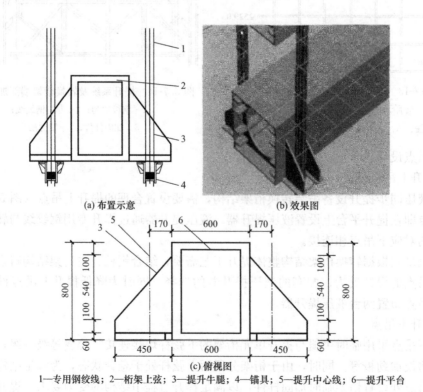

(a) 布置示意   (b) 效果图

(c) 俯视图

1—专用钢绞线；2—桁架上弦；3—提升牛腿；4—锚具；5—提升中心线；6—提升平台

图 5.7-16　提升下吊点

（5）专用锚具受力计算

提升上吊点与下吊点处弦杆截面均为□800mm×600mm×30mm×60mm，且加固形式相同，加固时考虑足够的安全系数。

（6）空中平台监测

根据软件计算得知，整个空中平台结构施工过程中，跨中位置位移最大。结构提升就位后，随着时间的不断累积、塔楼结构的沉降，对于空中平台结构的位移监测尤为重要。

工程沉降位移监测采用在转换桁架结构跨中及端部牛腿位置贴应变片的方法进行检测，监测工作室设置在 3 栋塔楼 43 层，监测线路沿转换桁架下弦杆敷设，线路连接好后，进行数据实时监测，直至结构变形稳定。

3. 结论

在提升前，对提升结构端部进行加固，并采用软件进行模拟分析，对结构顺利提升起着至关重要的作用。

结构整体提升就位后，应对产生位移过大的点进行实时监测，不断收集数据，为后续工程提供一定的数据支持。

提升吊点设计采用软件进行计算，保证提升吊点安全可靠。

采用"钢绞索承重，计算机同步控制，液压千斤顶集群的整体提升"工艺，实现对本工程的安全安装，保证工程的顺利实施，也为后续类似工程提供参考。

5.8 钢结构工程高强度螺栓预张拉施工技术

1. 概述

某工程钢构件长期外露空气中，为获得长效防腐能力，外框刚架桉叶糖形柱构件、井道通体钢柱构件均采用热浸锌处理，钢柱之间法兰连接采用 M30 的热浸锌大六角头高强度螺栓，该部分螺栓数量为 8 万余套。按设计要求，外框桉叶糖形柱之间法兰连接节点为刚节点，螺栓紧固质量决定节点刚度大小，直接关系到整个结构的质量、安全。

由于法兰盘进行安装连接时，对接贴合面存在微小的间隙，在电视塔自重不断增加的过程中，法兰盘连接处被压实，可能导致高强度螺栓的紧固轴拉力损失，影响到桉叶糖形柱法兰连接处的刚度。为此，传统的做法是，当塔体安装到一定高度后，需对所有高强度螺栓进行二次紧固，以保证高强度螺栓的紧固轴力值满足规范要求。但对于本工程而言，二次紧固的工作量巨大。

针对上述难题，技术团队研发了钢结构工程高强度螺栓预张拉施工技术，通过液压张拉器对螺栓直接施加张拉力，无需测定扭矩系数、无需二次紧固，操作简便易行。

2. 关键技术

（1）施工工艺原理

采用小型液压设备对高强度螺栓螺杆直接施加轴拉力，通过液压设备读数表控制螺杆轴拉力到达标准值后压紧连接部件，用普通扳手将高强度螺栓连接副螺母拧紧，释放液压力使高强度螺栓连接副自身承受标准轴拉力，继续压紧连接部件。

由于采用高强度螺栓预张拉施工技术无扭剪应力存在，且可以准确控制轴拉力值，在现行国家标准《钢结构设计标准》GB 50017 中高强度螺栓紧固轴拉力值计算公式的扭剪应力折减系数、超张拉系数等无须考虑，因此高强度螺栓预张拉紧固轴拉力值可达到相关规范标准值的120％。

（2）施工设备选用

高强度螺栓液压单缸手动高强度螺栓张拉器具有体积小、携带方便的优点，利于进入桉叶糖形柱内部进行高强度螺栓的施工，故将手动拉力器用于柱内施工。

"一带三"的液压双缸电动高强度螺栓张拉器每次可同时进行三颗高强度螺栓张拉施工，电动施加液压速度提高很大，满足施工速度的要求，提高了高强度螺栓的施工效率。但该型号设备体积较大，移动不便，仅用于外部螺栓的张拉施工。

液压单缸手动高强度螺栓张拉器和"一带三"的液压双缸电动高强度螺栓张拉器分别如图5.8-1和图5.8-2所示。

 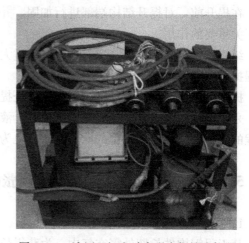

图5.8-1　液压单缸手动高强度螺栓张拉器　　图5.8-2　液压双缸电动高强度螺栓张拉器

（3）高强度螺栓施工操作程序

1）首先是拉力器在进场前进行拉力值与油压表读数的核准，可以从厂家方面得到确认。对于高强度螺栓预张拉力的值，根据理论指导拟定的系数进行计算、统计列表，按照计算值进行现场施工。计算结果统计见表5.8-1所示。

高强度螺栓预张拉力值统计表　　　　　　　　　表5.8-1

螺栓性能	螺栓公称直径（mm）						
等级	M16	M20	M22	M24	M27	M30	M36
8.8S预拉力标准值（kN）	75	120	150	170	225	275	405
8.8S预拉力超张拉值（kN）	90	144	180	204	270	330	485
10.9S预拉力标准值（kN）	110	170	210	250	320	390	510

注：8.8S预拉力超张拉值是按照8.8S预拉力标准值的120％确定

2）液压双缸高强度螺栓张拉器现场操作流程如图5.8-3所示。

第一步：张拉准备。将高强度螺栓自由穿入法兰螺栓孔，戴上单个螺母，同时将预张拉器布置就位。

第二步：连接设备和螺栓。高强度螺栓采用双螺母防松，戴上单螺母时外露螺杆较长，将螺杆套筒与螺杆旋合达到设备的要求位置。

第一步：张拉准备

第二步：连接设备和螺栓

第三步：启动油泵连接设备和螺栓

第四步：采用扳手拧紧螺母

第五步：单个高强度螺栓施工完成

液压手动高强度螺栓张拉器应用实况

图 5.8-3 液压双缸高强度螺栓张拉器现场操作流程

第三步：启动张拉器油压系统，通过螺杆套筒带动高强度螺栓，张拉螺栓同时压紧两块法兰盘。

第四步：张拉螺栓达到施工要求值后，用手动扳手拧紧高强度螺栓螺母，拧紧程度以操作人员无法拧动为标准。

第五步：将预张拉器液压卸载后，让高强度螺栓自身承载拉力，拧动螺杆套筒与螺杆分离，完成高强度螺栓张拉施工。

3. 推广应用情况

钢结构工程高强度螺栓预张拉施工技术已在河南省广播电视发射塔工程中成功应用。外框刚架桉叶糖形柱包括 20 个折线段柱、20 个 X 形节点柱、100 根直线段柱、5 个人字形节点，共计 8 万余套高强度螺栓全部运用该方法施工完成，经第三方检验紧固轴力100%满足规范要求。与常规技术相比，无需二次复拧，不但节约了工期和费用，在质量、安全、进度以及与其他工序的协调配合上都显现出良好的适用性和优越性，开创了一种全新的高强度螺栓施工新技术，对后续工程具有广泛的借鉴意义。

5.9 焊接技术

5.9.1 异形多腔体巨型钢柱组拼焊接技术

1. 概述

异形多腔体钢结构是近年发展起来的一种具有广阔应用前景的超高层建筑体系。从平面整体上看，巨型结构的材料使用正好满足了尽量开展的原则，可以充分发挥材料性能；从结构角度看，巨型结构是一种超常规的具有巨大抗侧刚度及整体工作性能的大型结构，是一种非常合理的超高层结构形式。

异形多腔体结构通常具有焊接体量巨大、焊接空间狭小、焊接环境恶劣等施工难题。目前国内的广州东塔项目、深圳平安项目等超高层建筑都采用了巨型钢柱结构，并且这些巨型钢柱具有截面尺寸巨大、异形截面或腔体众多的特点。对于异形多腔体巨型钢结构的焊接控制是主要的施工难题之一。本技术适用于所有异形多腔体结构的焊接，不仅限于房建领域，在核工程、船舶工程、桥梁工程中均可应用，具有非常广阔的前景。

2. 制造安装一体化的深化设计方案

（1）分段单元尺寸、重量控制

对于巨型结构，施工必须采用分段施工的方法。构件分段时最主要有两点限制因素：分段单元的吊装重量，应可以满足现场吊装设备起重量要求；分段单元的重量及三维尺寸，应满足公路运输要求。以某大厦巨型钢柱为例，为加快施工节奏，分段主要采用沿钢柱高度方向分段的思想，钢柱分段的高度主要受现场设备起重量的限制；沿高度方向分段后构件由于平面尺寸巨大，不满足公路运输要求限制，因此再进行平面分段，分为 4 个单元（图 5.9-1、

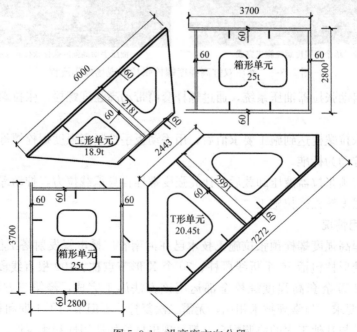

图 5.9-1 沿高度方向分段

图 5.9-2）。施工现场在地面将同一节四个单元拼装成整体后吊装。

公路运输和设备起重量限制为构件分段的基础因素，除此之外，对于巨型多腔体结构，钢板的原材料尺寸限制也尤为重要。由公路运输和设备起重量限制可知，构件在满足此两点要求前提下，分段单元越大越好，可以减少现场构件吊装和焊接的工作量，但受钢板原材料尺寸限制，为满足最大限度地把分段单元划大可出现长板与较小短板工厂拼接的情况，过短的钢板拼接

图 5.9-2　平面分段

不利于焊接质量控制，同时增加了残余应力的产生。因此对于异形多腔体结构，构件分段应综合考虑设备起重量、公路运输限制和钢板原材料尺寸限制，选择最优的分段方案。

通过深化设计减少拼接焊缝，即减少焊缝填充量，达到减小焊接残余应力的目的。

（2）部分全熔透焊缝转化为半熔透焊缝

由于巨型钢柱为大厦的主要承力构件，因此设计时钢板拼接多采用全熔透焊缝。

平对接焊缝的全熔透焊缝的截面与母材相等，因此对于平对接全熔透焊缝就是与钢板等强焊缝。但由于 T 接接头存在焊脚，焊脚的尺寸直接承受荷载，所以在 T 接接头上，只要它的焊缝计算厚度等于腹板厚，带坡口半熔透焊缝也可以成为等强焊缝。不必要的局部过强会产生应力集中，导致残余应力的产生和构件变形。因此对于巨型钢柱内部受力相对较小的焊缝可采用半熔透焊缝代替全熔透焊缝。

通过深化设计减少对接焊缝的焊接填充量，达到减小焊接残余应力的目的。

（3）现场剖口选取

对于超厚板全熔透焊接的坡口选取，相关规范中没有明确的说明与范例。坡口角度越大，间隙越大，越能避免出现因未熔透导致的缺陷。而焊接坡口大则填充量大，不仅会造成较大的焊接变形，并且非常不经济。

巨型钢柱现场焊接坡口选用 V 形坡口反面加衬板的方式，间隙 10mm，横焊缝为单边 V 形坡口，立焊缝为双边 V 形坡口，坡口角度均为 35°。此种坡口形式比相关规范中建议的 45°明显减小，大大减少焊接填充量，并能保证全熔透焊缝的质量，是一种平衡了质量与经济的坡口形式（图 5.9-3、图 5.9-4）。

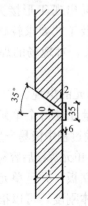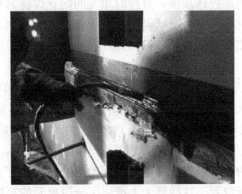

图 5.9-3　现场对接横焊缝坡口形式

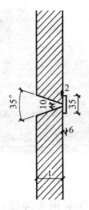

图 5.9-4　现场对接立焊缝坡口形式

通过深化设计减少对接焊缝的焊接填充量，达到减小焊接残余应力的目的。

（4）焊接空间选取

异形多腔体巨型钢柱由于分段的原因，内部存在部分现场对接焊缝，由于内部腔体众多，空间狭小，因此焊接空间的设置尤为重要，巨型钢柱现场拼接剖口均为 V 形剖口，剖口的开设方向应朝向空间较大侧，便于人员操作，从而控制焊缝焊接质量。

通过优化人员操作环境从而提高焊缝焊接质量。

（5）分段的焊接接口处理

1）尽量避免单元立面上拼接焊缝交会，尽量避免出现十字形焊缝交会情况。

图 5.9-5　拼接单元间┴和┯形接口

单元立面焊缝的十字形交会处，是焊接应力最为集中、最为复杂的位置。由于处在上下左右四道焊缝的交会处，焊接工艺非常繁琐，对同一位置需要反复清根。若在十字交会位置设置工艺孔，则工艺孔尺寸过大，严重影响外观。所以有必要在分段时考虑将交会处的上下立焊缝错开 300～400mm，将十字形接口转化为┴和┯形接口，可以极大地减小构件的焊接难度，如图 5.9-5 所示。

2）立焊缝尽量避免出现 T 形接头，尽量采用对接接头形式。

由于巨型柱内部腔体众多，分段时单元间的立焊缝容易出现 T 形接头。T 形接头在焊接的过程中，板材容易产生层状撕裂，对焊接的温度控制及工艺要求较高。为避免此种情况，建议在立板相交的位置，将 T 形接头转化为对接接头，对现场的焊接更为有利，如图 5.9-6 所示。

3）拼接单元尽量完整地封闭箱体，尽量避免开口型单元的出现。

巨型柱腔体众多，隔板数量多，划分单元过程中应尽量保证每个单元为完整的封闭箱体，尽量避免出现开口型单元。因为开口型单元在制作和运输过程中极易产生变形。在现场焊接过程，由于单元平面不封闭无法实现单元整体的对称焊接，单元焊接后容易产生整体变形。

将单元设置为封闭箱体，即单元立面的四个方向都有立板，并且单元的横焊缝位置尽量靠近结构横隔板位置。这样便大大增强了分段单元的整体刚度，可以很好地控制构件在制作、运输和施工过程中的变形。

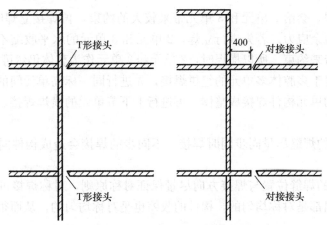

图 5.9-6 将 T 形接头转化为对接接头

通过改变现场焊接的对接接头形式控制焊缝焊接质量，减少焊缝缺陷的产生。

3. 专项焊接工艺

（1）焊接原则与焊接顺序

异形多腔体巨型柱组拼单元众多。大部分单元都存在三个方向的拼接焊缝，部分核心单元同时存在上、下、四周六个方向的焊缝。焊缝纵横交错，焊接填充量巨大，若焊缝顺序不当，焊接过程中的焊接收缩势必会带来较大的焊接残余应力，对工程的质量造成影响。

对于减小焊接残余应力，结构整体的施焊原则主旨为：整体分步骤依次焊接，前一步骤的焊接工序对下步骤的焊接工序约束最小。

针对于拼装单元来说，每个单元都同时存在两种类型的焊缝：一是同一节单元间立焊缝；二是上下节间的横焊缝。

首先对立焊和横焊的先后顺序进行分析。利用简单的单元模型 1、2 和 3 分析，同时存在 2 单元与 3 单元之间的立焊，和 2 单元、3 单元与 1 单元之间的横焊（图 5.9-7、图 5.9-8）。

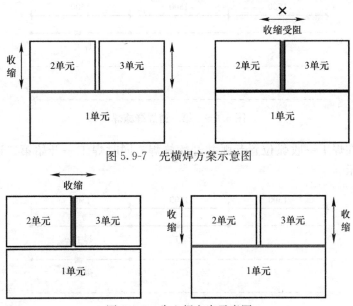

图 5.9-7 先横焊方案示意图

图 5.9-8 先立焊方案示意图

若先进行横焊，会给2单元和3单元带来较大的约束，再焊接立焊时不能自由收缩，从而造成较大的残余应力。若先进行立焊，2单元和3单元的水平收缩不受约束，并没有给第二步的横焊带来约束。所以横焊时，2单元和3单元作为整体仍然可以垂直自由收缩。

由此可知，对于多腔体多单元的组拼焊接，先进行同一标高单元间的立焊的焊接，将同一标高同一节的单元构件焊接成整体，再进行上下节单元的横焊焊接。除此以外还需遵循以下原则：

1）同一截面的焊缝尽量同步同时焊接，不同步的焊接会造成构件同截面内的热量不均而产生变形。

2）同时焊接的焊缝位置与焊接方向尽量保证对称原则，对称焊接可以使构件在焊接过程中升温与降温都是对称均匀的，构件的收缩也是对称均匀的，从而很好地控制构件整体变形。

3）分步骤焊接时，先焊长度较长、填充量较大的焊缝，后焊长度较短、填充量较小的焊缝。

（2）多层多道焊与分段焊

1）多层多道焊

在厚板焊接过程中，坚持一个重要的工艺原则即多层多道焊，严禁摆宽道。采用多层多道焊，前一道焊缝对后一道焊缝来说是一个"预热"的过程。后一道焊缝对前一道焊缝相当于一个"后热处理"的过程，有效改善了焊接过程中应力分布状态，利于保证焊接质量。

2）分段焊

由于巨型柱单元最长焊缝达10m，为减小构件因不均受热而导致的残余应力与变形，焊缝可采用分段的焊接方法。

① 焊工一开始第一道焊缝的施焊，如图5.9-9所示。

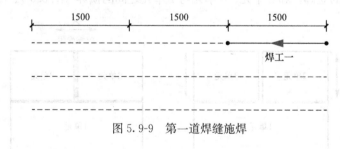

图5.9-9　第一道焊缝施焊

② 焊工二在焊工一收弧位置起弧并开始施焊，同时焊工一开始第二道焊缝的施焊，如图5.9-10所示。

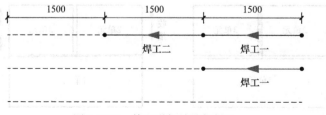

图5.9-10　第二道焊缝施焊插入

③ 焊工三在焊工二收弧位置起弧开始施焊，同时焊工二接焊工一第二道焊缝，焊工一开始第三道焊缝的施焊，如图 5.9-11 所示。

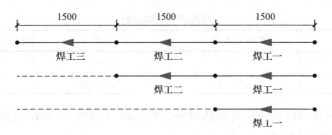

图 5.9-11　第三道焊缝施焊插入

分段焊接头处每道焊缝应错开至少 50mm 的间隙，避免接头全部留在一个断面。通过焊接的实际操作控制焊缝的焊接质量，如图 5.9-12 所示。

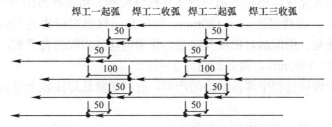

图 5.9-12　焊道分段接头处理

（3）焊接约束设置

为了减小焊接的收缩变形，巨型钢柱焊接可增加约束，可在焊缝两侧设置约束板固定或在钢板间加设工艺隔板。约束板焊接在钢板焊缝两侧，待焊接完成并在焊缝冷却变形完成后将约束板割除。焊接约束板和工艺隔板根据焊接形式与连接位置灵活布置。其中焊接约束板以间距 1.5m 一道约束板为原则进行布设。通过焊接约束板有效控制焊接变形（图 5.9-13、图 5.9-14）。

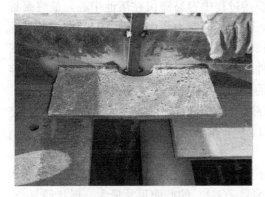

图 5.9-13　焊接约束板

图 5.9-14　工艺隔板

（4）焊接温度控制

焊接温度的控制分为焊前加热、焊接层间温度控制和焊后加热保温三个步骤。主要作用是防止温度变化过大焊缝产生缺陷、通过温度控制释放残余应力，达到减少焊接残余应力的作用。见表 5.9-1。

厚板温度控制参数 表 5.9-1

板厚（mm）	焊前预热（℃）	层间温度（℃）	焊后保温（℃）/时间（min）
100、80	140	160～190	200～250/120
60、50	100/80	120～150	200～250/60

焊前预热：板件焊接前使用电加热设备将焊接坡口两侧 150mm 范围内进行加热，加热温度根据不同的板厚不同。

层间温控：多层焊时应连续施焊，每一道焊缝焊接完成后应及时清理焊渣及表面飞溅物。连续施焊过程中应控制焊接区母材温度，使层间温度控制在 120～190℃之间。遇有中断施焊的情况，应采取后热、保温措施，再次焊接时重新预热温度高于初始预热温度。

后热处理：焊接完成后使用电加热设备在焊缝两侧 3 倍板厚范围内且不小于 200mm，加热至 200～250℃，保持温度 70～120min，同时采用保温岩棉作为焊缝的保温材料。焊缝保温的主要措施是：用保温岩棉将其覆盖，并用钢丝将岩棉绑扎严密，岩棉的覆盖范围应在焊缝周围 600～1000mm，覆盖时间为 2～3h。

通过控温减少焊接过程中焊接缺陷的产生，有利于降低焊接残余应力。

4. 工程案例

天津高银 117 大厦、北京中信大厦等。

5.9.2　200mm 厚八面体多棱角铸钢件焊接技术

1. 概述

随着我国经济的快速发展，铸钢件由于其更大的设计灵活性、冶金制造的可变性、力学性能的各向同性、大范围重量的可变性，越来越多在国计民生中得到重要应用。在建筑行业，铸钢件主要应用于荷载较大、受力复杂的节点部位，是工程的最关键构件之一。当前，限制铸钢件进一步应用的因素，主要在于铸钢件的焊接技术并不成熟。相比轧件或锻件，铸钢件在铸造过程中容易引入夹杂物，在焊接过程中容易滞留在熔池中心，最终聚集在焊缝组织的晶界处，割裂基体组织的连续性，引起局部应力集中，形成起裂源。铸钢的组织不均匀，本身存在缩孔、疏松、成分偏析、晶粒粗大等缺陷，容易在焊接时导致气孔、氢脆、裂纹和组织脆化等不利现象。铸钢件的温度控制要求严格，过高的热输入量容易导致奥氏体晶粒粗大，形成魏氏组织，过低的热输入量容易导致焊接裂纹。

深圳平安金融中心工程外框巨柱的四个角部设置有 V 形支撑，V 形支撑有四个相交节点，分别位于 L10 层、L49 层、L85 层、L114 层，节点处用铸钢连接，为多棱角铸钢节点，铸钢选用材质为 G20Mn5QT。

深圳平安金融中心工程结构的外框尺寸从下到上呈逐渐收缩状，V 形支撑尺寸、截面大小也逐渐减小，位于 L10 层的首层铸钢件（编号 ZG-1）的截面尺寸最大，形状最复杂，其焊接难度也最大。ZG-1 铸钢件焊接连接节点位于 10～11 层，构件总重量达 163t，高度 15m。由于构件运输和吊装的限制，施工考虑将其分为上下两段，对接焊缝处周长约 7.5m，构件截面设计尺寸为 1400mm×1400mm×200mm×200mm（图 5.9-15），对接处厚度设计为 200mm，工厂铸造完成后实际厚度为 215mm，阳角位置厚度达 304mm，而且焊接平面内有很多棱角，焊接难度极大。

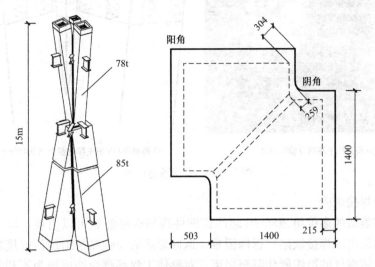

图 5.9-15　铸钢件模型及焊缝平面图

2. 关键技术

（1）异种材质焊接

铸钢件的高空焊接是项目工程的重难点，原设计除两段铸钢件对接外，上下两端还有铸钢件与 V 形支撑对接焊。其中铸钢件材质为 G20Mn5，交货状态为调质态；V 形支撑材质为 Q390，交货状态为热轧态。

铸钢件的加工方式为液态成型，组织比较疏松，存在一定的成分偏析，残余应力较小，整体晶粒分布呈各向同性，不存在明显择优取向的织构组织。V 形支撑的加工方式为压加成型，组织比较致密，晶粒更加细化，存在一定的残余应力，整体晶粒分布呈各向异性，存在平行于轧面和轧向的板织构。

因此，铸钢件的材质成分和加工状态与 V 形支撑存在一定的差异，其物理化学性质有所不同，因此二者的焊接性能也不尽相同。如果将铸钢件与 V 形支撑直接焊接，由于二者不同的线膨胀收缩性能、焊接温度要求、宏观组织致密性和微观元素分布情况，将导致焊接变形和应力控制较为困难，对现场焊接是极大的挑战。

此外，铸钢件与 V 形支撑对接处焊接板厚较大，焊接热循环的有效控制也是难点问题。因而，高空开展超厚铸钢件与 V 形支撑的对接，在技术分析和实际操作上都存在极大的困难。并且，铸钢件的组织较为疏松，一旦发生返修，碳弧气刨很容易在母材中引入大量碳元素，这些碳原子渗入疏松的铸钢晶格内，会影响焊接质量。

针对上述异种材质对接、焊接质量难以保证的特点，经过多次研究论证，最终确定了铸钢件焊接的改进方案。在铸钢件与 V 形支撑的对接处，增加 400mm 长的过渡段（图 5.9-16），其材质与 V 形支撑 Q390 相同，由制作厂完成铸钢件与过渡段的焊接，避免了现场进行 G20Mn5QT-Q390GJC 异种材质对接焊，解决了端部焊接的难题，从而将研究重点集中在中部铸钢件对接焊的课题。

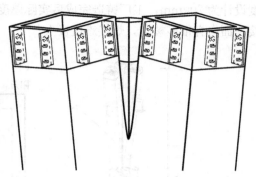

(a) 铸钢件下端部分验收图片 　　　　　(b) 铸钢件与V形支撑连接处增加400mm过渡段

图 5.9-16　焊接改进措施

（2）模拟焊接试验

国内没有类似的多棱角 200mm 超厚铸钢件现场焊接经验可以借鉴，焊接过程质量不容易控制，如果出现焊接缺陷，返修困难，返修形成的高碳晶粒组织使焊接难度进一步增大，容易造成铸钢件的组织硬化甚至报废，对整体工程都将会造成极为不利的影响。经论证，最终确定在现场焊接前，开展 1：1 焊接模拟试验，研究总结正确的焊接顺序、焊接方法、焊接工艺参数，为现场焊接提供实践指导。

（3）现场焊接

1）焊接方法

焊接设备与焊材：本项目铸钢件焊接使用半自动 CO_2 气体保护焊，焊接设备与焊材见表 5.9-2。

焊接设备与焊材　　　　　　　　　　　　　　　　　　表 5.9-2

类别	品牌	型号	规格
焊接设备	烽火	NB-630	—
焊材	锦泰	JM-56	$\phi1.2$
保护气体	文川	CO_2	气体纯度不小于 99.99%

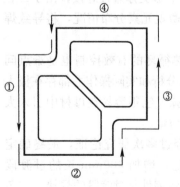

图 5.9-17　焊接顺序图

焊接顺序：单个铸钢件焊接截面长度为 5.7m，含 2 个阴角和 6 个阳角，焊接难度很大，焊缝填充量大，时间长，必须采用对称焊接方法，减小焊接变形，根据截面形状和焊接量，一个铸钢节点由四名焊工同时进行焊接，人均焊接长度约 1700mm，不宜在转角处起弧和熄弧，应在平直段起弧，距离角部至少 100mm。焊接顺序如图 5.9-17 所示。

2）焊前处理措施

坡口处理：焊接前先采用角向磨光机、砂布、盘式钢丝刷，将坡口打磨至露出金属光泽，坡口清理是焊接工艺控制重点之一。重点清除坡口表面的水、氧化皮、锈蚀、油污，坡口表面不得有不平整、锈蚀等现象。错边现象必须控制在规范允许范围内。

焊前预热：针对焊缝金相中的魏氏组织，考虑通过强化焊前预热措施，减缓焊接时的冷却速度，预防针状铁素体组织的析出，保证焊接质量。铸钢件节点焊接前采用氧乙炔焰在焊缝两侧均匀加热，如图 5.9-18 所示。预热区在焊道每侧宽度均应大于焊件厚度的 1.5 倍以上，且不应小于 100mm，预热区温度应整体达到 100～120℃，当预热温度范围均达到预定值后，恒温 20～30min，总预热时间不少于 2h。

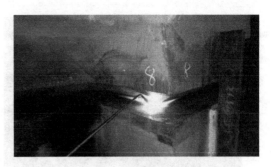

图 5.9-18　铸钢节点焊前预热

所有使用的焊丝必须保证干燥、表面无油污、锈蚀，并安排专人负责换气和换焊丝，确保连续焊接作业。

3）焊接层间温度及质量控制措施

焊接参数：焊机离焊接位置 40～50m，根据焊接工艺评定和焊接模拟试验收集的参数，本项目铸钢件焊接的层间温度控制在 120～150℃之间，焊接参数见表 5.9-3。

焊接参数表　　　　　　　　　　　　　　表 5.9-3

参数	焊接层道		
	打底层	中间层	盖面层
保护气流量（L/min）	40～50	50	50
电流（A）	255～300	300～340	286～320
电压（V）	37～40	40～42	39～41
焊接速度（cm/min）	40～45	45～50	45～50

根部焊接：本项目的铸钢件焊缝存在多处拐角，焊缝是环形闭合状，无法加引弧板，因此焊接时在焊缝平直段起弧，避免在角部位置起弧，起弧点离开角部边缘至少 100mm，由四人同时对称焊接，减小焊接变形。焊工在正式开始焊接前先练习阴角位置平滑过渡的运弧手法，熟练后方可开始焊接，以达到一次性连续焊接阴角部位的目的。根部位置深度大，视角不好，且根部衬垫板对接处容易有箱体内的气体向外冒出，产生气孔，要求焊接人员焊接时特别谨慎，如发现小缺陷应及时处理后再继续焊接。焊接过程运弧采用往复式运弧手法，在两侧稍加停留，避免焊肉与坡口产生夹角，且焊枪前端与水平面夹角不大于20°，达到平缓过渡的要求（图 5.9-19）。

填充层焊接：施工人员在进行填充焊接时，应剔除前一层焊道上的凸起部分、坡壁上的飞溅及粉尘，填充层焊接仍采用对称焊接，在焊缝平直段起弧，不同焊道之间不得在同一位置起弧，接头相互错开至少 50mm，全焊段尽可能保持连续施焊，避免多次熄弧、起弧。层间温度保持在 120～150℃，每一填充层完成后都应做层间清理，清除掉飞溅和焊渣粉尘后再进行下一道焊接，施焊过程中出现修理缺陷、清洁焊道所需的中断焊接的情况应采用适当的保温措施，温度太低时，应进行加热直至达到规定预热值后再进行焊接。在接近盖面时应注意均匀留出 1.5～2mm 的坡口深度，不得伤及坡口边，为面缝做好准备。

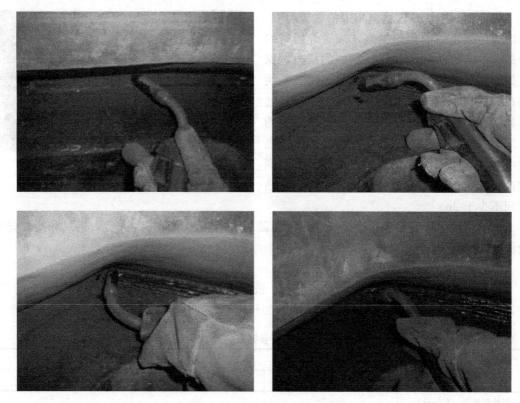

图 5.9-19　焊接模拟运弧手法

面层焊接：面层焊接时应注意选用适中的电流、电压值，并注意在坡口边熔合时间稍长。严格执行多道焊接的原则，焊缝严禁超宽，控制在坡口以外 2~2.5mm，焊脚余高保持在 0.5~3mm。面层焊接的重点主要包括以下四个方面：

① 在面层焊接时为防止焊道太厚而造成焊缝面超高，应选用偏大的焊接电压焊接。

② 为控制焊缝内金属的含碳量，在焊道清理时尽量少使用碳弧气刨，以免刨后焊道表面附着的高碳晶粒无法完全清除，致使焊缝内含碳量增加，出现延迟裂纹。

③ 为控制线能量，应严格执行多层多道的焊接原则，特别是面层焊接，焊道更应控制其宽度在 5~8mm。焊接参数应严格按规定热输入量实施。

④ 焊缝成型后要求均匀、圆滑过渡，饱满、无咬肉、无夹渣、无气孔、无裂纹。盖面层避免分段盖面，防止因接头处重叠产生应力集中导致产生裂纹。

4）焊后后热保温措施

焊接完成后，为保证焊缝中扩散氢逸出时间及释放焊接应力，均匀组织成分，避免产生延迟裂纹，焊后立即进行加热及保温处理。焊后加热采用氧气-乙炔中性焰在焊缝两侧 1.5 倍焊缝宽度且不小于 100mm 范围内全方位均匀烘烤，保证加热区域整体温度达到 150~200℃，加热时间不少于 1h，用红外线测温仪进行监测，达到要求后用石棉布紧裹并用扎丝捆紧，保温至少须 4h，使其缓慢冷却，确保接头区域达环境温度后再拆除。

5）探伤方法、依据标准

焊前对铸钢件母材接头处 150mm 区域进行超声波检测，检测标准为现行国家标准

《铸钢件　超声检测》GB/T 7233.1、7233.2，质量评定等级为Ⅱ级。

焊接完成后进行磁粉探伤和超声波无损探伤，现行规范中暂无针对铸钢件现场对接焊缝的探伤标准，本项目结合相关规范和工程经验，通过模拟焊接试验加以验证，确定了本工程所用的探伤标准。对于铸钢焊接接头组织，先采用现行国家标准《焊缝无损检测　超声检测　技术、检测等级和评定》GB/T 11345 开展探伤检测，UT 探伤采用单面双侧探伤方法，探头采用 K1 和 K1.5 两种，再对探伤显示的缺陷位置，采用现行国家标准《铸钢件　超声检测》GB/T 7233.1、7233.2 进行复检，复检合格即认为焊接质量符合要求。这种验收方法在铸钢 1∶1 模拟焊接试验中得到了应用，并通过了力学性能和金相组织检测的验证，在本工程铸钢件的检测和验收中是一种准确合理的方法。

3. 工程案例

深圳平安金融中心项目等。

5.9.3　建筑施工现场自动埋弧横焊技术

1. 概述

自动埋弧横焊技术应用于巨型框架柱对接焊缝的自动化焊接，适用于所有超高层建筑巨型钢柱与钢板墙的自动化焊接施工。

该技术在广州东塔项目焊接施工中成功应用，大大提高了现场施工生产效率，有效提高焊接施工质量及稳定性，并取得良好的社会与经济效益。其在钢结构施工机械化、自动化领域的突破，显著推进了建筑钢结构焊接技术的发展，为后期焊接施工柔性化生产提供技术依据。在厦门国际中心、深圳华润总部大厦等项目继续推广开发，拓展研究现场埋弧横焊技术，使其设备更加轻量化、自动化、智能化；并以天津高银 117 大厦项目为实践载体开发研究自动化施工立焊缝技术，持续解决现场施焊难点工作。

2. 关键技术

该技术基于电源系统、自动焊接设备系统及控制焊接设备系统等实现焊接过程的控制。焊接设备系统包括主体机架、行走动力装置、主体机架滑行导轨、焊丝输送机构、焊剂自动回收系统、焊剂托持系统及焊枪。控制焊接设备系统包括控制电路及可视化控制面板。自动焊接装置设计系统如图 5.9-20 所示，焊接设备实体如图 5.9-21 所示。

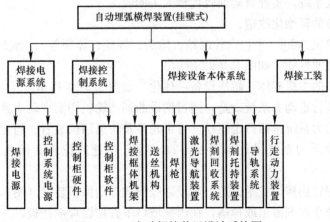

图 5.9-20　自动焊接装置设计系统图

(b) 快速回位装置

(c) 优化后焊剂回收枪

(a) 整机效果　　　　　　　　　　　　　　(d) 可视化调速系统

图 5.9-21　焊接设备实体

关键创新点包括：实现设备的轻型化改造；实现设备一体化改造；实现设备行走动力系统改造，通过增设曲柄凸轮机构实现动力系统的方向可逆；实现平焊转换横焊技术改造，增设磁吸附式焊剂保护装置；实现坡口角度自适应改造，通过"高低位、进出位、八分之一圆角度"焊枪角度变位装置增加焊接坡口角度适应性；实现了激光焊缝同步导航；双侧双向焊剂回收系统，实现自动回收代替人工回收。

（1）实现设备的轻型化改造。

整体装配前单机50kg（未包含控制箱、枪头、焊丝、焊剂等），解决了设备现场的实际操作性及设备轻便性能。如图5.9-22所示。

（2）门式框架的主机架体，解决设备一体化，如图5.9-23所示。

（3）实现设备行走动力系统改造，通过增设曲柄凸轮机构实现动力系统的方向可逆。

横焊机行走动力系统包括行走驱动、行走轮系及快速回位装置。行走往返解决厚板多层多道焊接。行走动力系统设计如图5.9-24所示，快速回位装置使用示意如图5.9-25所示。

（4）实现平焊转换横焊技术改造，增设磁吸附式焊剂保护装置（图5.9-26）。

焊接时为了防止焊剂溢出或掉落，在焊缝坡口下方加设焊剂托板。

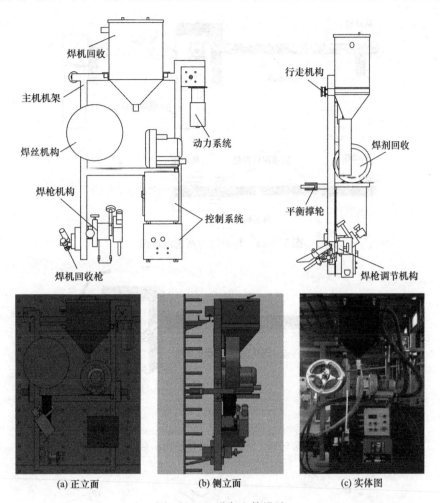

(a) 正立面　　　(b) 侧立面　　　(c) 实体图

图 5.9-22　设备主体设计

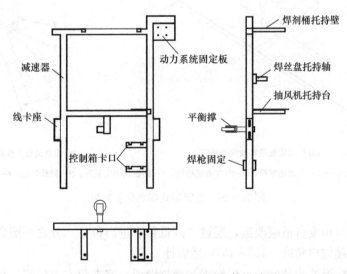

图 5.9-23　门式框架的主机架体设计图

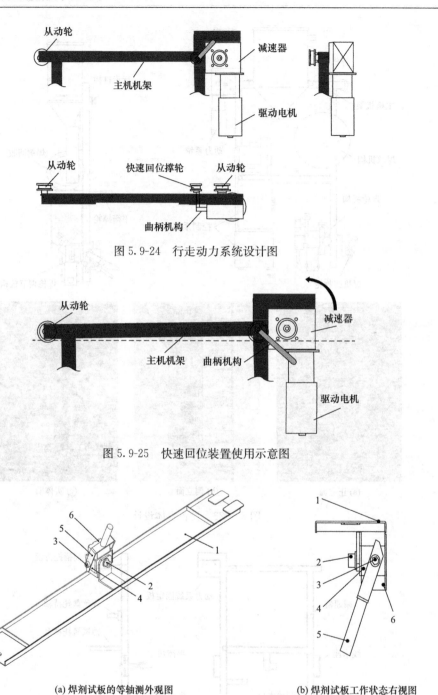

图 5.9-24　行走动力系统设计图

图 5.9-25　快速回位装置使用示意图

(a) 焊剂试板的等轴测外观图　　　　　(b) 焊剂试板工作状态右视图

1—托板；2—内六角紧固螺栓；3—内六角螺栓轴；4—磁铁块固定装置；5—卸载转柄；6—磁铁块

图 5.9-26　磁吸附式焊剂保护装置

（5）实现坡口角度自适应改造，通过"高低位、进出位、八分之一圆角度"焊枪角度变位装置增加焊接坡口角度（15°～45°）适应性。

主机整体结构形式为挂壁式，焊枪需与横焊缝成一定夹角方可施焊，设计焊枪角度调节装置，能实现焊枪"高低位、进出位、八分之一圆角度"的变位调节。装置结构总图如

图 5.9-27 所示。

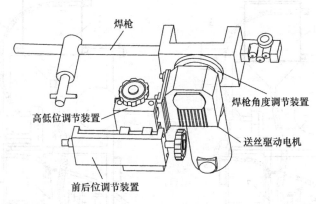

图 5.9-27　装置结构总图

（6）实现了激光焊缝同步导航。

埋弧坡口熔透横焊成型需要在较为精密的工装下才能保证高质量的效果，为弥补焊接行走轨道的水平度、焊接工件立面平整度、焊机整体稳定性状况等各方面的稍显不足，特在焊枪端部设置焊缝导航装置，指导焊缝成型沿所需位置进行，增加焊缝外观成型观感（图 5.9-28）。

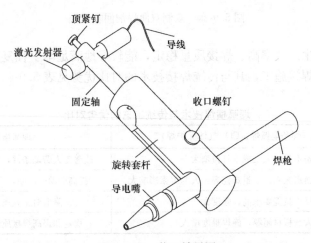

图 5.9-28　装置效果图

（7）双侧双向焊剂回收系统，实现自动回收代替人工回收。

由于机架主体能够实现往复方向行走，为实现本设备的焊接方向可逆，通过在焊枪两侧各设置一个焊剂回收枪来实现此项功能（图 5.9-29）。

3. 技术特点

目前，钢结构越来越多地应用于常用建筑主体结构，建筑焊接结构亦朝大型化及高参数精密化方向发展，传统的手工焊接操作效率低下且质量不稳定，难以满足建筑钢结构现场焊接施工的要求。自动埋弧横焊为全自动焊接，能稳定和提高焊接质量，提高劳动生产率，降低焊接对工人操作技能的需求，且改善工人施工条件，避免工人在有害环境下工作，在国内外同类技术中，处于领先水平。

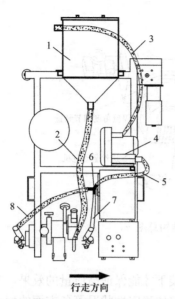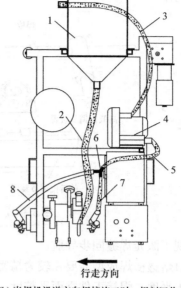

(a) 当焊机沿正方向焊接施工时，焊剂回　　　(b) 当焊机沿逆方向焊接施工时，焊剂回收
　　收路径为1→2→8→6→5→4→3→1　　　　　路径为1→2→7→6→5→4→3→1

1—真空焊剂桶；2—焊剂下料管道；3—焊剂桶端回收管道；4—鼓风机；5—鼓风机端回收管道；
6—三叉头铜管；7—左侧焊剂回收枪；8—右侧焊剂回收枪

图 5.9-29　双侧双向焊剂回收系统

埋弧横焊技术生产效率高、焊接质量稳定，能较好地满足本工程复杂施工环境下巨柱等构件超长焊缝的焊接施工，其与传统焊接技术的对比优势见表 5.9-4。

埋弧横焊技术与传统工艺的优劣对比　　　　　　　　　　　　　　表 5.9-4

传统焊接技术（焊条电弧焊、CO_2 气体保护焊）	埋弧横焊技术
焊工储备不足、人工成本日益增大	改善工人劳动条件，可在无害环境下工作
人工作业连续性差，换班频繁，质量难控等，人为因素影响大	提高劳动生产率，一天可 24h 连续生产
人工操作技能要求高、强度大	降低对工人操作技能的要求
构件截面大、板材超厚，施焊难度增大	稳定和提高焊接质量，保证其均匀性

建筑施工现场自动埋弧横焊技术基于自动回收焊剂及现场施工无弧光、无有害气体，可降低劳动强度，提高施工效率，符合绿色施工技术要求。埋弧横焊技术在广州东塔项目施工现场实现超高、超长、超厚巨柱高空原位对接的自动化焊接，大大提高了现场施工生产效率。同时，保证了焊接的均匀性，有效提高焊接质量及稳定性，综合效益显著，具有推广应用前景，其在钢结构施工机械化、自动化领域的突破，显著推进了建筑钢结构焊接技术的发展，也为后期焊接施工柔性化生产提供技术依据，并为高智能化焊接机器人的研究提供实践载体。

4. 工程案例

广州东塔、苏州国际金融中心等。

5.10　钢结构防腐防火技术

1. 概述

全世界每年因腐蚀造成了大量的资源和能源浪费，防腐涂料作为最有效、最经济、应用最普遍的防腐方法，受到国内外广泛的关注和重视。要使钢铁材料在所处的各种环境中能保持长时间的稳定和工作寿命，必须对钢结构材料表面进行各种防腐处理。

目前，超高层建筑钢结构的防腐方法已有很多种类，常用的防腐方法是涂层法。这种方法的应用范围广，有很强的适应性，且成本较低，易于操作。最常用的涂层方法有两种，一种是通过电镀、热镀等手段在钢结构表面镀上一层保护层起到防腐防锈的效果，另一种是在钢结构制品表面涂上机油、凡士林等抗腐蚀的非金属材料，来达到防腐保护的目的。

2. 技术要点

（1）防腐涂料涂装

1）涂装要求

涂料的配制应按涂料使用说明书的规定执行。当天使用的涂料应当天配制，不得随意添加稀释剂。用同一型号品种的涂料进行多层施工时，中间层应选用不同颜色的涂料，一般应选浅于面层颜色的涂料。

涂装遍数、涂层厚度应符合设计要求。当设计对涂层厚度无要求时，涂层干漆膜总厚度室外应为 $150\mu m$，室内应为 $125\mu m$，允许偏差为 $-25\mu m$。每遍涂层干膜厚度的允许偏差为 $-5\mu m$。

除锈后的金属表面与涂装底漆的间隔时间一般不应超过 6h；涂层与涂层之间的间隔时间，由于各种油漆的表干时间不同，应以先涂装的涂层达到表干后才进行上一层的涂装，一般涂层的间隔时间不少于 4h。涂装底漆前，金属表面不得有锈蚀或污垢。涂层上重涂时，原涂层上不得有灰尘、污垢。

禁止涂漆的部位：高强度螺栓摩擦结合面，机械安装所需的加工面，现场待焊部位相邻两侧各 $50\sim100mm$ 的区域，设备的铭牌和标志，设计注明禁止涂漆的部位。

不需涂漆的部位：地脚螺栓和底板，与混凝土紧贴或埋入的部位，密封的内表面，通过组装紧密结合的表面，不锈钢表面，设计注明不需涂漆的部位。

漆膜在干燥过程中，应保持环境清洁。每一涂层完成后，均要进行外观检查。

当钢结构处在有腐蚀介质或露天环境且设计有要求时，应进行涂层附着力测试，可按照现行国家标准《漆膜划圈试验》GB/T 1720 或《色漆和清漆　划格试验》GB/T 9286 执行。在检测范围内，涂层完整程度达到 70% 以上即为合格。

2）涂装方法

涂装施工可采用刷涂、滩涂、空气喷涂和高压元气喷涂等方法。宜根据涂装场所的条件、被涂物体的大小、涂料品种及设计要求，选择合适的涂装方法。

刷涂：对干燥较慢的涂料，应按涂敷、抹平和修饰三道工序操作。对干燥较快的涂料，应从被涂物的一边按一定顺序，快速、连续地刷平和修饰，不宜反复涂刷。漆膜的涂刷厚度应适中，防止流挂、起皱和漏涂。

滚涂：先将涂料大致地涂布于被涂物表面，接着将涂料均匀地分布开，最后让辊子按一定方向滚动，滚平表面并修饰。在滚涂时，初始用力要轻，以防涂料流落。随后逐渐用力，使涂层均匀。

空气喷涂：空气喷涂法是以压缩空气的气流使涂料雾化成雾状，喷涂于被涂物表面的一种涂装方法。施工时应按下列要点操作。

① 喷枪压力为 0.3～0.5MPa。

② 喷嘴与物面的距离：大型喷枪为 200～300mm，小型喷枪为 150～250mm。

③ 喷枪应依次保持与钢材表面平行地运行，移动速度 300～600mm/s，操作要稳定。

④ 每行涂层的边缘的搭接宽度应一致，前后搭接宽度一般为喷涂幅度的 1/4～1/3。

⑤ 多层喷涂时，各层应纵横交叉施工。

⑥ 喷枪使用后，应立即用溶剂清洗干净。

高压无气喷涂：高压无气喷涂是利用高压泵输送涂料，当涂料从喷嘴喷出时，体积骤然膨胀而使涂料雾化，高速地喷涂在物面上。施工时应按下列要点操作。

① 喷嘴与物面的距离大型喷枪为 300～380mm。

② 喷射角度 30°～80°。

③ 喷枪的移动速度为 0.1～1.0m/min。

④ 每行涂层的边缘的搭接宽度为涂层幅度的 1/6～1/4。

⑤ 喷涂完毕后，立即用溶剂清洗设备，同时排出喷枪内的剩余涂料，吸入溶剂作彻底的清洗，拆下高压软管，用压缩空气吹净管内溶剂。

3）二次涂装

二次涂装是指物件在工厂加工涂装完毕后，在现场安装后进行的涂装或者涂漆间隔时间超过一个月再涂漆时的涂装。

钢材表面要求：二次涂装的钢材表面，在涂漆前应满足下列要求。

① 现场涂装前，应彻底清除涂装件表面的油、泥、灰尘等污物，一般可用水冲、布擦或溶剂清洗等方法。

② 表面清洗后，应用钢丝绒等工具对原有漆膜打毛处理，对组装符号加以保护。

③ 经海上运输的构件，运到港岸后，应用水清洗，将盐分彻底清洗干净。

修补涂层：现场安装后，应对下列部位进行修补。

① 接合部的外露部位和紧固件等。

② 安装时焊接和烧损及因其他原因损伤的部位。

③ 构件上标有组装符号的部位。

（2）防火涂料涂装

1）涂装要求

钢结构防火涂层不应有误涂、漏涂，涂层应闭合，无脱层、空鼓、明显凹陷、粉化松散和浮浆等外观缺陷，乳突已剔除，保护裸露钢结构及露天钢结构的防火涂层的外观应平整，颜色装饰应符合设计要求。

涂料及其辅助材料，宜贮存在通风良好的阴凉库房内，温度控制在 5～35℃，按原包装密封保管。涂装前应对涂料名称、型号、颜色进行检查，确认是否与设计规定相符，产品的贮存时间是否超过贮存期限。

2）涂装方法

防火涂料一般分为超薄型、薄涂型和厚涂型三种。

薄涂型防火涂料的底涂层（或主涂层）宜采用重力式喷枪喷涂，其压力约为 0.4MPa。局部修补和小面积施工，可用手工抹涂。面涂层装饰涂料可刷涂、喷涂或滚涂。

双组分装的薄涂型涂料，现场调配应按说明书规定进行。单组分装的薄涂型涂料应充分搅拌。喷涂后，不应发生流淌和下坠。

薄涂型防火涂料底涂层施工要点如下。

① 钢材表面除锈和防锈处理应符合要求。钢材表面清理干净。

② 底涂层一般喷涂 2～3 次，每层厚度不超过 2.5mm，前一遍干燥后再喷涂后一遍。

③ 喷涂时涂层应完全闭合，各涂层间应粘结牢固。

④ 操作者应采用测厚仪随时检测涂层厚度，最终厚度应符合有关耐火极限设计要求。

⑤ 当设计要求涂层表面光滑平整时，应对最后一遍涂层作抹平处理。

薄涂型防火涂料面涂层施工要点如下。

① 当底涂层厚度已符合设计要求，并基本干燥后，方可施工面涂层。

② 面涂层一般涂饰 1～2 次，颜色应符合设计要求，并应全部覆盖底层，颜色均匀、轮廓清晰、搭接平整。

③ 涂层表面有浮浆或裂纹宽度不应大于 0.5mm。

厚涂型防火涂料涂装施工要点如下。

① 厚涂型防火涂料宜采用压送式喷涂机喷涂，空气压力为 0.4～0.6MPa，喷枪口直径宜为 6～10mm。

② 厚涂型涂料配料时应严格按配合比加料或加稀释剂，并使稠度适宜，当班使用的涂料应当班配制。

③ 厚涂型涂料施工时应分遍喷涂，每遍喷涂厚度宜为 5～10mm，必须在前一遍基本干燥或固化后，再喷涂下一遍。涂层保护方式、喷涂遍数与涂层厚度应根据施工方案确定。

④ 操作者应用测厚仪随时检测涂层厚度，80% 及以上面积的涂层总厚度应符合有关耐火极限的设计要求，且最薄处厚度不应低于设计要求的 85%。

⑤ 厚涂型涂料喷涂后的涂层，应剔除乳突，表面应均匀平整。

⑥ 当厚涂型防火涂层出现涂层干燥固化不好，粘结不牢或粉化、空鼓、脱落；圆钢结构的接头、转角处的涂层有明显凹陷；涂层表面有浮浆或裂缝宽度大于 1.0mm 等情况之一时，应铲除重新喷涂。

3. 工程案例

广州东塔、无锡国金、武汉中心、深圳平安金融中心、武汉国际博览中心等。

第6章 钢结构检测技术

随着钢结构检测技术更加趋于成熟和先进，有关钢结构工程检测的标准、规范相继发布、施行，使钢结构检测工作进一步规范化，对保证工程质量起到了良好的作用。对于评价工程的施工质量中应该使用何种检测理论和方法最为恰当的问题值得持续深入研究和总结，这对于提高钢结构检测工作质量、检测评定可靠性以及整体钢结构工程质量安全具有重要意义。

钢结构的检测可分为在建钢结构的检测和既有钢结构的检测，本章主要介绍在建钢结构中有关连接、变形、钢材厚度、钢材品种、涂装厚度等的现场检测技术。

6.1 钢结构检测工作程序

钢结构检测的流程和主要阶段宜按图 6.1-1 进行，包括从接受委托到出具检测报告的各个阶段。对于特殊情况的检测，则应根据钢结构检测的目的确定其检测程序框图和相应的内容。

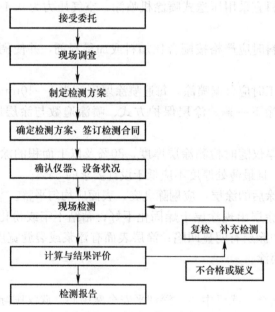

图 6.1-1　检测工作程序框图

现场调查宜包括下列工作内容：

（1）收集被检测钢结构的设计图纸、设计文件、设计变更、施工记录、施工验收和工程地质勘察报告等资料；

（2）调查被检测钢结构现状，环境条件，使用期间是否已进行过检测或维修加固情况以及用途与荷载等变更情况；

（3）向有关人员进行调查；

（4）进一步明确委托方的检测目的和具体要求。

检测项目应根据现场调查情况确定，并应制定相应的检测方案。检测方案宜包括下列主要内容：

（1）概况，主要包括设计依据、结构形式、建筑面积、总层数，设计、施工及监理单位，建造年代等；

（2）检测目的或委托方的检测要求；

（3）检测依据，主要包括检测所依据的标准及有关的技术资料等；

（4）检测项目和选用的检测方法以及检测的数量；

（5）检测人员和仪器设备情况；

（6）检测工作进度计划；

（7）所需要委托方与检测单位的配合工作；

（8）检测中的安全措施；

（9）检测中的环保措施。

检测的原始记录，应记录在专用记录纸上，原始记录应由检验及审核人员签字。记录数据应准确、字迹清晰、信息完整，不得追记、涂改，如有笔误，应进行修改，并应由修改人签署姓名及日期。

当发现检测数据数量不足或检测数据出现异常情况时，应进行补充检测。

6.2 无损检测方法的选用

钢结构焊缝常用的无损检测可采用磁粉检测、渗透检测、超声波检测和射线检测，根据无损检测方法的适用范围以及建筑结构状况和现场条件按表 6.2-1 选择。

无损检测方法的选用   表 6.2-1

序号	检测方法	适用范围
1	磁粉检测	铁磁性材料表面和近表面缺陷的检测
2	渗透检测	表面开口性缺陷的检测
3	超声波检测	内部缺陷的检测，主要用于平面型缺陷的检测
4	射线检测	内部缺陷的检测，主要用于体积型缺陷的检测

当钢结构中焊缝采用磁粉检测、渗透检测、超声波检测和射线检测时，应经目视检测合格且焊缝冷却到环境温度后进行。对于低合金结构钢等有延迟裂纹倾向的焊缝应在 24h 后进行检测。当采用射线检测钢结构内部缺陷时，在检测现场周边区域应采取相应的防护措施。射线检测可按现行国家标准《焊缝无损检测 射线检测 第 1 部分：X 和伽玛射线的胶片技术》GB/T 3323.1 的有关规定执行。

6.3 外观质量检测

在对钢结构进行目视检测时，除了检测人员应具备正常的视力外，保证适当的视角及足够的照明是必不可少的。必要时，可使用辅助灯光照明。直接目视检测时，眼睛与被检工件表面的距离不得大于600mm，视线与被检工件表面所成的夹角不得小于30°，并宜从多个角度对工件进行观察。被测工件表面的照明亮度不宜低于160lx；当对细小缺陷进行鉴别时，照明亮度不得低于540lx。

钢材表面不应有裂纹、折叠、夹层，钢材端边或断口处不应有分层、夹渣等缺陷。当钢材的表面有锈蚀、麻点或划伤等缺陷时，其深度不得大于该钢材厚度负偏差值的1/2。对细小缺陷进行鉴别时，可使用2～6倍的放大镜。

焊缝外观质量的目视检测应在焊缝清理完毕后进行，焊缝及焊缝附近区域不得有焊渣及飞溅物。焊缝焊后目视检测的内容应包括焊缝外观质量、焊缝尺寸，其外观质量及尺寸允许偏差应符合现行国家标准《钢结构工程施工质量验收标准》GB 50205的有关规定。对焊缝的外形尺寸可用焊缝检验尺进行测量。

高强度螺栓连接副终拧后，螺栓丝扣外露应为2～3扣，其中允许有10%的螺栓丝扣外露1扣或4扣；扭剪型高强度螺栓连接副终拧后，未拧掉梅花头的螺栓数不宜多于该节点总螺栓数的5%。

涂层不应有漏涂，表面不应存在脱皮、泛锈、龟裂和起泡等缺陷，不应出现裂缝，涂层应均匀，无明显皱皮、流坠、乳突、针眼和气泡等，涂层与钢基材之间和各涂层之间应粘结牢固，无空鼓、脱层、明显凹陷、粉化松散和浮浆等缺陷。

6.4 表面质量的磁粉检测

磁粉检测适用于钢结构铁磁性材料熔化焊焊缝表面或近表面缺陷的检测。磁粉检测又分干法和湿法两种，通常干法检测所用的磁粉颗粒较大，所以检测灵敏度较低。湿法流动性好，可采用比干法更精细的磁粉，使磁粉更易于被微小的漏磁场所吸附，因此湿法比干法的检测灵敏度高。因此，钢结构中磁粉检测采用湿法。

1. 设备与器材

磁粉探伤装置应根据被测工件的形状、尺寸和表面状态选择，并应满足检测灵敏度的要求。对于磁轭法检测装置，当极间距离为150mm、磁极与试件表面间隙为0.5mm时，其交流电磁轭提升力应大于45N，直流电磁轭提升力应大于177N。对接管子和其他特殊试件焊缝的检测可采用线圈法、平行电缆法等。对于铸钢件可采用通过支杆直接通电的触头法，触头间距宜为75～200mm。

磁粉检测中的磁悬液可选用油剂或水剂作为载液。常用的油剂可选用无味煤油、变压器油、煤油与变压器油的混合液；常用的水剂可选用含有润滑剂、防锈剂、消泡剂等的水溶液。

在配制磁悬液时，应先将磁粉或磁膏用少量载液调成均匀状，再在连续搅拌中缓慢加入所需载液，应使磁粉均匀弥散在载液中，直至磁粉和载液达到规定比例。

对用非荧光磁粉配置的磁悬液，磁粉配制浓度宜为10～25g/L；对用荧光磁粉配置的磁悬液，磁粉配制浓度宜为1～2g/L。用荧光磁悬液检测时，应采用黑光灯照射装置。当照射距离试件表面为380mm时，测定紫外线辐射强度不应小于10W/m^2。

磁悬液施加装置应能均匀地将磁悬液喷洒到试件上。检查磁粉探伤装置、磁悬液的综合性能及检定被检区域内磁场的分布规律等可用灵敏度试片进行测试。

2. 检测步骤

磁粉检测应按照预处理、磁化、施加磁悬液、磁痕观察与记录、后处理等步骤进行。焊缝磁粉探伤应等焊缝冷却到环境温度后进行，低合金结构钢焊缝必须在焊后 24h 后才可以探伤。磁粉检测的步骤应按先后工序。

焊缝磁粉探伤的检测面宽度应包括焊缝及热影响区域，焊缝及向母材两侧各延伸 20mm。应除去焊缝及热影响区表面的杂物、油漆层，不然会影响探伤结果。预处理应符合下列要求：

（1）应对试件探伤面进行清理，清除检测区域内试件上的附着物（油漆、油脂、涂料、焊接飞溅、氧化皮等）；在对焊缝进行磁粉检测时，清理区域应由焊缝向两侧母材方向各延伸 20mm 的范围；

（2）根据工件表面的状况、试件使用要求，选用油剂载液或水剂载液；

（3）根据现场条件、灵敏度要求，确定用非荧光磁粉或荧光磁粉；

（4）根据被测试件的形状、尺寸选定磁化方法。

磁化应符合下列规定：

（1）磁化时，磁场方向宜与探测的缺陷方向垂直，与探伤面平行；

（2）当无法确定缺陷方向或有多个方向的缺陷时，应采用旋转磁场或采用两次不同方向的磁化方法；采用两次不同方向的磁化时，两次磁化方向间应垂直；

（3）检测时，应先放置灵敏度试片在试件表面，检验磁场强度和方向以及操作方法是否正确；

（4）用磁轭检测时应有覆盖区，磁轭每次移动的覆盖部分应在 10～20mm 之间；

（5）用触头法检测时，每次磁化的长度宜为 75～200mm；检测过程中，应保持触头端干净，触头与被检表面接触应良好，电极下宜采用衬垫；

（6）探伤装置在被检部位放稳后方可接通电源，移去时应先断开电源。

在施加磁悬液时，可先喷洒一遍磁悬液使被测部位表面湿润，在磁化时再次喷洒磁悬液。磁悬液宜喷洒在行进方向的前方，磁化应一直持续到磁粉施加完成为止，形成的磁痕不应被流动的液体所破坏。

磁痕观察与记录应按下列要求进行：

（1）磁痕的观察应在磁悬液施加形成磁痕后立即进行；

（2）采用非荧光磁粉时，应在能清楚识别磁痕的自然光或灯光下进行观察（观察面亮度应大于 500lx）；采用荧光磁粉时，应使用符合相关标准规定的黑光灯装置，并应在能识别荧光磁痕的亮度下进行观察（观察面亮度应小于 20lx）；

（3）应对磁痕进行分析判断，区分缺陷磁痕和非缺陷磁痕；

（4）可采用照相、绘图等方法记录缺陷的磁痕。

检测完成后，应按下列要求进行后处理：

（1）被测试件因剩磁而影响使用时，应及时进行退磁；

（2）对被测部位表面应清除磁粉，并清洗干净，必要时应进行防锈处理。

3. 检测结果的评价

磁粉检测可允许有线形缺陷和圆形缺陷存在。当缺陷磁痕为裂纹缺陷时，应直接评定为不合格。评定为不合格时，应对其进行返修，返修后应进行复检。返修复检部位应在检测报告的检测结果中标明。

6.5 表面质量的渗透检测

渗透检测适用于钢结构焊缝表面开口性缺陷的检测，也可应用于原材料表面开口性缺陷的检测。渗透检测的环境及被检测部位的温度宜在 10～50℃范围内。

1. 试剂与器材

渗透剂、清洗剂、显像剂等渗透检测剂的质量应符合有关规范规定，并宜采用成品套装喷罐式渗透检测剂。采用喷罐式渗透检测剂时，其喷罐表面不得有锈蚀，喷罐不得出现泄漏。应使用同一厂家生产的同一系列配套渗透检测剂，不得将不同种类的检测剂混合使用。

现场检测宜采用非荧光着色渗透检测，渗透剂可采用喷灌式的水洗型或溶剂去除型，显像剂可采用快干式的湿显像剂。渗透检测应配备铝合金试块（A 型对比试块）和不锈钢镀铬试块（B 型灵敏度试块），其技术要求应符合现行行业标准《无损检测　渗透试块通用规范》JB/T 6064 的有关规定。

2. 检测步骤

渗透检测应按照预处理、施加渗透剂、去除多余渗透剂、干燥、施加显像剂、观察与记录、后处理等步骤进行。渗透检测过程中工件表面的处理很重要，工件表面光洁度越高，检测灵敏度也越高。通常采用机械打磨或钢丝刷清理工件表面，再用清洗溶剂将清理面擦洗干净。不允许用喷砂、喷丸等可能堵塞表面开口性缺陷的清理方法。当焊接的焊道或其他表面不规则形状影响检测时，应将其打磨平整。清洗时，可采用溶剂、洗涤剂或喷罐套装的清洗剂。清洗后的工件表面，经自然挥发或用适当的强风使其充分干燥。

预处理应符合下列规定：

（1）对检测面上的铁锈、氧化皮、焊接飞溅物、油污以及涂料应进行清理；应清理从检测部位边缘向外扩展 30mm 的范围；机加工检测面的表面粗糙度（Ra）不宜大于 12.5μm，非机械加工面的粗糙度不得影响检测结果；

（2）对清理完毕的检测面应进行清洗；检测面应充分干燥后，方可施加渗透剂。

施加渗透剂时，可采用喷涂、刷涂等方法，使被检测部位完全被渗透剂所覆盖。在环境及工件温度为 10～50℃的条件下，保持湿润状态不应少于 10min。

多余渗透剂清洗是渗透检测中的重要环节，清洗不足会使本底反差减小，无法辨别缺陷痕迹，过度清洗又会将缺陷中的渗透剂清洗掉，使缺陷痕迹难以显现，达不到检测目的。通常采用擦洗的方式清除多余渗透剂，不可用冲洗或泡洗的方式清除。去除多余渗透剂时，可先用无绒洁净布进行擦拭。在擦除检测面上大部分多余的渗透剂后，再用蘸有清洗剂的纸巾或布在检测面上朝一个方向擦洗，直至将检测面上残留的渗透剂全部擦净。

清洗处理后的检测面，经自然干燥或用布、纸擦干或用压缩空气吹干。干燥时间宜控制在 5～10min 之间。

宜使用喷罐型的快干湿式显像剂进行显像。使用前应充分摇动，喷嘴宜控制在距检测面 300～400mm 处进行喷涂，喷涂方向宜与被检测面成 30°～40°的夹角，喷涂应薄而均匀，不应在同一处多次喷涂，不得将湿式显像剂倾倒至被检面上。

痕迹观察与记录应按下列要求进行：

（1）施加显像剂后宜停留 7～30min 后，方可在光线充足的条件下观察痕迹显示情况；

（2）当检测面较大时，可分区域检测；

（3）对细小痕迹，可用 5～10 倍放大镜进行观察；

（4）缺陷的痕迹可采用照相、绘图、粘贴等方法记录。

3. 检测结果的评价

渗透检测可允许有线形缺陷和圆形缺陷存在。当缺陷痕迹为裂纹缺陷时，应直接评定为不合格。评定为不合格时，应对其进行返修。返修后应进行复检。返修复检部位应在检测报告的检测结果中标明。

6.6　内部缺陷的超声波检测

1. 一般规定

超声波检测适用于母材厚度不小于 8mm、曲率半径不小于 160mm 的碳素结构钢和低合金高强度结构钢对接全熔透焊缝，使用 A 型脉冲反射法手工超声波的质量检测。对于母材壁厚为 4～8mm、曲率半径为 60～160mm 的钢管对接焊缝与相贯节点焊缝应按照现行行业标准《钢结构超声波探伤及质量分级法》JG/T 203 的有关规定执行。

根据质量要求，检验等级可按下列规定划分为 A、B、C 三级：

A 级检验：采用一种角度探头在焊缝的单面单侧进行检验，只对允许扫查到的焊缝截面进行探测。一般可不要求做横向缺陷的检验。母材厚度大于 50mm 时，不得采用 A 级检验。

B 级检验：宜采用一种角度探头在焊缝的单面双侧进行检验，对整个焊缝截面进行探测。母材厚度大于 100mm 时，应采用双面双侧检验；当受构件的几何条件限制时，可在焊缝的双面单侧采用两种角度的探头进行探伤；条件允许时要求做横向缺陷的检验。

C 级检验：至少应采用两种角度探头在焊缝的单面双侧进行检验，且应同时做两个扫查方向和两种探头角度的横向缺陷检验。母材厚度大于 100mm 时，宜采用双面双侧检验。

探伤人员应了解工件的材质、结构、曲率、厚度、焊接方法、焊缝种类、坡口形式、焊缝余高及背面衬垫、沟槽等实际情况。钢结构焊缝质量的超声波探伤检验等级应根据工件的材质、结构、焊接方法、受力状态选择，当结构设计和施工上无特别规定时，钢结构焊缝质量的超声波探伤检验等级宜选用 B 级。

钢结构中 T 形接头、角接接头的超声波检测，除用平板焊缝中提供的各种方法外，尚应考虑到各种缺陷的可能性，在选择探伤面和探头时，宜使声束垂直于该焊缝中的主要缺陷。

2. 设备与器材

模拟式和数字式 A 型脉冲反射式超声仪的主要技术指标应符合表 6.6-1 的规定。

A 型脉冲反射式超声仪的主要技术指标　　　　　　　　　　表 6.6-1

仪器部件	项目	技术指标
超声仪主机	工作频率	2～5MHz
	水平线性	≤1%
	垂直线性	≤5%
	衰减器或增益器总调节量	≥80dB
	衰减器或增益器每档步进量	≤2dB
	衰减器或增益器任意 12dB 内误差	≤±1dB

仪器部件	项目	技术指标
探头	声束轴线水平偏离角	≤2°
	折射角偏差	≤2°
	前沿偏差	≤1mm
超声仪主机与探头的系统	在达到所需最大检测声程时，其有效灵敏度余量	≥10dB
	远场分辨率	直探头：≥30dB 斜探头：≥6dB

超声仪、探头及系统性能的检查应按现行行业标准《无损检测　A型脉冲反射式超声检测系统工作性能测试方法》JB/T 9214 规定的方法测试，其周期检查项目及时间应符合表 6.6-2 的规定。

超声仪、探头及系统性能的周期检查项目及时间　　　　　　　　　　　　表 6.6-2

检查项目	检查时间
前沿距离 折射角或 K 值 偏离角	开始使用及每隔 5 个工作日
灵敏度余量 分辨率	开始使用、修理后及每隔 1 个月
超声仪的水平线性 超声仪的垂直线性	开始使用、修理后及每隔 3 个月

探头的选择应符合下列规定：

（1）纵波直探头的晶片直径宜在 10～20mm 范围内，频率宜为 1.0～5.0MHz；

（2）横波斜探头应选用在钢中的折射角为 45°、60°、70°或 K 值为 1.0、1.5、2.0、2.5、3.0 的横波斜探头，其频率宜为 2.0～5.0MHz；

（3）纵波双晶探头两晶片之间的声绝缘应良好，且晶片的面积不应小于 150mm²；

（4）探伤面与斜探头的折射角 β（或 K 值）应根据材料厚度、焊缝坡口形式等因素选择，检测不同板厚所用探头角度宜按表 6.6-3 采用。

检测不同板厚所用探头角度　　　　　　　　　　　　表 6.6-3

板厚 δ（mm）	检验等级			探伤法	推荐的折射角 β（K 值）
	A 级	B 级	C 级		
8～25	单面单侧	单面双侧或双面单侧		直射法及一次反射法	70°（K2.5）
25～50					70°或 60°（K2.5 或 K2.0）
50～100	—			直射法	45°和 60°并用或 45°和 70°并用 （K1.0 和 K2.0 并用或 K1.0 和 K2.5 并用）
＞100	—	双面双侧			45°和 60°并用（K1.0 和 K2.0 并用）

3. 检测步骤

检测前，应对超声仪的主要技术指标（如斜探头入射点、斜率 K 值或角度）进行检查确认；应根据所测工件的尺寸调整仪器时基线，并应绘制距离-波幅（DAC）曲线。距离-波幅（DAC）曲线应由选用的仪器、探头系统在对比试块上的实测数据绘制而成。当探伤面曲率半径 R 小于等于 $W^2/4$ 时（W 为探头接触面宽度），距离-波幅（DAC）曲线的绘制应在曲面对比试块上进行。距离-波幅（DAC）曲线的绘制应符合下列要求：

（1）绘制成的距离-波幅曲线（图 6.6-1）应由评定线 EL、定量线 SL 和判废线 RL 组成。评定线与定量线之间（包括评定线）的区域规定为Ⅰ区，定量线与判废线之间（包括定量线）的区域规定为Ⅱ区，判废线及其以上区域规定为Ⅲ区。

（2）不同检验等级所对应的灵敏度要求应符合表 6.6-4 的规定。表中的 DAC 应以 $\phi 3$ 横通孔作为标准反射体绘制距离-波幅曲线（即 DAC 曲线）。在满足被检工件最大测

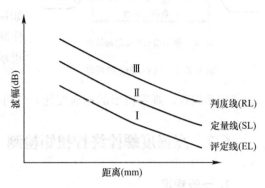

图 6.6-1　距离-波幅曲线示意图

试厚度的整个范围内绘制的距离-波幅曲线在探伤仪荧光屏上的高度不得低于满刻度的 20%。

超声波检测应包括探测面的修整、涂抹耦合剂、探伤作业、缺陷的评定等步骤。

距离-波幅曲线的灵敏度　　　　　　　　　　　　　　　表 6.6-4

距离-波幅曲线	检验等级 A 级	检验等级 B 级	检验等级 C 级
	板厚 8～50mm	板厚 8～300mm	板厚 8～300mm
判废线	DAC	DAC-4dB	DAC-2dB
定量线	DAC-10dB	DAC-10dB	DAC-8dB
评定线	DAC-16dB	DAC-16dB	DAC-14dB

检测前应对探测面进行修整或打磨，清除焊接飞溅、油垢及其他杂质，表面粗糙度不应超过 $6.3\mu m$。当采用一次反射或串列式扫查检测时，一侧修整或打磨区域宽度应大于 $2.5K\delta$；当采用直射检测时，一侧修整或打磨区域宽度应大于 $1.5K\delta$（K 为斜探头的斜率；δ 为母材或被测物的厚度）。

当受检工件的表面耦合损失及材质衰减与试块不同时，宜考虑表面补偿或材质补偿。耦合剂应具有良好的透声性和适宜的流动性，不应对材料和人体有损伤作用，同时应便于检测后清理。当工件处于水平面检测时，宜选用液体类耦合剂；当工件处于竖立面检测时，宜选用糊状类耦合剂。

探伤灵敏度不应低于评定线灵敏度。扫查速度不应大于 $150mm/s$，相邻两次探头移动区域应保持有探头宽度 10% 的重叠。在查找缺陷时，扫查方式可选用锯齿形扫查、斜平行扫查和平行扫查。为确定缺陷的位置、方向、形状，观察缺陷动态波形，可采用前后、左右、转角、环绕四种探头扫查方式。

对所有反射波幅超过定量线的缺陷，均应确定其位置、最大反射波幅所在区域和缺陷指示长度。缺陷指示长度的测定可采用以下方法：

（1）当缺陷反射波只有一个高点时，宜用降低 6dB 相对灵敏度法测定其长度；

（2）当缺陷反射波有多个高点时，则宜以缺陷两端反射波极大值之处的波高降低

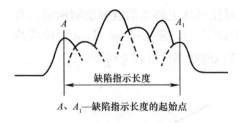

A、A_1—缺陷指示长度的起始点

图 6.6-2 端点峰值测长法

6dB 之间探头的移动距离，作为缺陷的指示长度（图 6.6-2）；

（3）当缺陷反射波在Ⅰ区未达到定量线时，如探伤者认为有必要记录时，可将探头左右移动，使缺陷反射波幅降低到评定线，以此测定缺陷的指示长度。

在确定缺陷类型时，可将探头对准缺陷作平动和转动扫查，观察波形的相应变化，并可结合操作者的工程经验做出判断。

6.7 高强度螺栓终拧扭矩检测

1. 一般规定

检测人员在检测前，应了解工程使用的高强度螺栓的型号、规格、扭矩施加方式。对高强度螺栓终拧扭矩的施工质量检测，应在终拧 1h 之后、48h 之内完成。

2. 检测设备

扭矩扳手示值相对误差的绝对值不得大于测试扭矩值的 3％。扭矩扳手宜具有峰值保持功能。扭矩扳手的最大量程应根据高强度螺栓的型号、规格进行选择。工作值宜控制在被选用扳手的量限值 20％～80％范围内。

3. 检测技术

在对高强度螺栓的终拧扭矩进行检测前，应清除螺栓及周边涂层。螺栓表面有锈蚀时，应进行除锈处理。对高强度螺栓终拧扭矩的检测，应经外观检查或小锤敲击检查合格后进行。高强度螺栓终拧扭矩检测时，先在螺尾端头和螺母相对位置画线，然后将螺母拧松 60°，再用扭矩扳手重新拧紧 60°～62°，此时的扭矩值应作为高强度螺栓终拧扭矩的实测值。检测施加的作用力应位于扭矩扳手手柄尾端，用力应均匀、缓慢。除有专用配套的加长柄或套管外，不得在尾部加长柄或套管的情况下，测定高强度螺栓终拧扭矩。可用小锤（0.3kg）敲击的方法对高强度大六角头螺栓进行普查。敲击检查时，一手扶螺栓（或螺母），另一手敲击，要求螺母（或螺栓头）不偏移、不松动，锤声清脆。

扭矩扳手经使用后，应擦拭干净后放入盒内。长期不用的扭矩扳手，在使用前应先预加载 3 次，使内部工作机构被润滑油均匀润滑。

4. 检测结果的评价

高强度螺栓终拧扭矩的实测值宜在 $0.9Tc$～$1.1Tc$ 范围内。小锤敲击检查发现有松动的高强度螺栓，应直接判定其终拧扭矩不合格。

6.8 变形检测

1. 一般规定

变形检测可分为结构整体垂直度、整体平面弯曲以及构件垂直度、弯曲变形、跨中挠度等项目。在对钢结构或构件变形进行检测前，宜先清除饰面层；当构件各测试点饰面层厚度接近，且不明显影响评定结果，可不清除饰面层。

2. 检测设备

钢结构或构件变形的测量可采用水准仪、经纬仪、激光垂准仪或全站仪等仪器。用于钢结构或构件变形的测量仪器及其精度宜符合现行行业标准《建筑变形测量规范》JGJ 8 的有关规定，变形测量级别可按三级考虑。

3. 检测技术

应以设置辅助基准线的方法，测量结构或构件的变形；对变截面构件和有预起拱的结构或构件，尚应考虑其初始位置的影响。

测量尺寸不大于6m的钢构件变形，可用拉线、吊线坠的方法，并应符合下列规定：

(1) 测量构件弯曲变形时，从构件两端拉紧一根细钢丝或细线，然后测量跨中位置构件与拉线之间的距离，该数值即是构件的变形；

(2) 测量构件的垂直度时，从构件上端吊一线坠直至构件下端，当线坠处于静止状态后，测量线坠中心与构件下端的距离，该数值即是构件的顶端侧向水平位移。

测量跨度大于6m的钢构件挠度，宜采用全站仪或水准仪，并按下列方法检测：

(1) 钢构件挠度观测点应沿构件的轴线或边线布设，每一构件不得少于3点；

(2) 将全站仪或水准仪测得的两端和跨中的读数相比较，可求得构件的跨中挠度；

(3) 钢网架结构总拼完成及屋面工程完成后的挠度值检测，对跨度24m及以下钢网架结构测量下弦中央一点；对跨度24m以上钢网架结构测量下弦中央一点及各向下弦跨度的四等分点。

尺寸大于6m的钢构件垂直度、侧向弯曲矢高以及钢结构整体垂直度与整体平面弯曲宜采用全站仪或经纬仪检测。可用计算测点间的相对位置差的方法来计算垂直度或弯曲度，也可采用通过仪器引出基准线，放置量尺直接读取数值的方法。

钢构件、钢结构安装主体垂直度检测，应测量钢构件、钢结构安装主体顶部相对于底部的水平位移与高差，并分别计算垂直度及倾斜方向。当用全站仪检测，且现场光线不佳、起灰尘、有振动时，应用其他仪器对全站仪的测量结果进行对比判断。当测量结构或构件垂直度时，仪器应架设在与倾斜方向成正交的方向线上，且架设位置宜距被测目标1～2倍目标高度。

6.9　钢材厚度检测

1. 一般规定

钢材的厚度应在构件的3个不同部位进行测量，取3处测试值的平均值作为钢材厚度的代表值。对于受腐蚀后的构件厚度，应将腐蚀层除净、露出金属光泽后再进行测量。

2. 检测步骤

在对钢结构钢材厚度进行检测前，应清除表面油漆层、氧化皮、锈蚀等，并打磨至露出金属光泽。同时应预设声速，并应用随机标准块对仪器进行校准，经校准后方可进行测试。

将耦合剂涂于被测处，耦合剂可用机油、化学浆糊等。在测量小直径管壁厚度或工件表面较粗糙时，可选用黏度较大的甘油。将探头与被测构件耦合即可测量，接触耦合时间宜保持1～2s。在同一位置宜将探头转过90°后作二次测量，取二次平均值作为该部位的代表值。在测量管材壁厚时，宜使探头中间的隔声层与管子轴线平行。

测厚仪使用完毕后，应擦去探头及仪器上的耦合剂和污垢，保持仪器的清洁。

6.10　钢材取样与分析

取样所用工具、机械、容器等应预先进行清洗。钢材取样时，应避开钢结构在制作、安装过程中有可能受切割火焰、焊接等热影响的部位。在取样部位可用钢锉打磨构件表面，除去表面油漆、锈斑，直至露出金属光泽。

屑状试样宜采用电钻钻取。同一构件钢材宜选取 3 个不同部位进行取样，每个部位的试样重量不宜少于 5g。取样中应避免过热而引起屑状试样发蓝、发黑的现象，也不得使用水、油或其他滑油剂。取样时，宜去掉钢材表面 1mm 以内的浅层试样。

宜采用化学分析法测定试样中 C、Mn、Si、S、P 五元素的含量。对于低合金高强度结构钢，必要时，可进一步测定试样中 V、Nb、Ti 三元素的含量。

6.11　防腐涂层厚度检测

1. 一般规定

防腐涂层厚度的检测应在涂层干燥后进行，检测时构件表面不应有结露。同一构件检测 5 处，每处检测 3 个相距 50mm 的测点，测点部位涂层应与钢材附着良好。使用涂层测厚仪检测时应避免电磁干扰。防腐涂层厚度检测，应经外观检查合格后进行。

2. 检测设备

涂层测厚仪的最大量程不应小于 $1200\mu m$，最小分辨率不应大于 $2\mu m$，示值相对误差不应大于 3%。测试构件的曲率半径应符合仪器的使用要求。在弯曲试件的表面上测量时，应考虑其对测试准确度的影响。

3. 检测步骤

确定的检测位置应有代表性，在检测区域内分布宜均匀。检测前应清除测试点表面的防火涂层、灰尘、油污等。检测前对仪器应进行校准。校准宜采用二点校准，经校准后方可测试。应使用与被测构件基体金属具有相同性质的标准片对仪器进行校准，也可用待涂覆构件进行校准。检测期间关机再开机后，应对仪器重新校准。测试时，测点距构件边缘或内转角处的距离不宜小于 20mm。探头与测点表面应垂直接触，接触时间宜保持 1~2s，读取仪器显示的测量值，对测量值应进行打印或记录。

4. 检测结果的评价

每处 3 个测点的涂层厚度平均值不应小于设计厚度的 85%，同一构件上 15 个测点的涂层厚度平均值不应小于设计厚度。当设计对涂层厚度无要求时，涂层干漆膜总厚度：室外应为 $150\mu m$，室内应为 $125\mu m$，其允许偏差应为 $-25\mu m$。

6.12　防火涂层厚度检测

1. 一般规定

防火涂层厚度检测，应经外观检查合格后进行。防火涂层厚度的检测应在涂层干燥后进行。楼板和墙体的防火涂层厚度检测，可选两相邻纵、横轴线相交的面积为一个构件，在其对角线上，按每米长度选 1 个测点，每个构件不应少于 5 个测点。

梁、柱构件的防火涂层厚度检测，在构件长度内每隔 3m 取一个截面，且每个构件不应少于 2 个截面。对梁、柱构件的检测截面宜按图 6.12-1 所示布置测点。

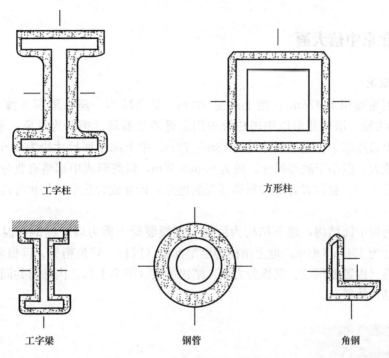

工字柱　　　　　　　　　　方形柱

工字梁　　　　　　　　钢管　　　　　　　　角钢

图 6.12-1　防火涂层布置测点位置

2. 检测量具

防火涂层厚度可采用探针和卡尺进行检测，用于检测的卡尺尾部应有可外伸的窄片。测量设备的量程应大于被测的防火涂层厚度。检测设备的分辨率不应低于 0.5mm。

3. 检测步骤

检测前应清除测试点表面的灰尘、附着物等，并应避开构件的连接部位。在测点处，应将仪器的探针或窄片垂直插入防火涂层直至钢材防腐涂层表面，并记录标尺读数，测试值应精确到 0.5mm。当探针不易插入防火涂层内部时，可采取防火涂层局部剥除的方法进行检测。剥除面积不宜大于 15mm×15mm。

4. 检测结果的评价

同一截面上各测点厚度的平均值不应小于设计厚度的 85%，构件上所有测点厚度的平均值不应小于设计厚度。

第7章　超高层建筑钢结构典型工程案例

7.1　北京中信大厦

1. 工程概况

项目总用地面积 11478m²，地上高度 528m，是全球第一座在地震 8 度设防区超过 500m 的摩天大楼。塔楼外形以中国传统中用来盛酒的器具"樽"为意象，平面为方形，外形自下而上自然缩小，底部尺寸约为 78m×78m，中上部平面尺寸约为 54m×54m；同时顶部逐渐放大，但小于底部尺寸，约为 69m×69m，最终形成中部略有收分的双曲线建筑造型（图 7.1-1）。整体设计贯彻低碳环保的理念，旨在成为北京绿色和可持续性发展的典范。

主塔楼为筒中筒结构，地下结构为巨柱＋钢板混凝土剪力墙＋纯钢筋混凝土框架结构；平面尺寸为 136m×84m。地上结构为巨型框架（巨柱、转换桁架、巨型斜撑组成）＋混凝土核心筒（内置型钢柱、钢板剪力墙）结构体系（图 7.1-2）。内外筒共同构成多道设防的抗侧力结构体系。

图 7.1-1　北京中信大厦项目

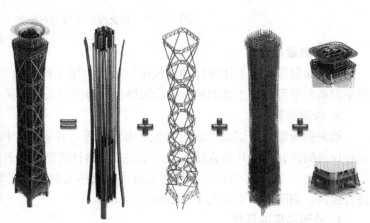

图 7.1-2　主塔楼地上结构体系分解图

外筒结构部分包括巨柱、转换桁架、巨型斜撑；巨柱最多达 13 个腔体，内部包含温度筋、构造钢筋笼和拉结筋等（图 7.1-3）。使用钢材最高材质为 Q390GJC，主要应用于巨柱（面板、竖向分腔板）、转换桁架、巨型斜撑位置，使用钢板最厚达 60mm。

2. 钢与混凝土组合结构施工

（1）钢结构分段分节

分段分节主要考虑以下因素：1）考虑焊接工艺，进行三维实体建模，对复杂构件及

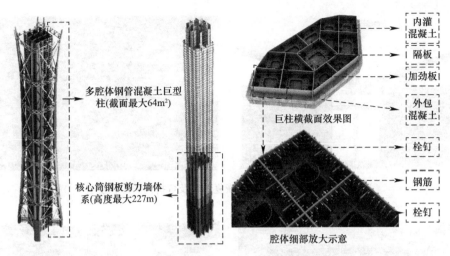

图 7.1-3　主塔楼钢与混凝土组合构件示意图

节点进行有限元分析，使分段点尽量避开应力较大且集中的位置；2）考虑吊装性能，满足塔式起重机吊装性能要求；3）考虑交通运输，满足运输尺寸要求且防止构件运输变形；4）考虑各专业配合，考虑土建、机电等各专业交叉作业影响。

（2）焊接工艺

打破传统清根焊接工艺，开发出一套 U 形坡口铣削加工→组拼打底焊→单点双丝坡口填充盖面焊接新型焊接工艺，首创坡口间隙 4～5mm、大直径 4.8mm 焊丝单面焊双面成型高效焊接技术，较好地提高了工作效率，降低了加工成本（图 7.1-4）。

图 7.1-4　免清根焊接工艺

（3）异形钢板制作

传统厚壁板折弯多采用钢板组拼焊接形式，大大增加了巨柱制作中的焊接工程量及构件翻身次数，且焊接变形难以控制，影响构件制作精度。本工程采用多维空间厚壁板冷弯成型技术，通过多道多次压制及微过压修正法，抵消钢板压弯弹性恢复量，确保巨柱折弯组对精度（图 7.1-5、图 7.1-6）。

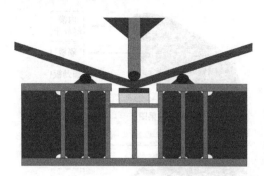
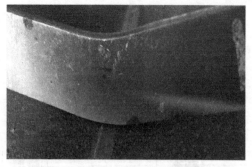

图 7.1-5　第 1 道过压弹性恢复修正及弯折内圆形状复查

图 7.1-6　冷弯成型及组焊完成

（4）现场焊接顺序

1）巨型柱焊接

结合"局部-整体"的思想，依据巨柱实际坡口形式建立三维实体局部模型，导入软件求解并提取焊接变形结果，通过变更焊接顺序以及装卡条件研究对焊接变形的影响。

依据最优化焊接模拟顺序指导现场施焊，将形变量与现场焊后实测数据进行比较，巨型柱安装错边量小于相关规范要求的容许值。工程采用先焊接外围田字柱横焊缝，再焊接内侧立焊缝、外侧立焊缝，最后分腔横焊缝的"内外组合，横立结合"的焊接顺序（图 7.1-7）。

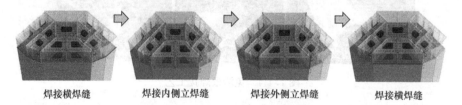

焊接横焊缝　　　　　焊接内侧立焊缝　　　　　焊接外侧立焊缝　　　　焊接横焊缝

图 7.1-7　巨型柱焊接顺序

2）钢板墙焊接

超厚板超长焊缝，单条焊缝最长 13m，现场采取在钢板墙端部设置约束支撑的措施，制定先立后横、先长后短、先中心后四周的焊接顺序，选用先进的同步对称焊接、分段跳焊焊接工艺，减弱焊接变形（图 7.1-8、图 7.1-9）。

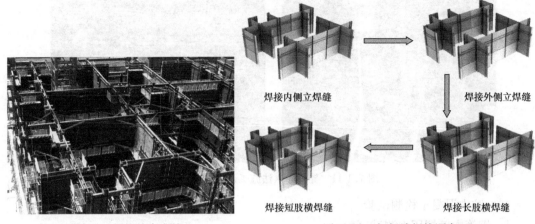

图 7.1-8　焊接约束支撑　　　　　　　图 7.1-9　钢板墙焊接顺序

（5）混凝土施工

1）配合比选择

从混凝土工作性能、力学性能等指标出发，通过调整胶凝材料总量、粉煤灰、矿渣粉用量，选用不同砂率、不同粒型级配碎石，进行一系列的原材料和混凝土配合比筛选试验，并根据各试验指标分析的结果，最终确定表 7.1-1 所示的 C70 自密实混凝土基准配合比。

C70 自密实混凝土基准配合比　　　　　　　　　　　　表 7.1-1

水	水泥	粉煤灰	硅粉	砂	碎石	外加剂	SAP
160kg/m³	360kg/m³	180kg/m³	35kg/m³	760kg/m³	850kg/m³	1.70%	0.58kg/m³

通过复杂多腔体巨型柱内 C70 高强自密实大体积无收缩混凝土的制备，明确了主要掺合料、外加剂的掺量与变化趋势，同时按照不同浇筑高度给出了综合评价复杂多腔体巨柱混凝土的评价指标。在进行盘管试验的过程中，不仅印证了混凝土性能优良，同时发现并提出混凝土泵送过程中主要指标的变化趋势。

2）大截面多腔体巨型柱内混凝土施工方法

多腔体巨型钢管柱腔体内混凝土浇筑采用泵送导管导入、分腔对称下料（图 7.1-10）、分层浇筑，辅助人工观察，辅助振捣，保证混凝土浇筑密实。柱内混凝土利用两台液压布料机采用导管导入对称交叉下料的方法进行浇筑（图 7.1-11）。

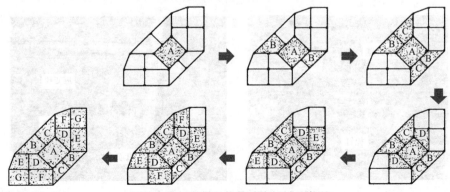

图 7.1-10　混凝土分腔对称下料示意图

图 7.1-11　导管导入法施工及完成面效果

（6）腔内混凝土检测试验

1）钢管内壁侧压力测试试验

通过压力盒采集仪对浇筑过程中钢管壁所受的侧压力数据进行实时采集。压力盒采用埋入式振弦式压力传感器，量程为 5MPa，工作温度范围为 $-50 \sim +125 ℃$。

在浇筑过程中，钢管壁上距灌浆口距离不同的点，所承受的混凝土抛落压力不同；且在浇筑结束后，未凝固的混凝土对钢管壁产生静水压力也沿着柱体的高度变化，因此，在对混凝土浇筑过程中钢管壁承受的侧压力测试中，压力盒沿柱体的不同高度布置（图 7.1-12）。

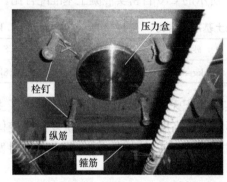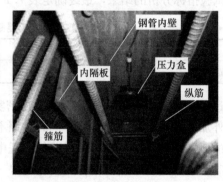

图 7.1-12　压力盒布置示例图

2）钢管壁应变测试试验

基于设计单位提出的钢管壁应变建议量测方案，考虑对称原则，在关键位置处布置应变片，量测巨型柱钢管壁在浇筑过程中，以及混凝土养护过程中的应变发展（图 7.1-13）。

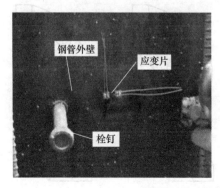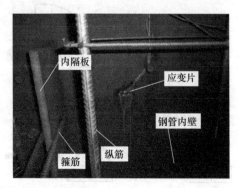

图 7.1-13　钢管外壁和内壁应变片

3）核心混凝土收缩测试试验

在核心混凝土收缩测试中，对模型柱中长方体腔内核心混凝土的纵向和横向收缩变形进行量测。在测试截面的纵、横向分别对称布置 2 对埋入式大体积应变计，布置高度为浇筑高度的中截面处。

同时，在巨柱的外包混凝土和翼墙混凝土内沿墙身方向布置一个埋入式大体积应变计，量测相应位置处的混凝土收缩变形（图 7.1-14）。竖向、横向应变计须保证竖直、水平埋置，并定时、连续采集收缩变形数据。

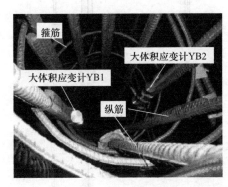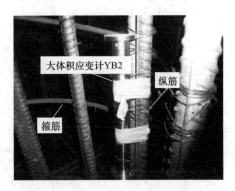

图 7.1-14　埋入式大体积应变计布置

3. 封闭核心筒内钢结构施工

本工程由于智能顶升钢平台系统的应用，使得核心筒顶部完全封闭，核心筒内钢梁、钢楼梯等钢构件无法直接用塔式起重机吊装，因此本方案设计了一种自爬升式的硬质防护与行车吊系统集成一体的体系，用于核心筒区域施工的顶部防护和核心筒钢构件的吊装。硬质防护作为整个体系的承力结构支撑于核心筒墙体上，行车吊系统悬挂于硬质防护底部。

硬质防护与行车吊系统的提升采用设置于硬质防护下层的同步卷扬机提升，系统每次提升五个楼层的高度，最大提升高度 24.5m。硬质防护与行车吊系统首次安装于 F3 层钢梁位置，吊装完成下层钢构件后向上提升五个楼层的高度，即 F7 层，提升就位后，将硬质防护支撑主梁与核心筒钢梁埋件固定，然后进行下面楼层钢构件的吊装。

（1）硬质防护与行车吊系统布置

根据核心筒的形式，智能顶升钢平台顶升支点布置位置，M1280D 塔式起重机和 M900D 塔式起重机的竖向高度的不同形式，将核心筒的 9 个筒体分为四类进行车吊系统平立面上的布置（图 7.1-15）。

第一类是 5 区，筒体内只有挂架，行车吊系统的布置只受到挂架在的高度方向上的影响；第二类是 2、4、6、8 区，筒体内不仅有挂架，而且有智能顶升钢平台顶升支点或背部承力件，行车吊系统的布置根据顶升支点的高度进行布置；第三类是 3、7 区，筒体内不仅有挂架、顶升支点，而且有 M900D 塔式起重机，行车吊系统的布置根据 M900D 塔式起重机的高度进行布置；第四类是 1、9 区，筒体内不仅有挂架、顶升支点，而且有 M1280D 塔式起重机，行车吊系统的布置根据 M1280D 塔式起重机的高度进行布置。

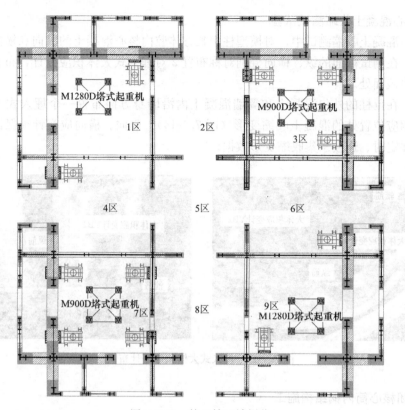

图 7.1-15　核心筒区域划分

（2）行车吊系统的布置

在平面上，行车吊系统的布置根据钢梁埋件的位置进行布置，6 区因为布置了直通智能顶升钢平台的施工电梯，因此只能布置在电梯没有覆盖到的区域。行车吊和卷扬机系统的平面布置如图 7.1-16、图 7.1-17 所示。

在立面上，以挂架底标高为基准，根据各筒体内挂架、智能顶升钢平台支点布置、M900D 塔式起重机布置、M1280D 塔式起重机布置，在立面上设置各筒体内的行车吊系统，按不同标高形成四类立面布置形式（图 7.1-18～图 7.1-21）。

1）第一类行车吊系统立面布置

5 区行车吊系统距离挂架底部最小距离为 2m，满足人员操作空间要求即可具备安装条件。

2）第二类行车吊系统立面布置

由于 2、4、6、8 区智能顶升钢平台支点下部还会设置周转承力件用的高度为 5m 的下吊架，行车吊系统距离挂架底部最小距离为 20m。

3）第三类行车吊系统立面布置

M900D 塔式起重机与智能顶升钢平台同步爬升，塔式起重机下支撑梁与挂架相对标高固定，3、7 区行车吊系统与挂架底标高最小距离为 24m。

4）第四类行车吊系统立面布置

M1280D 塔式起重机独立于智能顶升钢平台系统独立爬升，最下面一道塔式起重机支撑梁与挂架最大距离为 46m，行车吊系统与挂架最小距离为 48m。

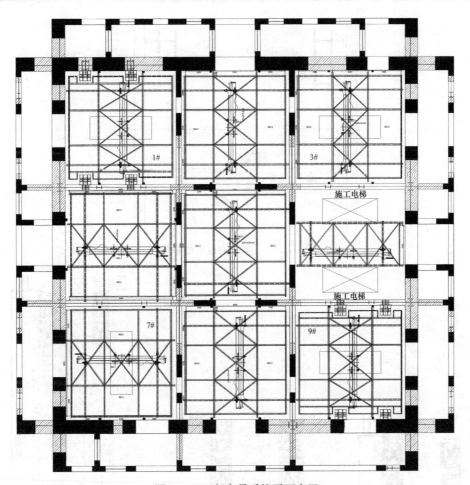

图 7.1-16 行车吊系统平面布置

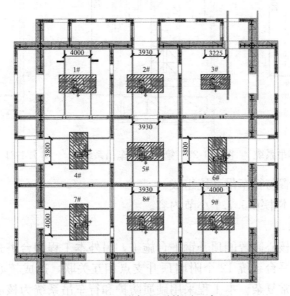

图 7.1-17 卷扬机系统平面布置

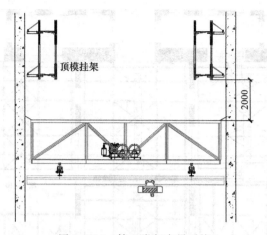

图 7.1-18　第一类行车吊系统

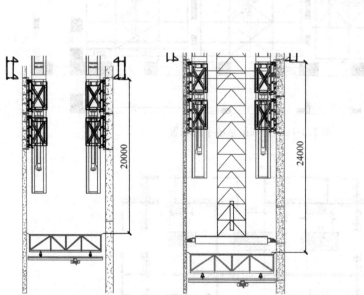

图 7.1-19　第二类行车吊系统　　图 7.1-20　第三类行车吊系统　　图 7.1-21　第四类行车吊系统

（3）硬质防护布置与行车吊系统组成

相关内容可参见本书第 5.7.1 小节内容。

4. 工程应用效果

中国尊大厦项目核心筒智能顶升钢平台施工，另外本工程四台塔式起重机布置在核心筒内，与智能顶升钢平台系统 12 个附墙顶升支点相互关联，造成核心筒顶部全封闭，内构件安装作业条件异常复杂。本工程采用硬质防护和行车吊系统为核心筒钢结构施工，采用合理的施工部署和施工流程，优化配置资源。使得筒内水平结构施工速度达到 5 天一层，相较于传统方法减少 50％工期。并且为筒内构件施工提供了安全便利的施工环境，解决了超高层建筑中顶升钢平台使用情况下核心筒内钢构件吊装难题。

7.2　上海环球金融中心

1. 工程概况

上海环球金融中心位于上海浦东新区陆家嘴金融贸易区 Z4-1 街区，北临世纪大道，西面与金茂大厦相邻，是一幢以办公为主，集商贸、宾馆、观光、展览及其他公共设施于一体的大型超高层商业建筑，其楼层主要功能分布如图 7.2-1 所示。主楼地上 101 层，裙房地上 5 层，地下 3 层，总建筑面积 381600m²，建筑高度 492m。

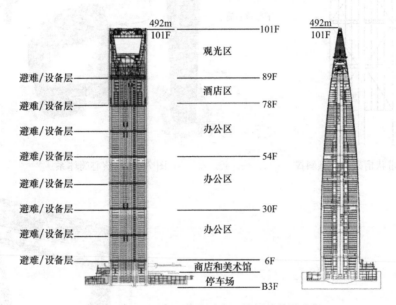

图 7.2-1　上海环球金融中心楼层功能分布

本工程周边的巨型结构由巨型柱、带状桁架和巨型斜撑共同组成。

巨型柱从地下室 B3 层开始设置，从第 6 层起，巨型柱之间每隔 12 层设有一道 1 层高的带状桁架，带状桁架之间通过巨型斜撑连接。

核心筒分为下、中、上三个部分，各部分核心筒的截面形状并不相同，在 57～61 层和 79 层核心筒的截面发生了两次变化，在外形突变的部位通过设置转换桁架进行转换。中部核心筒 79 层以下主要为劲性钢筋混凝土结构，在有伸臂桁架的部位，核心筒剪力墙内埋有 3 层高的周边桁架。79 层以上的核心筒全部为钢骨劲性混凝土结构，核心筒剪力墙内的钢骨架为型钢组成的桁架，如图 7.2-2 和图 7.2-3 所示。

中部核心筒与周边巨型结构之间通过伸臂桁架连接，伸臂桁架高 3 层（图 7.2-4），分别布置在 28～31 层、52～55 层、88～91 层之间。周边巨型结构和中部核心筒一起共同承受大楼的水平及横向荷载。

塔楼 91～101 层，是一个中间镂空为倒梯形的三维框架结构（图 7.2-5），连接周边巨型结构，并起到压顶桁架的作用。

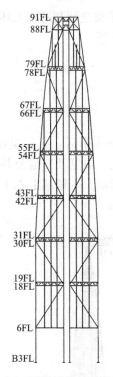

图 7.2-2　带状桁架和巨型斜撑

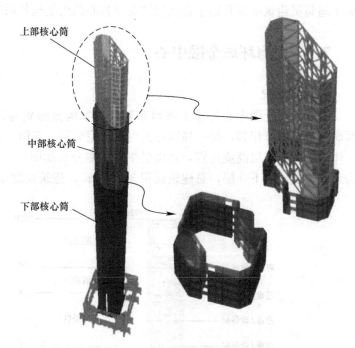

图 7.2-3　核心筒体系

图 7.2-4　伸臂桁架

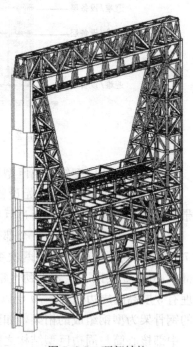

图 7.2-5　顶部结构

2. 超高层巨型柱、带状桁架、巨型斜撑施工

（1）巨型柱安装

根据截面的不同，巨型柱分为 A 类和 B 类两种，其中 A 类巨型柱结束于 99 层，B 类

巨型柱从 23 层开始倾斜，结束于 91 层。巨型柱为劲性钢筋混凝土部件，埋置其中的钢骨为大型箱形焊接组合截面。巨型钢柱共有 16 根，最大板厚 100mm。

1) 钢柱安装方法

在巨型柱混凝土施工前，巨型钢柱-柱之间无横向连接杆件，这样柱垂直度、轴线偏差只能通过结构钢梁来进行调节和固定，尤其是 B 型柱开始缓慢向内及 A 型柱方向倾斜后，合理的安装顺序对控制巨型钢柱安装精度就显得非常重要。因此，合理的安装顺序应为：先装 A 型柱，并由 A 型柱向 B 型柱方向吊装钢梁，最后用钢梁作为侧向刚性支撑 B 型柱，形成框架，再进行校正固定。在斜柱吊装时，先将斜柱的倾斜角度调整到比设计角度略下，校正时，在斜柱靠内侧的连接耳板间打入楔铁，调整斜柱角度达设计要求。

巨型柱现场对接实况见图 7.2-6。

2) 标高调整与焊接收缩处理

整体钢柱标高精准度的控制主要通过控制单节柱顶标高精度来实现。钢柱标高低于设计理论值调整方法为：在上下节钢柱对接耳板处间隙打入斜铁、焊缝间隙内塞入厚度不同的钢片，达到增大焊缝间隙以调节柱顶实际标高的目的。因此，衬垫板工厂焊接的常规做法必须改变，否则钢柱因焊接衬板与柱头隔板冲突，无法向下调节柱顶标高。

图 7.2-6　巨型柱现场对接实况图

衬垫板工厂焊接改为现场点焊后，可根据标高实际情况对衬板宽度进行调整，解决了柱顶标高偏高难以调节的难题；这样，钢柱对接 7mm 焊缝间隙就得到了有效利用，下节钢柱焊接收缩变形也可通过上节钢柱标高来进行调整，逐层向上，把焊缝收缩变形对钢柱标高的影响降到了最低。

巨型柱和每 12 层一道的带状桁架相连，为防止带状桁架焊接收缩对巨型柱垂直度的影响，对四段带状桁架弦杆拼接焊缝收缩值进行了计算和经验预计，通过事先将巨型柱向反向预偏 15～20mm，收缩后回归原位的方法，把带状桁架弦杆焊接对巨型柱垂直度影响降到了最小。

3) 巨型柱压缩变形调整

对于由 48 段组成的巨型柱，每段柱长度受荷载后的压缩值 Δz 随着荷载的不断增加，下部已安装的各节压缩值也不断增加，475m 超长的钢柱及以及诸多的不确定因素，加上调整后牵涉到的上百层梁面标高问题，决定了通过制作长度的预先加长来精确控制压缩值的难度。现场采取的办法是：过程中严格按照设计理论值进行标高控制，确保楼层层高净空间距；通过保证使用功能不受影响，从而保证整体建筑标高的精准。

(2) 带状桁架安装

带状桁架分布在塔楼的四周，共有 7 道，从 6 层开始每隔 12 层一道，最长 46.8m（18 层、88～91 层），最短 5.6m（42 层），最高 10.9m（88～91 层），最低 4.2m（除 88～91 层），截面为焊接箱形。两端与巨型柱连接，主要用于承受 12 层结构荷载，并将荷载传递到周边巨型柱上。

带状桁架长度从 12～46.8m 不等，采用散件制作、运输，高空散件拼装，将安装误差消化在分段处。上下弦各分为四段，如图 7.2-7 所示。

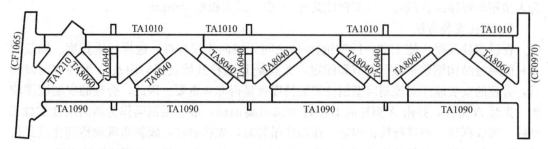

图 7.2-7　带状桁架

1）带状桁架安装实施工艺

桁架安装需在超高空临边作业（图 7.2-8），且环境恶劣多变、无法控制，因此，采用了非常规的倒装法，即先装下弦，校正、焊接完成后，再安装直腹杆、斜腹杆，上弦安装完成后，斜腹杆、上弦整体进行校正焊接的施工工艺，避免采用坎装、塞吊的常规方法。

2）双机抬吊

带状桁架属于荷载传力的主要部件，且根据设计要求，其与下部层间钢柱之间在未下挠完成构件分段点位置均需根据设计蓝图中的断点确定，因此，分段后仍然有部分构件的重量超过了塔式起重机的额定起重量，不得不采用双机抬吊的方式进行吊装。

双机抬吊所要解决的问题是：在环境变化无常、工况恶劣的情况下，使两台起吊速率不同的塔式起重机，在抬吊过程中保持平衡，不至于发生荷载分配不均匀情况。除进行常规编制专项方案、书面口头技术交底、由一名熟练起重工进行统一指挥外，还在吊夹具选择、抬吊扁担选择、机械性能上进行认真研究、严格控制，并在每次抬吊前进行抬吊模拟练习，即选择样式相同，但重量较轻构件进行全过程仿真模拟抬吊练习，熟练后方能进行正式抬吊，正是由于不厌其烦地履行常规流程，才确保了每次抬吊的成功完成（图 7.2-9）。

图 7.2-8　现场带状桁架安装实况

图 7.2-9　带状桁架现场双机抬吊实况

3）高空临边支撑胎架设置

围绕塔楼结构平面一周的带状桁架，现场采用散件制作、运输、高空组装就位的安装方法，如何保证散件弦杆高空临边对接，是保证顺利安装的关键因素之一。我们充分利用桁架下方小截面 H 型钢柱，在钢柱腹板两侧分别加设 $\phi 219 \times 10$ 钢管，钢管间通过加设连接板，将 H 型钢柱和两根支撑钢管连接成一个整体，充分利用了圆管轴心受压性能好及 H 型钢柱与钢梁连接稳定性好的特点，形成了强有力的高空临边带状桁架支撑体系，钢管间连接板通过螺栓连接固定，支撑钢管可循环使用，不但扎实可靠，还节约了成本（图 7.2-10）。

图 7.2-10　高空临边支撑胎架

4）桁架预拱与卸载

巨型柱、楼板混凝土施工进度落后于钢结构安装进度 6～8 层，出现带状桁架底部无强力支撑的不利工况，我们对桁架在不利工况下的下挠值进行了模拟计算，并在安装时通过对接分段处 7mm 间隙实施预起拱 10～30mm。成功解决了整体流程非常规状况下，土建巨型柱混凝土落后于钢结构安装层，带状桁架两端没有平面位置约束，上部荷载不断增加，桁架下挠超过预期设计值的难题，保证了桁架的整体水平度，把下挠值控制在预计的范围内。

（3）巨型斜撑的安装

巨型斜撑作为巨型结构的一部分，主要用来提高大楼抗侧向变形的能力，其截面为焊接箱形截面，内部灌注混凝土，灌注于箱形截面中的混凝土增加了结构的刚度和阻尼，还能防止巨型斜撑杆件薄钢板的压屈。

巨型斜撑截面尺寸 1200mm×350mm，与相邻构件重量比达 20：1，而且呈 100：92 倾斜状态，安装时不可避免产生向下的重力传递引发相邻垂直杆件弯曲变形及侧向的不稳定，在施工过程中主要采取每节加设防倾支撑，反向设置缆风绳固定、及时连接其与核心墙之间钢梁等约束措施，确保了巨型斜撑的安全精确定位、相邻竖向杆件的垂直度和侧向稳定。

由多段拼接而成的巨型斜撑连接每隔 12 层一道的带状桁架，受带状桁架起拱值的影响，斜撑本身段与段之间的对接需要考虑带状桁架在上部荷载增加之后的变形，要求采取变形预偏处理；并且与巨型斜撑连接的钢梁、钢柱受斜撑预偏、桁架起拱影响，因相邻构件施工累积误差影响，原设计的高强度螺栓连接节点很难顺利完成。现场经与设计单位讨论，将高强度螺栓连接的圆孔改为长圆孔、与巨型斜撑相连的钢梁连接板由工厂焊接改为现场焊接。调整后的连接方式，既保证了节点连接的精度，又适应了巨型斜撑在安装阶段的不断变形，提高了施工效率。巨型斜撑临时支撑设置如图 7.2-11 所示。

图 7.2-11　巨型斜撑临时支撑设置

（4）超大铸钢节点安装

分布在 91F（399.000m）四角处的超大铸钢节点（图 7.2-12），有 12 个牛腿分支，分支相连截面形式包括：箱形、BH 形、十字形和不规则四边形；在空间呈偏心、倾斜状态。该节点重量 34.3t，超出了现场 M900D 塔式起重机的单绳最大起重量，而且高空环境恶劣、风力始终持续 5～6 级、构件严重偏心，测量定位难度很大。现场采用双机抬吊方式吊装，全站仪测量定位的方式进行安装（图 7.2-13）。

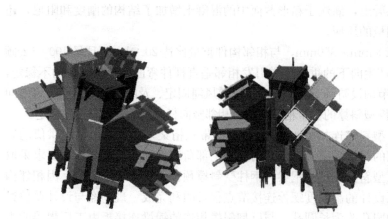

铸钢节点
双机抬吊

图 7.2-12　超大铸钢节点示意图　　　　　图 7.2-13　铸钢节点双机抬吊

多分支接头铸钢件的尺寸精度与现场安装所要求的精度有一定的差别，并考虑到进口铸钢件的运输难度，所以在铸造阶段确定铸钢节点牛腿长度时尽量采用较短的长度。因铸钢件牛腿分支多、长度短，焊接操作空间受到限制；且铸钢本体材质与对接钢构件材质不同类别，现场很难保证在铸钢母体持续高温状态下实施异种材料的焊接。经反复地论证，优缺点比较，将制作好的巨型铸钢节点在工厂车间焊接过渡段，过渡段的材质和与巨型铸钢节点相连的杆件材质相同（图 7.2-14、图 7.2-15）。不仅确保了现场超高空焊接操作空间，而且在环境、温度、工况等施焊条件均优良的工厂车间进行铸钢异种钢材焊接，与超高空铸钢异种钢材焊接相比，更容易保证焊接质量，避免了巨型铸钢母材直接在超高空进行异种钢材焊接的工况，解决了可能发生的脆断、撕裂以及局部焊接位置操作困难的工况。并且通过在工厂焊接过渡段，消化了部分铸造误差，弥补了铸钢件铸造精度偏低的不足。

图 7.2-14　未焊接过渡段的铸钢件　　　　图 7.2-15　已焊接过渡段的铸钢件

因 91 层铸钢节点偏心，而且需要与 12 个不同标高的接驳口连接，就位前先将与之相连的三根下方钢柱、一根伸臂大梁、一根桁架斜腹杆通过临时支撑形式进行安装，铸钢件就位确保五个点连接固定完好后方能松钩，确保了临时固定安全。调校工作采用全站仪、精密经纬仪、水准仪结合捯链、千斤顶等工具进行校正，在上部五个牛腿均设置观测点，确保五个点均满足精度要求。现场安装实况见图 7.2-16。

图 7.2-16　大型铸钢节点现场安装实况

3. 考虑内外筒竖向变形差异影响的伸臂桁架施工

（1）伸臂桁架安装

伸臂桁架高三层，分别分布在 28～31F、52～55F、88～91F 四角位置。采用常规桁架安装工艺，先安装核心筒与巨型柱间伸臂桁架下弦，再加设临时钢管支撑安装三层高斜腹杆，最后安装桁架顶部连接核心筒和外围巨型柱的上弦，待当层结构体系形成，并精确调校后，对上下弦进行永久焊接固定。伸臂桁架斜腹杆与下部铸钢节点、上部巨型柱连接处，设计中规定该弦杆为内外筒不均匀沉降应力释放处，该节点施工过程中采用巨型可靠连接板进行临时连接（图 7.2-17、图 7.2-18），高强度螺栓孔长圆孔、螺栓初拧连接固定，设计要求该节点须待内外筒沉降差异基本稳定后，方可进行最终永久焊接连接；若结构施工过程发生强有力台风、地震等毁灭性恶劣状况，须在来临前立即对该节点大量螺栓群进行终拧，通过此来抵抗巨大的不利环境影响。

图 7.2-17　伸臂桁架安装临时支撑设置

图 7.2-18　伸臂桁架临时连接节点

（2）变形监测

为确保主体结构施工安全，对于核心筒遥遥领先于外围钢框架结构的施工流程，特别是核心筒和外围巨型柱的不均匀沉降影响，我们在 6 层、17 层、29 层、41 层、52 层、65 层和 77 层楼层内，距离地面 500mm 处设置了能充分说明不均匀沉降、压缩变形的观测点位，混凝土浇筑完成后开始布设永久观测点位，从 18 层施工完毕开始，每月采用全站仪和精密水准仪进行监控，一旦发生不良沉降状况，将立即启动相关紧急程序，观测数据也为结构压缩、沉降变形分析提供了宝贵的一手资料。

（3）内外筒变形差异分析

钢结构安装至 93 层，混凝土结构施工至 91 层，观测发现内外筒不均匀沉降值最大

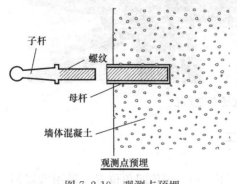

图 7.2-19　观测点预埋

5.17mm，不均匀沉降基本趋于稳定，且结构荷载在 93 层以上均匀施加。在经设计许可情况下，施工方对伸臂桁架进行了释放，释放从 28 层开始逐层向上推进，每层桁架接头位置统一同时进行释放，释放时使用扳手，将螺栓按从中间向四周扩散顺序，将螺栓向反方向旋转 90°±30°，同时释放前后反复对比相关焊接间隙、错边、错口情况（图 7.2-19～图 7.2-21），释放前后最大焊缝间隙变化 20mm、错边 15mm、错口 13mm，

完全与设计前期预计相吻合，得到设计许可后，立即对伸臂桁架上下大型螺栓节点进行永久焊接连接。

图 7.2-20　释放前后数据量测点

图 7.2-21　对接焊口进行量测检查

4. 超高空大跨度巨型桁架施工

（1）安装思路

94 层以下采取先安装内筒，再安装外筒桁架；94～96 层先安装外围倾斜桁架，再安装两侧巨型柱区域；96 层以上部分胎架安装与结构同步进行，先安装中间胎架，再安装两侧结构，并及时与胎架连为一体，中间胎架领先两侧结构 1～2 层，不但保证了主结构的安装精度，而且确保了施工过程主结构的安全（图 7.2-22）。

图 7.2-22　98 层结构及胎架安装实况图

（2）观光天阁底部结构合拢

100 层施工在第 7 层胎架平台上进行，并由两端向中间合拢。待 100 层合拢后再施工其上的 101 层。使用布置在 100 层和胎架平台间的千斤顶作为支撑，承载主体结构合拢前的竖向荷载。

观光天阁底部结构即 100 层结构平面安装时，现场处于确保结构封顶的关键时期，为加快工程进度，对结构平面杆件采取了地面散件拼装、整体吊装的安装工艺，共分为 5 段，靠近两侧拼装组合件进行了双机抬吊，其余采用单机吊装，有效确保了施工进度，保证了施工质量（图 7.2-23、图 7.2-24）。

图 7.2-23　现场双机抬吊天阁底部组合件

图 7.2-24　观光天阁底部合拢实况

（3）顶部桁架释放

结构吊装完成后，首先对孔洞两侧钢结构及 101 层～RF 钢结构进行校正焊接，考虑 100 层为吊挂层，暂不焊接，待桁架释放完成后，最后对 100 层进行焊接。桁架释放前对已焊接部位焊口多次进行认真细致检查，确保已施焊接头无损检测全部合格、无延迟裂纹

图 7.2-25　现场桁架释放实况

出现，并对顶部标高进行多次复测，确认无误后，最后进行两层千斤顶整体释放，释放指定项目生产经理统一指挥，32 个千斤顶同时根据起拱高度的不同，按 3～1.0mm/次不等的速率分 10 次进行释放，释放完成后将桁架与千斤顶面间隙调至 5mm，静悬 24 小时，再次观测桁架底部变化情况，并多次定期对桁架下挠值进行观测，最终顶部桁架标高最大拱值 13mm，完全符合该工况下预期值（图 7.2-25）。

（4）支撑胎架的拆除

支撑胎架在顶部桁架释放后进行。由于胎架位于 100 层～RF 结构的正下方，胎架钢梁的拆除不能依靠塔式起重机进行，必须采用捯链悬挂、人工牵引转移、塔式起重机接力的方式将胎架构件拆运至 96 层楼面，再成捆转运至地面。

胎架拆除按照自上而下、先梁后柱、先次梁后主梁的顺序进行（图 7.2-26）。拆除过程中，400m 高空作业，必须考虑阵风的影响，采用平行四边形原理，中间捯链渐渐松开，构件便渐渐移出，从而达到移出构件、由塔式起重机拆除的目的。

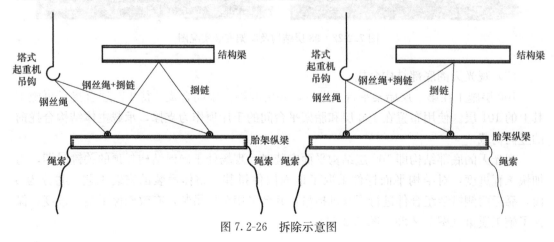

图 7.2-26　拆除示意图

7.3　广州周大福金融中心

1. 工况概况

广州东塔（广州周大福金融中心）项目塔楼地下 5 层，地上 112 层，建筑高度 530m，钢结构总量 10.7 万 t。塔楼结构为 8 根外框巨柱及 6 道空间环桁架与核心筒钢板墙＋劲性钢柱组成的巨型框架-核心筒-环桁架结构体系。其中核心筒内采用钢板墙＋劲性钢骨柱＋连梁的抗剪结构，核心筒外区域通过 8 道伸臂桁架及钢梁与 8 根外框 TKZ 巨柱、8 根 TMZ 门柱连接共同构成抗侧结构体系。塔楼竖向共分布 6 道环桁架层，其钢结构主要包括巨型钢柱、核心筒桁架（钢板墙）、外框环形桁架及伸臂桁架等，伸臂桁架为组合箱形构件，两端通过复杂巨柱节点与塔楼内外筒连接。环桁架层在空间位置上分为内层环桁架与外层环桁架，内、外层环桁架间通过方钢管连接，在平面分布上分为角部环桁架、边部环桁架，故为内外双层环桁架层（图 7.3-1）。

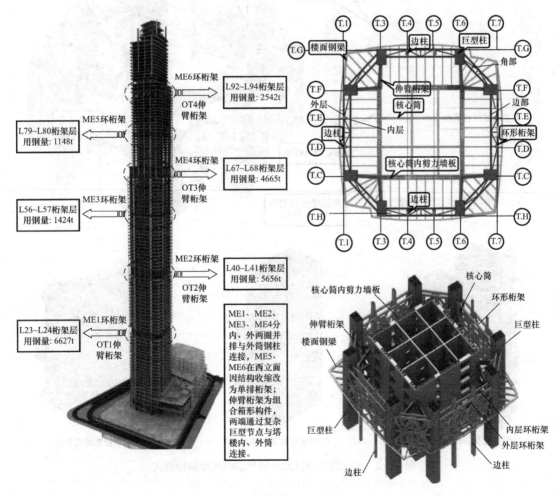

图 7.3-1　广州东塔项目结构示意图

环桁架层水平最大跨度 27m，竖向跨度高达 14.5m，单道环桁架层结构用钢量高达 6627t，且相似于如此之大尺寸的内、外双层环桁架结构形式在国内外已完工高层建筑中应用较少。

本工程带伸臂结构的环桁架层包括外框巨型钢柱、核心筒桁架（钢板墙）、外框内外双层环形桁架及伸臂桁架等（图 7.3-2），空间结构复杂多样、节点体型较大，其中核心筒桁架四处角部存在单节点重达 112t。为解决核心筒桁架转角部位多向焊接热应力过度集中及施工空间受限等难题，该部位采用铸钢组合节点。塔楼竖向每道环桁架层处，内外筒主要通过四个角部伸臂桁架与外框、核心筒连接形成稳定结构体系，伸臂桁架与外框架采用巨柱贯入式节点相连，该巨柱贯入式节点单件最重达 159t，最大板厚为 130mm。此外，外框环桁架层结构主要由桁架杆件及巨型蝶式节点组成。

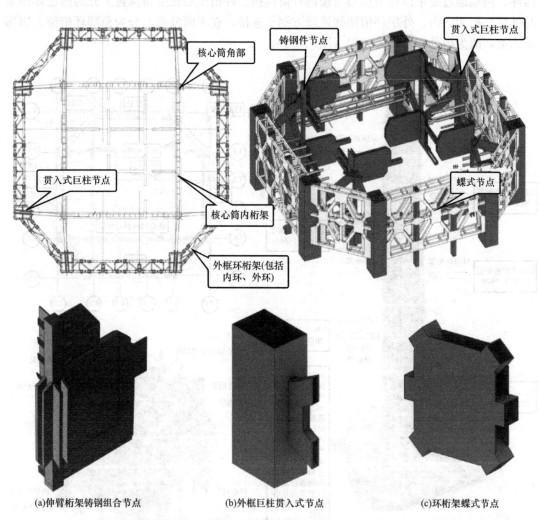

(a)伸臂桁架铸钢组合节点　　　　(b)外框巨柱贯入式节点　　　　(c)环桁架蝶式节点

图 7.3-2　带伸臂结构巨型环桁架层的典型结构形式

2. 环桁架层异形复杂结构加工技术

针对复杂的带伸臂环桁架层结构加工，主要采取"分段制作-整体组装-现场补充焊接"

的工艺；同时以"预估偏差、余量分类加放、焊接反变形控制"为核心技术控制大截面复杂构件制作精度。

（1）预估偏差、加放余量、焊接及变形控制技术

1）预估偏差、加放余量

焊接收缩变形对钢结构的影响主要表现为焊缝沿长度方向上的纵向变形和焊缝的横向收缩变形，造成构件长度方向缩短和构件截面尺寸变小，其中构件长度尺寸可以通过先加放余量焊后再进行整体尺寸下料的方法进行调节；而构件截面尺寸精度的控制必须先进行焊缝的横向收缩值估算，在零件下料时加放焊接余量或在构件装配时预置焊缝的横向收缩值。

2）焊接变形控制

构件的焊接变形源于构件或构件中的接头不均匀焊接受热。若对焊接变形考虑不周，轻者导致构件的尺寸超差，矫正工作量巨大；重者造成构件的解体和返修，严重时变形会直接引起构件报废，焊接变形直接影响大型钢构件的制作质量。在大型钢构件中，焊接变形主要表现为焊接后引起构件的挠曲变形、角变形及构件尺寸收缩，通过控制焊接顺序，实现有效顺序凝固，可以减少构件焊后翘曲变形和角变形；而焊接收缩变形可以通过加放余量或者调节焊缝间隙解决。

3）环桁架拼装余量及焊接收缩余量加放

环桁架层结构整体对称，为便于批量加工，同时合理设置牛腿长度，避开焊缝应力集中，则环桁架采用以点带线、对称分段制作，以 L40～L41 环桁架层为例，边部环桁架单面划分为 20～22 个构件，角部环桁架单面划分为 13 个构件，如图 7.3-3 和图 7.3-4 所示。

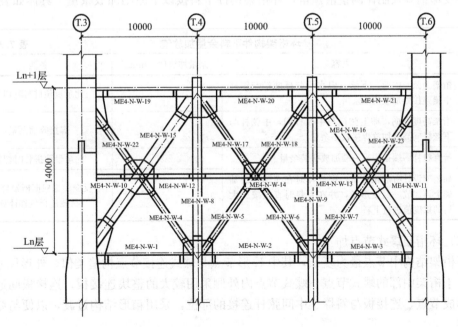

图 7.3-3　边部内、外层环桁架分段划分

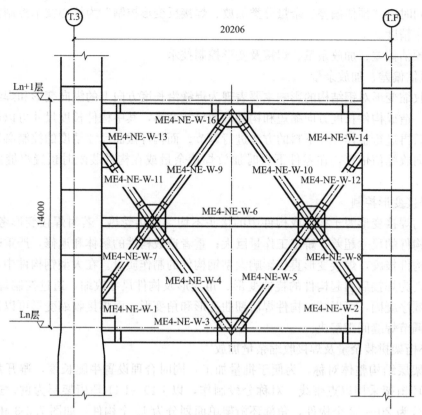

图 7.3-4 角部内、外层环桁架分段划分

经变形估算及制作调整量预留，环桁架构件下料按以下原则加放余量，具体如表 7.3-1 所示。

环桁架构件下料余量加放值　　　　　　　　　　　　　表 7.3-1

序号	内容	余量加放值（mm）	备注
1	桁架上弦、中弦、下弦三根水平弦杆两端与钢柱牛腿连接处加放拼装余量	+10	此余量预拼装时切割
2	桁架高度方向，即上弦杆与中弦杆间，中弦杆与下弦杆间高度加放焊接收缩余量	+3	焊接收缩余量
3	所有腹杆一端正作，一端加放拼装余量	+5	此余量预拼装时切割
4	如桁架设计有起拱要求，则放样时在实际拱高基础上再加放一反变形量，并在下料时直接按放大后的拱度值进行下料	—	反变形量根据桁架自重、荷载进行位移计算

（2）环桁架蝶式节点加工

环桁架结构中节点最为复杂，其中 K 形节点与蝶式连接节点构造类似，外形尺寸最大节点位于桁架中部的蝶式节点，蝶式节点内外侧采用较大的整块连接板，连接板间通过加劲肋形成节点，连接板与斜撑、中间弦杆连接的部位，采用箱形结构过渡，以便与弦杆箱体对接。

环桁架蝶式节点呈米字形，对称布置有桁架斜腹杆、中弦杆等六个杆件连接点，构件的形位尺寸、杆件对接点定位精度是其加工控制的关键，其主要遵循"预估偏差、余量分类加放、焊接反变形控制"的精度控制原则，具体加工工艺与控制流程如图 7.3-5 所示。

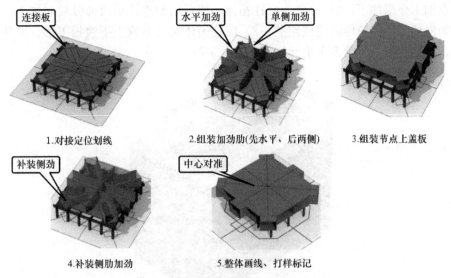

图 7.3-5　环桁架蝶式节点加工工艺与控制流程

（3）巨柱贯入式节点加工

由巨柱箱体、巨柱腔内伸臂桁架连接板、桁架牛腿等组成。巨柱为大截面多腔箱形结构（图 7.3-6），腔内厚板多层多向交会对接，焊缝数量多、集中，组焊过程易产生变形。

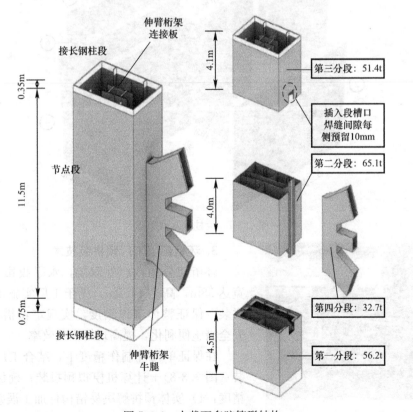

图 7.3-6　大截面多腔箱形结构

遵循化繁为简、加放余量、反变形焊接原则，分单元加工、整体组装。第二分段的巨柱贯入式节点加工介绍如下：1）分解为巨柱箱体、伸臂桁架连接板两部分独立加工，最后将连接板斜向插入巨柱箱体内完成组装；2）巨柱箱体又可分成上下腹板①②、加劲板⑤及隔板⑥、两侧翼板③④等多个单元加工（图 7.3-7）。

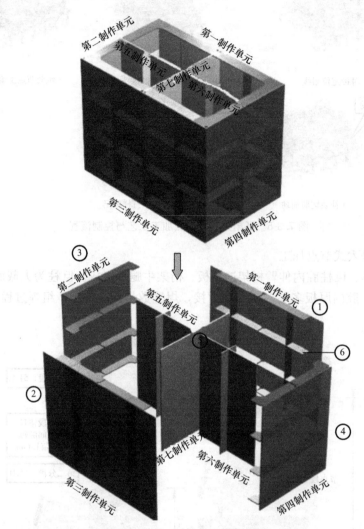

图 7.3-7　巨柱贯入式节点

图 7.3-8　实体预拼装效果图

3. 环桁架层工厂预拼装技术

环桁架分为内、外双层，水平投影长达 60m，宽达 58m，高达 14.5m。先于工厂实施桁架构件预拼装，保证整体制作精度，实现定位措施工厂化、安全措施便利化，提高现场安装效率。

在保证单构件制作精度下，结合工厂实体预拼装（图 7.3-8）＋计算机模拟预拼装，确保整体加工精度：1）实体预拼解决易错构件加工误差，计算机模拟预拼解决设计偏差；2）首批结构采取实体预拼

＋计算机预拼相结合，对比两者效果；3）后续批次仅进行计算机模拟预拼，提高效率、满足安装进度。

4. 环桁架现场高效安装技术

（1）环桁架层地面拼装、单元体吊装技术

环桁架层结构复杂、工程量大、作业面广。现场通过优化施工流程、塔式起重机分区吊装，采取构件地面拼装、单元体吊装的方法（图 7.3-9～图 7.3-11），整体加快施工效率。优化施工流程：1）采取自下而上，先安装巨柱与伸臂桁架；2）平面内先角部桁架后边部；3）角部桁架先内后外，边部桁架先外后内。

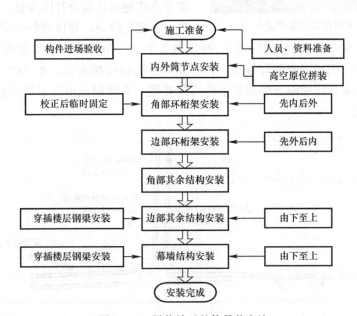

图 7.3-9　拼装单元整体吊装实施

图 7.3-10　内层环桁架拼装后整体吊装

图 7.3-11　外层环桁架拼装后整体吊装

（2）环桁架安装精度测量控制技术

地面拼装测控技术：依据设计图纸地面放轴线大样，然后吊放桁架杆件，用卡板固

图 7.3-12 地面拼装过程测量控制

定，并根据轴线进行校正（图 7.3-12）。

高空单元体原位安装测控技术：在巨柱上，测量放线、设置就位卡板；就位后、初步校正；整体精校正、焊接后复测。

（3）环桁架现场焊接控制技术

环桁架层整体焊接顺序：现场采取 24 小时轮班、不间断焊。整体焊接顺序与安装顺序相同，先角部后边部、边部先外环后内环。桁架节点按地面拼装分片区焊接，杆件两端先后焊、多接头跳焊，整体控制焊接变形。

现场超厚铸钢节点异种钢对接焊：两边各 2 名焊工分段跳焊、对称焊接①、②立焊缝；待所有核心筒钢板墙安装焊接完，再开始焊接铸钢件接头③、④（图 7.3-13）。解决了铸钢节点处作业空间受限、焊缝集中的焊接难题，有效避免该区域焊后残余应力过大、结构变形的现象。

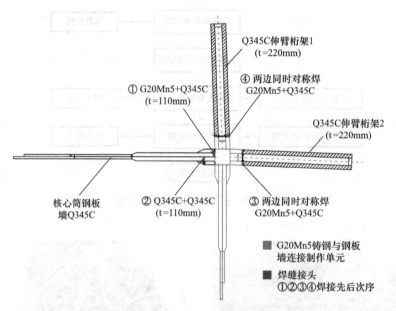

图 7.3-13 超厚铸钢节点异种钢对接焊示意图

现场 G20Mn5QT 铸钢与 Q345C 对接焊工艺：半自动 CO_2 气体保护焊＋实芯焊丝；Q345C 钢单边 45°V 形坡口；多层多道焊，每层厚度 3～4mm（图 7.3-14）。

5. 内外筒不均匀沉降控制技术

（1）伸臂桁架延迟连接技术

L23～L24、L40～L41、L67～L68 及 L92～L94 为带伸臂结构的环桁架层，通过对伸臂连接外框端延迟焊接，使内、外筒竖向结构自由沉降，最终趋于平衡状态。

伸臂核心筒端先焊、伸臂外框端先不焊（采取水平板装置临时固定）。在与巨柱上下连接口加设垂直连接装置，采用 $\phi100$ 销轴穿长圆孔约束，使核心筒与外框自由沉降，待上部结构施工荷载稳定后再施焊。

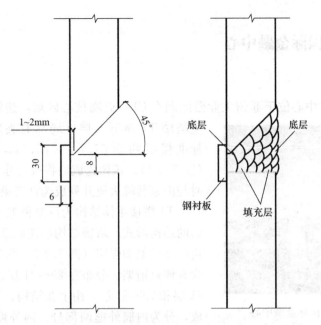

图 7.3-14　接头焊缝坡口设计示意图

（2）大吨位斜向箱形截面砂箱卸载技术

由原"主动竖向支撑"改为利用"被倒挂式"斜向支撑：合理循序释放首道 23F 环桁架层及以下所有竖向结构荷载，有效控制外框竖向沉降变形（表 7.3-2）。斜向支撑截面 800mm×800mm×25mm×25mm、长 16.7m，待 L23 层桁架施工后卸载拆除。匹配增设 800mm×800mm×30mm 截面大吨位斜向砂箱卸载装置，单点承载达 1400t（轴力为 1098.9t）。砂箱以侧向受弯为主，且结构稳定、变形小，满足承载要求。

斜向支撑及卸载施工设计　　　　　　　　表 7.3-2

低区桁架安装			
1. 安装支撑杆	2. 安装平衡梁	3. 安装单侧桁架	4. 整体桁架安装完成
5. 切除临时连接板	6. 砂箱卸载	7. 斜撑拆除	8. 后续结构安装

（高区桁架安装后卸载）

7.4 苏州国际金融中心

1. 工程概况

苏州国际金融中心位于苏州工业园区湖东 CBD 商圈核心区域，建筑面积 $393208m^2$。

图 7.4-1 苏州国际金融中心

主塔楼 T1 地下 5 层（局部有夹层），地上 93 层，标准楼板约为 $57.7m \times 57.7m$，建筑高度 450m（图 7.4-1）。该楼建成后将成为苏州城市新地标，同时与南京紫峰大厦并列成为江苏第一高楼。

T1 塔楼主体结构为巨型框架＋伸臂桁架＋核心筒的结构形式，塔楼结构层楼面呈叶状造型，共有 6 道巨型桁架加强层（图 7.4-2、图 7.4-3）。其中 4 道含有伸臂桁架，分布在 29～31 层、46～48 层、63～65 层和 79～81 层，由上弦结构、下弦结构及腹杆构成，分为内筒外框两部分。内外伸臂桁架在水平平

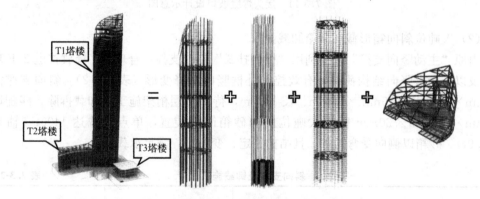

图 7.4-2 结构示意图

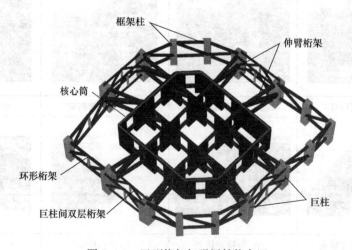

图 7.4-3 巨型桁架加强层结构布置

面内向两侧折弯有一定角度，并通过贯通核心筒外墙的上下各 7 个厚板折弯节点和 1 个铸钢节点连接，形成稳定的结构体系。伸臂桁架为箱形、H 形截面，最大板厚为 100mm，桁架高度 8.2m 或 8.9m，跨越 2 个结构楼层，主要材质为 Q390GJC；环形桁架为圆管形、H 形截面，最大板厚为 70mm。该工程钢材采用 Q345B、Q345GJB、Q345C、Q345GJC、Q390GJC 等材质，最厚板为 100mm。

T1 塔楼核心筒采用双向交叉桁架式顶升模架体系以保证施工的快捷与安全，顶模系统在 T1 塔楼施工至 5 层时安装，施工至 88 层时拆除。顶模体系以 4 个大吨位长行程液压油缸支撑一个整体式桁架钢平台，钢平台覆盖整个核心筒范围，模板和施工操作架悬吊于钢平台下方，随顶模同步爬升，最大顶升步距为 5m（图 7.4-4）。

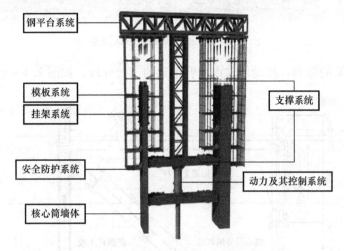

图 7.4-4　顶模构造示意图

针对顶模影响下的桁架分段优化技术已较为成熟，而该工程因施工图纸变更及双向交叉桁架式顶模系统设计缺陷的影响，核心筒内巨型伸臂桁架的施工较以往工程的难度更大，需通过合理的施工流程模拟分析，统筹考虑伸臂桁架自身的结构特点、顶模结构体系、混凝土一次浇筑高度、焊接工艺等要求，对筒内巨型桁架的分段进行优化；同时由于存在特殊的厚板折弯节点，如何解决其与复杂顶模系统的冲突也需进行重点研究。

2. 复杂顶模下巨型桁架及厚板折弯节点适应性分段优化技术

（1）复杂顶模影响下巨型桁架施工全过程动态模拟

通过对双向交叉桁架式顶模系统设计图纸的研究，利用 CAD 软件、三维模型软件和公司自主研发的主营业务信息系统，引入 BIM 仿真深化技术，建立双向交叉桁架式顶模系统和巨型桁架结构的仿真模型（图 7.4-5），模拟复杂顶模影响下巨型桁架的流水施工过程，确认各阶段各杆件的就位工况，并通过碰撞检查功能发现施工作业中的冲突位置，为之后的优化设计提供依据。

（2）劲性伸臂桁架结构分段优化

通过前面的分析，可知双向交叉桁架式顶模系统主桁架不可拆除，次桁架可在施工过程中临时拆除，因此次桁架与钢结构影响位置可不分段，以施工过程中临时拆除次桁架替代，主桁架与钢结构冲突部位才需考虑分段。

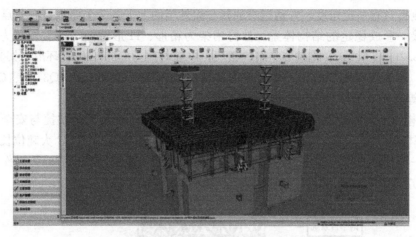

图 7.4-5　巨型桁架施工仿真模型

为避开主桁架的影响，被动增加内伸臂桁架的三处分段，如图 7.4-6 虚线框内所示。

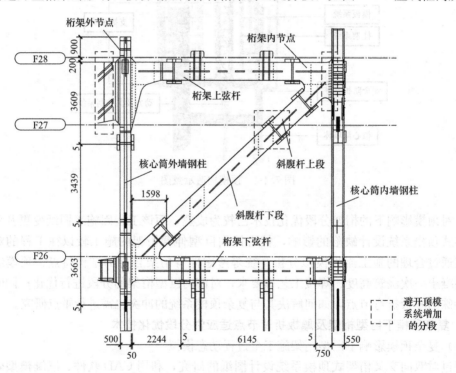

图 7.4-6　核心筒内伸臂桁架分段示意图

1）桁架内节点水平方向呈 L 形，平面尺寸 2.3m×2.3m，最大板厚 60mm，受顶模主桁架影响，将与暗梁连接的一侧牛腿改为现场焊接（图 7.4-7），使内节点能顺利通过顶模钢平台，就位校正后再安装牛腿。

2）加强层伸臂桁架跨高 8.2m 或 8.9m，跨越 2 个结构楼层，而双向交叉桁架式顶模体系施工步距最大为 5m，上层钢结构受顶模影响无法提前一层安装，需对劲性桁架的斜腹杆进行分段，综合考虑顶模一次顶升的高度上限和核心筒混凝土一次浇筑的高度下限，在顶模主桁架下端分出一段长约 1.9m 的斜腹杆上段（图 7.4-8）。

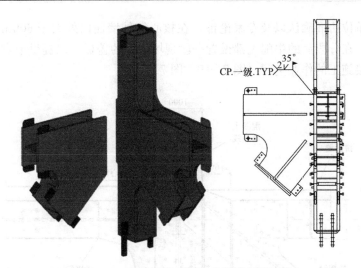

图 7.4-7　桁架内节点增加牛腿现场焊接缝

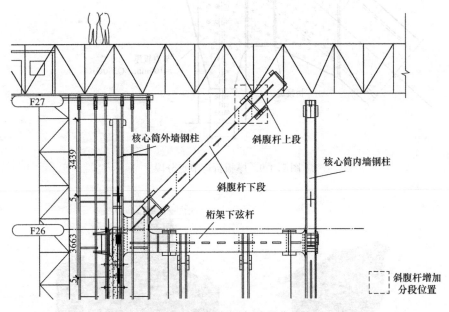

图 7.4-8　斜腹杆增加分段位置图

（3）厚板折弯节点竖向分段及吊装流程

1）厚板折弯节点竖向分段

厚板折弯节点与复杂顶模系统的冲突体现在两个方面：一是水平折弯结构增大的落位所需宽度与钢平台主桁架间距的冲突，二是长 2.6m 的外伸牛腿与顶模平台外挂架的冲突。

解决方法之一是对顶模钢平台及挂架和模板系统进行改造，但涉及改造部分较多，影响顶升模架系统桁架强度和整体稳定性；解决方法之二是在折弯节点靠近折弯位置增加一道竖向分段，既将落位所需宽度减少至顶模平台主桁架间距以内，又避开了外挂架的提升范围，故采用方法二。

经与设计单位协商确认以及专家论证，在核心筒外墙面以外大于 600mm 的位置增加一处竖向分段。在分段后的牛腿上部设置一段现场焊接的盖板，以提供节点内部上侧加劲板现场对接焊接施工的作业空间（图 7.4-9、图 7.4-10）。

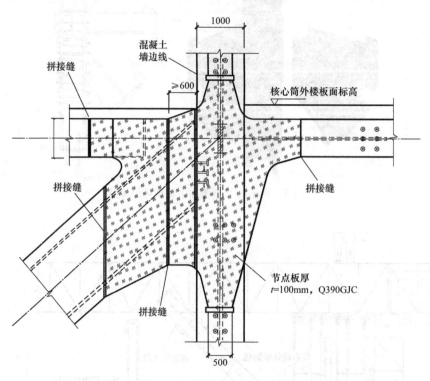

图 7.4-9　厚板折弯节点分段

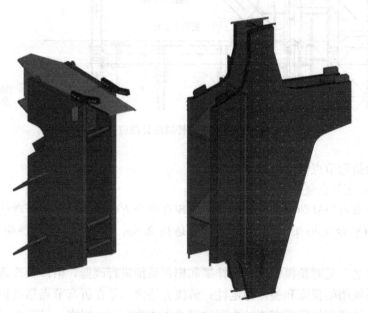

图 7.4-10　厚板折弯节点分段后的三维模型

2）厚板折弯节点吊装流程

通过增加竖向分段，厚板折弯节点可以顺利通过顶模钢桁架平台，进行垂直吊装。吊装步骤1：拆除次杆件，利用主副钢丝绳将构件从顶模间隙穿过；步骤2：穿过顶模平台后，利用溜绳将构件旋转摆正，就位完毕（图7.4-11～图7.4-13）。

 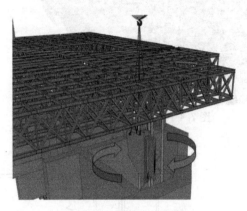

图 7.4-11　步骤 1 示意图　　　　　　图 7.4-12　步骤 2 示意图

3. 复杂顶模适应大型铸钢节点落位改造技术

（1）复杂顶模系统主次桁架的转换

大型铸钢节点受制于其外观尺寸，优先选用平移落位的吊装方法，平移时吊装钢丝绳受主桁架阻挡，故对铸钢节点处主次桁架进行转换，以便吊装过程中临时拆除（图7.4-14）。

 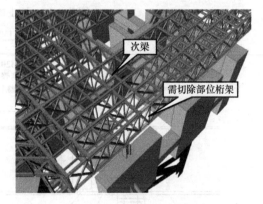

图 7.4-13　内伸臂桁架下弦节点穿过钢平台落位　　　图 7.4-14　改造位置局部图

1）复杂顶模系统改造流程

将原主桁架之间铰接次梁拆除替换成截面更大的梁，连接方式变为刚接，并加入方管斜腹杆改造成桁架，如图7.4-15所示；将原主桁架位置切除一部分构件，形成一个缺口，供铸钢节点钢丝绳能够平移进入，如图7.4-16、图7.4-17所示。

2）主次桁架节点修改

顶模原上下弦杆次梁为栓接节点，直接在现场顶升模架上将该栓接节点进行焊接。顶模新增腹杆，首先根据图纸和现场放样得出腹杆的长度和端部的形状。在地面上将腹杆件精确下料，然后吊装至顶模进行焊接。对于临时连接的次梁，采取如图7.4-18所示的连接方式。

图 7.4-15　次梁改造成桁架

图 7.4-16　顶模原主桁架切断

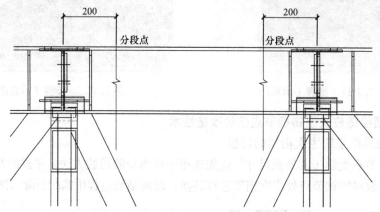

图 7.4-17　原主桁架切割点示意图

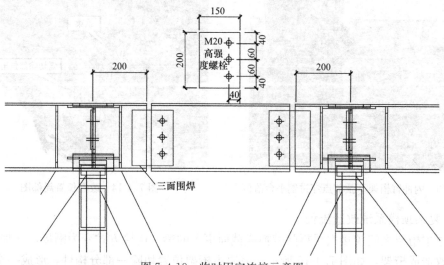

图 7.4-18　临时固定连接示意图

（2）大型铸钢节点焊接过渡段处理

铸钢节点的受力情况不仅要考虑铸钢件本身的机械性能，也要考虑与之连接的钢板的材质和拼接缝的焊接质量。

1）铸钢件与构件焊接过渡段设置

该工程大型铸钢节点分别与劲性柱、上下弦杆和斜腹杆连接，板厚跨越 26mm 至

100mm，涉及 Q345GJC、Q390GJC 材质。

铸钢件与高性能、超厚材料焊接，焊接熔敷量大，焊接后易产生焊接变形，焊接应力可能导致裂纹，增加了焊接质量控制的难度。为保证现场焊接质量，在铸钢厂提前焊接过渡段，过渡段材质与相连的构件母材相同。过渡段长约 500mm，如图 7.4-19、图 7.4-20 所示。

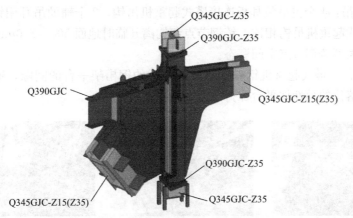

图 7.4-19　铸钢节点各焊接过渡段示意图

2）铸钢件本体检测

为确保铸钢件接头的焊接质量，焊接之前对铸钢件母材焊接接头的台阶部位 150mm 区域进行超声波和磁粉检测。

3）铸钢件热处理

为消除焊接应力，提高钢的塑性和韧性，并改善焊缝组织的综合性能，对焊接过渡段后的铸钢节点进行整体高温回火处理。

（3）大型铸钢节点安装

1）吊耳设置

图 7.4-20　铸钢节点各焊接过渡段实景图

利用建模软件确定大型铸钢节点的重心位置，沿上方劲性柱过渡段设置 4 个临时连接耳板，开设直径 50mm 的吊装孔作为主吊点，并在重心线另一侧布置两个辅助吊耳（图 7.4-21）。

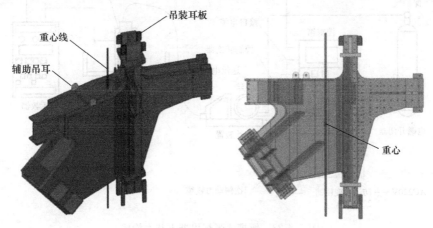

图 7.4-21　铸钢节点吊耳设置

2）施工流程

铸钢节点施工流程（图7.4-22）如下：

① 顶模结构需拆除部分准备就绪：顶模改造完成后，拆除改造后的次桁架和改造位置下方部分外挂架，提供大型铸钢节点平移的空间。

② 节点试吊：4个主吊装耳板连接塔式起重机吊钩；2个辅助吊耳用钢丝绳相连，再通过捯链和塔式起重机吊钩相连。铸钢节点起钩离开临时地面500～800mm时停止，检查各措施状态与大型铸钢节点空间姿态。

③ 吊装就位：塔式起重机钢丝绳穿过改造后的钢桁架平台的间隙，通过捯链调整大型铸钢节点与落位的劲性柱平台保持垂直，平移就位。

起吊　　　　　　　铸钢件穿过钢桁架平台　　　　调整姿态并平移就位

图7.4-22　铸钢节点施工流程

4. 便携式弧焊机器人焊接技术

为解决传统半自动CO_2气体保护焊的上述缺陷，实现超高层临边厚板长焊缝自动化CO_2气体保护焊，该工程引入便携式弧焊机器人。

（1）便携式弧焊机器人特点

便携式弧焊机器人主要构成包括机器人本体、摆动机构、控制箱、示教器、导轨、焊接电源、送丝装置、送丝电缆、焊枪、电磁开闭器、控制转换器、防干扰变压器（220/110V）、连接线缆等。其基本构成如图7.4-23所示。

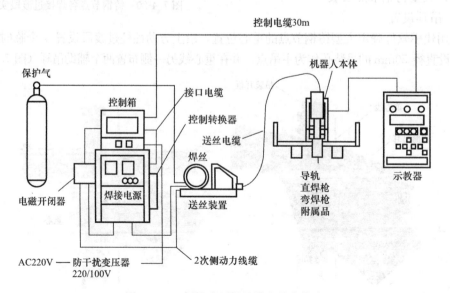

图7.4-23　便携式弧焊机器人基本构成

　　1）小巧便携：便携式弧焊机器人操作模块仅 15kg，人工搬运及安装方便，利于施工期间各层周转。

　　2）高度智能化：操作人员只需在软件中选择实际工件对应的坡口形式，机器人即可通过焊丝接触传感自动检测并获得工件的板厚、坡口角度、根部间隙、焊缝长度、位置偏移量等焊缝信息，并自动演算出最适合的电流电压、焊接速度、焊接时间、摆幅、层数等焊接参数，生成作业指导书，在技术人员确定后展开多层多道焊接作业，直到盖面结束。

　　3）焊接效率高：单道焊缝的焊接速度较人工快出 2～3 倍，当焊接填充量越大、焊缝越长的情况下机器人作业的效率比人工优势更加明显，满足了外框巨柱焊接施工的工期要求。

　　4）焊接质量好：高空运行平稳，可以保持焊接参数一致，焊缝外观成型美观，焊接质量稳定性较好。

　　（2）便携式弧焊机器人现场安装工艺

　　1）组装接线

　　将便携式弧焊机器人转运至焊接楼层后，进行组装接线等相关工作（图 7.4-24）。

　　2）铺设导轨

　　焊接机器人主要由导轨及其安装机构、机器人行走机构及焊接执行机构组成（图 7.4-25）。可根据焊缝的形状尺寸及位置选择适合的导轨互相组合，形成满足需要的焊接导轨。机器人行走机构安装在焊接轨道上，并可在焊接轨道上平稳运动。焊接执行机构固定在行走机构上，可调节焊枪至工件的距离及焊枪在焊缝宽度方向的位置。

图 7.4-24　机器人设备组装接线　　　　图 7.4-25　铺设轨道及机器人焊接执行机构

　　导轨机构配备有电磁铁，通电后可使导轨紧密地贴合在母材表面，利用水平尺配合电磁开关适时微调，保持导轨距焊缝约 300mm，导轨固定安全可靠，利用电磁铁使得导轨铺设简单灵活，操作方便。

　　（3）便携式弧焊机器人现场焊接工艺

　　1）便携式弧焊机器人适用桁架层巨柱焊接工艺评定

　　为指导便携式弧焊机器人用于外框巨柱 Q345B、Q345GJB 材质厚板对接焊接施工，选用具代表性的焊接接头、焊接位置机构间规格进行焊接工艺评定试验（图 7.4-26）。使用焊接工艺评定合格的焊接工艺参数进行施焊，保证现场在施工工序、工艺流程、检查监督等方面都有章可循、有序运作。

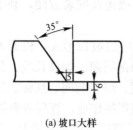

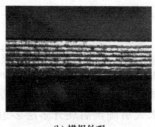

(a) 坡口大样　　　　　　(b) 横焊外观　　　　　　(c) 宏观断面

图 7.4-26　焊接工艺评定试验

2) 便携式弧焊机器人焊接要点

① 便携式弧焊机器人完成自动检测和示教后，生成自动化 CO_2 气保焊焊接参数，在技术人员对焊评工艺参数进行校对与调整后，开始焊接。

② 焊前预热：为减少内应力，防止裂纹，改善焊缝性能，母材焊接前必须预热。预热温度为 80～120℃。预热时，应在焊缝两侧进行加热。加热宽度应各为焊件待焊处厚度的 1.5 倍以上，且不小于 100mm，并避免局部温度过高。焊接返修处的预热区域应适当加宽，以防止发生焊接裂纹。

③ 层间温度控制：在厚板焊接过程中，层间温度一般控制在 120～150℃之间，以降低冷却速度，促使扩散氢逸出焊接区，防止产生裂纹。便携式弧焊机器人由软件自动控制，具有在大电流密度下保持电弧持续稳定的特性，通过调校便携式弧焊机器人实现一次焊接连续作业完成，以严格保证层间温度。

④ 焊接过程控制：对于厚板的多层多道焊，焊接过程中的控制可以有效地控制焊接质量。焊接过程中控制内容主要包括以下几点：

a. 由于后层对前层有消氢作用，并能改善前层焊缝和热影响区的组织，采用多层多道焊，每一焊道完工后应人工将焊渣清除干净并仔细检查和清除缺陷后再进行下一层的焊接。

b. 利用软件控制每层焊缝始终端应相互错开 50mm 左右。

⑤ 焊接顺序：合理的焊接顺序可削弱焊接应力的集中，使大多数焊缝在较小的拘束度下焊接，焊接过程应该尽量采用对称的焊接顺序。并且先焊短焊缝，再焊长直的焊缝。如表 7.4-1 所示。

外框巨柱焊接顺序　　　　　　　　　　　　　　　　表 7.4-1

典型构件编号	焊接顺序示意图	焊接方法
RMZ-1		钢柱吊装就位，临时固定后，进行钢柱内部隔板的对接焊；隔板焊接完成后，进行外围焊缝的对接焊，方向均如左图所示
XMZ-1		钢柱吊装就位，临时固定后，同时进行钢柱内部 3 处隔板的对接焊；隔板焊接完成后，进行外围焊缝的对接焊，方向如左图所示

⑥ 后热处理：后热不仅有利于氢的逸出，可在一定程度上降低残余应力，适当改善焊缝的组织，降低淬硬性，因此焊后立即将焊缝加热至 250～350℃，保温时间按每 25mm 板厚不小于 0.5h 并且不得小于 1h。后热完成后，用岩棉被保温缓冷至环境温度。

3）便携式弧焊机器人焊接施工实例

以 46～48 桁架层 3 号巨柱腹板对接处为例，经过现场实际测量，该条焊缝的坡口具体参数如表 7.4-2 所示。

坡口参数　　　　　　　　　　　　　　　　　　　　　　　　表 7.4-2

坡口形状简图	坡口参数	焊接位置	焊缝长度	焊丝
	$T=30mm$ $A=35°$ $G=18～20mm$	横焊	1580mm	实心焊丝 ER50-6

由 1m 和 0.6m 的轨道组拼成焊接轨道，轨道及便携式弧焊机器人执行机构铺设完毕后，操作焊枪至坡口位置，机器人自动检测板厚、坡口角度等焊缝信息，生成对应的焊接工艺条件，经由技术人员校对与示教后即可开始焊接。

通过实际应用，便携式弧焊机器人外框巨柱对接焊接施工较人工焊接快了 1 倍以上。焊接完成后经检测发现，焊缝成型美观、焊缝内在质量合格（图 7.4-27、图 7.4-28）。

图 7.4-27　便携式弧焊机器人现场焊接实例　　　　图 7.4-28　便携式弧焊机器人现场焊接效果

7.5　重庆来福士广场

1. 工程概况

重庆来福士广场（图 7.5-1）位于朝天门与解放碑之间，项目直面长江与嘉陵江交会口，所在地渝中区是重庆市最为繁华的区域。项目总占地面积为 91782m²，总建筑面积约 1134264m²（包含市政配套设施）。由 3 层地下车库、6 层商业裙楼和 8 栋超高层塔

图 7.5-1　重庆来福士广场

楼（1 栋 319.6m 高级住宅、1 栋 319.6m 超高层办公和酒店综合楼、1 栋 202.1m 办公楼、1 栋 202.1m 高公寓式酒店和办公综合楼及 4 栋住宅楼）以及连接其中 4 个塔楼的 3 层高空中连廊组成，是集大型购物中心、高端住宅、办公楼、服务公寓和酒店于一体的城市综合体项目。

本项目钢结构工程主要分布于 4 栋塔楼和裙楼结构。钢构件的主要形式为：塔楼型钢柱、型钢梁、腰桁架、伸臂桁架；裙楼大跨度钢桁架、型钢柱、型钢梁；观景天桥钢桁架、连桥钢桁架。

观景天桥长度约 300m，宽约 30m。建于 T2、T3S、T4S、T5 塔楼屋顶上，离地面约 250m，总面积约为 9000m²，如图 7.5-2 所示。连桥上设有泳池、观景台、宴会厅、餐厅。观景天桥钢结构施工内容主要包括：隔震支座、阻尼器、主体结构、围护结构、钢连桥以及钢楼梯等。

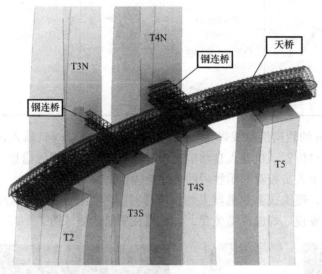

图 7.5-2 观景天桥钢结构

2. 超限群塔高位复杂连体结构施工技术

（1）整体施工流程

根据观景天桥的平面布置，将结构分为三个部分：塔楼上方天桥、塔楼之间天桥和悬臂段天桥。观景天桥平面分区如图 7.5-3 所示。

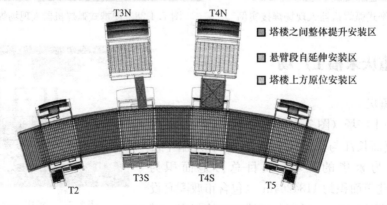

图 7.5-3 观景天桥平面分区

　　塔楼上方天桥结构采用高空原位散件拼装的方法进行安装，并设置胎架作为临时支撑。塔楼之间天桥结构采用在裙楼顶部搭设拼装平台进行拼装，整体提升的方法进行安装。悬臂段天桥结构采用自延伸散件高空原位拼装的方法进行安装。天桥整体施工流程如表 7.5-1 所示。

天桥整体施工流程　　　　　　　　　　　　　　　　表 7.5-1

流程 1：T3S 塔楼上方连桥施工

流程 2：T4S 塔楼上方连桥施工

流程 3：T3S 和 T4S 塔楼之间连桥整体提升

流程 4：T2 塔楼上方连桥施工

流程 5：T5 塔楼上方连桥施工及 T3S 和 T2
塔楼之间连桥整体提升

流程 6：T5 和 T4S 塔楼之间连桥整体提升

流程 7：天桥悬臂段及小连桥悬臂段施工

流程 8：塔式起重机拆除后的后补构件施工

（2）塔楼顶部钢结构安装流程

塔楼上方天桥钢结构主桁架使用塔式起重机原位散件安装，以其中塔楼之一为例进行介绍，安装流程如表 7.5-2 所示。天桥主桁架根据塔式起重机起重性能分段吊装，根据吊装工况分析，需在主桁架下弦杆分段位置采用胎架进行临时支撑。

塔楼顶部天桥钢结构安装流程   表 7.5-2

流程 1：安装支撑胎架

流程 2：安装天桥主桁架下弦杆，校正后焊接固定

流程 3：安装次桁架下弦以及对应的水平支撑，并焊接固定

流程 4：安装主桁架竖腹杆，并临时固定

流程 5：安装主桁架上弦杆和斜腹杆，校正后焊接固定

流程 6：安装次桁架斜腹杆、上弦杆以及对应的水平支撑，校正后焊接固定

流程 7：安装主桁架外侧的次桁架及附属构件

流程 8：安装主层的钢柱、钢梁

流程 9：安装屋顶围护结构第一榀支撑胎架

流程 10：安装屋顶围护结构第一榀两侧的分段构件

流程 11：安装屋顶围护结构第一榀中间的
分段构件（中间两段在地面组拼成一段）

流程 12：按照围护结构第一榀的顺序安装第二榀

流程 13：屋顶围护结构第一榀与第二榀之间补档

流程 14：按照上面的顺序依次完成剩余围护结构

（3）塔楼间钢结构安装流程

塔楼间观景天桥跨度较大，最大跨度约 40m，高度约 200m，采用自延伸安装技术不仅安全风险高，施工精度也不易保证。针对现场工况以及观景天桥和塔楼的结构形式，拟采用整体提升的方案进行安装。提升段采用塔式起重机在裙房屋顶进行拼装。

1）提升段地面拼装流程

观景天桥地面拼装主要有三段，每段处于塔楼之间，每段拼装总长度需要考虑距离塔楼外边缘约 1000mm 的空隙。拼装总体顺序按照先下后上，先拼主桁架后拼次桁架，主次桁架拼装完成之后进行屋顶围护结构拼装，拼装过程中需全程进行测量控制，确保拼装精度。

拼装设备主要采用提升段两边塔楼的塔式起重机。以其中两座塔楼之间的天桥钢结构为例，地面拼装流程如表 7.5-3 所示。

塔楼间天桥钢结构地面拼装流程 表 7.5-3

流程 1：安装地面拼装钢平台

流程 2：安装主桁架下弦主杆件、次桁架下弦、
水平支撑及底部围护结构就位

流程 3：安装主桁架腹杆

流程 4：安装主桁架上弦构件

流程 5：安装主桁架之间的次桁架及水平支撑

流程 6：安装主桁架外侧的次桁架及附属构件

流程 7：安装主层框架结构

流程 8：安装屋顶围护结构，地面拼装完成

2）提升段整体提升流程

根据以往类似工程的成功经验，将连体钢结构在安装位置的正下方楼面上拼装成整体后，利用"超大型构件液压同步提升技术"将其整体提升到位，将大大降低安装施工难度，于质量、安全和工期等均有利。

根据观景天桥的整体结构特点，将整个观景天桥结构分区域进行吊点设置。整体提升过程中主要施工流程如表 7.5-4 所示。

整体提升主要施工流程　　　　　　　　　　　　　表 7.5-4

流程 1：在裙房楼顶散件拼装天桥桁架及附属结构，安装提升平台，平台顶部放置提升器。提升器钢绞线与桁架上弦处的下吊点连接，调试提升设备系统

流程 2：确定一切准备工作完成后，提升器分级加载，将结构整体脱拼装胎架约 100mm，空中静止至少 12h，检查提升平台、下吊点、桁架及焊缝等结构的变形和受力情况，确认是否有异常情况

流程 3：确认无异常情况后，继续整体同步提升桁架。提升器同步提至天桥至安装标高位置后，微调各吊点标高至符合安装要求，提升器锁紧静止。安装嵌补杆件

流程4：提升器分级同步卸载，将结构荷载至支座上，拆除提升设备和临时结构，提升施工结束，移交下一工序。完成全部提升段

7.6　武汉中心大厦

1. 工程概况

武汉中心大厦（图7.6-1、图7.6-2）位于武汉王家墩中央商务区，东接青年路，南临建设大道，西与二环线相连，四条地铁在这里交会，距汉口火车站1.8km、距机场21km，是一座集办公、酒店、商业、会议等多功能于一体的5A级商务综合体。

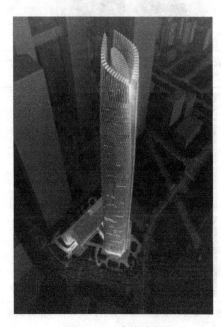

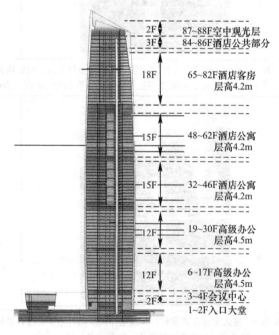

2F　87~88F空中观光层
3F　84~86F酒店公共部分
18F　65~82F酒店客房
　　层高4.2m
15F　48~62F酒店公寓
　　层高4.2m
15F　32~46F酒店公寓
　　层高4.2m
12F　19~30F高级办公
　　层高4.5m
12F　6~17F高级办公
　　层高4.5m
2F　3~4F会议中心
　　1~2F入口大堂

图 7.6-1　建筑效果　　　　图 7.6-2　武汉中心大厦整体建筑功能布局

武汉中心大厦由裙楼和塔楼两部分组成。裙楼结构地上 4 层,高 22.4m,为框架-剪力墙体系。塔楼地下 4 层,地上 88 层,高 438m,钢结构总用量 4.3 万 t,为带伸臂桁架的巨型框架＋劲性核心筒结构体系;该体系由部分楼层内置型钢或钢板的钢筋混凝土核心筒、钢管混凝土柱和钢梁三部分形成框架结构;塔楼沿竖向共设置五道加强环带桁架、三道伸臂桁架和一道结构转换层,加强结构如图 7.6-3 所示。

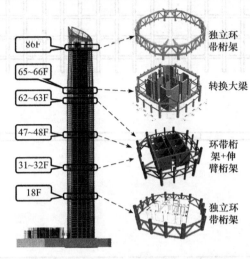

图 7.6-3　武汉中心大厦加强结构概况

主体结构形式:劲性核心筒＋伸臂桁架＋巨型钢框架结构;根据结构特点,楼层分以下 3 种形式:65 层以下标准结构层、65～66 层转换结构层和 86～87 层环带桁架层,如图 7.6-4 所示。

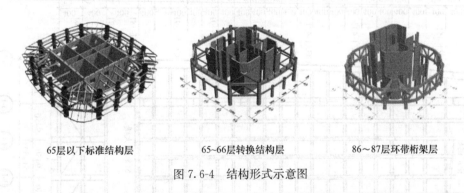

图 7.6-4　结构形式示意图

悬挂体系由转换大梁、8 根钢管混凝土柱、20 根箱形钢柱、环带桁架、楼层钢梁及组合楼板构成;钢结构用量约 1 万 t、外框结构总载荷约 2.2 万 t。

77 层为传力转换层,20 根箱形钢柱预留后终固,是为形成悬挂结构体系而预留的形变层;86～87 层环带桁架位于塔楼顶部,与角部 8 根巨型钢柱焊接固定,构成门式框架支撑体;箱形钢柱上、下端头通过焊接分别与环带桁架和转换大梁连接,作为悬挂结构体系的承拉件;圆形角柱、箱形钢柱之间通过箱形钢梁焊接相连。框架式悬挂结构示意如图 7.6-5 所示。

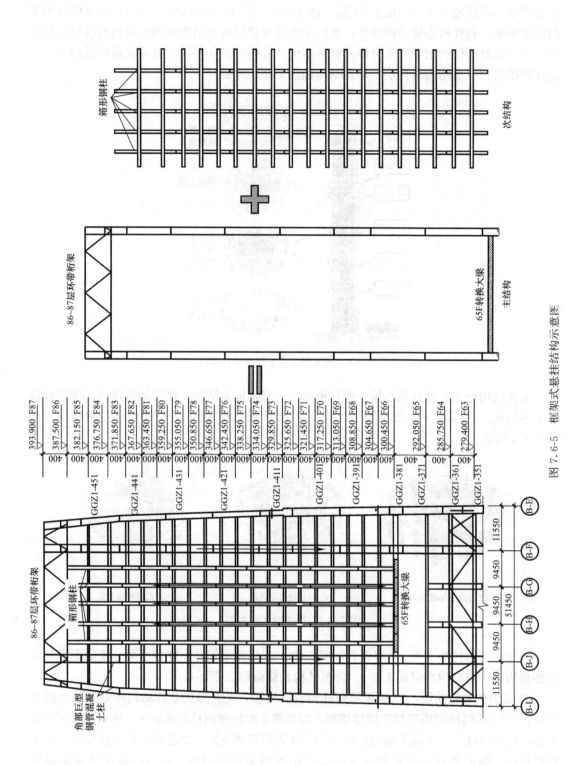

图 7.6-5 框架式悬挂结构示意图

2. 超高空多楼层悬挂结构施工技术

（1）悬挂结构总体施工流程

利用结构自由沉降变形可引起结构内力重分布的原理，分别把 65 层转换大梁层和 77 层作为沉降形变层，通过卸载施工完成结构的悬挂。

首先，在 65 层转换大梁下面设置临时支撑；

其次，在转化大梁上安装 66～77 层的钢柱、钢梁，然后在 77 层钢柱对接处，箱形钢柱间预留一定的沉降间隙，并设置传力转换节点；

再次，安装 78～85 层钢柱钢梁和 86·87 层环带桁架；

最终，在 65 层、77 层进行卸载，完成结构受力转换、实现设计意图。

流程 1：安装 66 层转换大梁支撑及砂箱卸载装置；

流程 2：安装 66 层转换大梁；

流程 3：安装 67～77 层钢结构，并浇筑 69～77 层混凝土；

流程 4：安装 77～85 层钢结构，77 层结构柱节点处布设同步液压装置；

流程 5：安装 86～87 层环带桁架；

流程 6：卸载 77 层以上结构后浇筑混凝土，将 77 层结构柱焊接固定；

流程 7：卸载 66 层转换大梁以上结构，并浇筑 66～68 层混凝土。

（2）超高空同步卸载临时支撑设计及布置（图 7.6-6）

根据转换大梁跨度、重量、结构形式以及施工条件，该结构施工时必须设置临时支撑，临时支撑以 F65 钢管柱顶为基础，采用与钢管柱 GGZ2 等外径相同的钢管（D1400×30mm）作为竖向支撑，钢管柱之间架设箱形钢梁（□800×600×60×60），立面外侧增设型钢斜撑加强。

砂箱装置设置在临时支撑上的水平投影范围以内。砂箱在临时支撑上摆放应对称均匀，以避免临时支撑产生偏心荷载。砂箱位置应靠近结构杆件竖向隔板部位，防止构件受力过大而局部产生屈服变形。

外框安装至 76 层时，根据施工模拟验算数据，GZ1、GZ2、GZ3 柱脚最大反力及相对位移值，拟在每部转换大梁支撑临时支撑上设置砂箱卸载装置 5 组（14 套），共 56 套。

图 7.6-6　超高空同步卸载临时支撑设计及布置

（3）可升降式转换传力节点设计

悬挂体系最大的特点是荷载的重新分配，在前期安装和后期卸载，77 层结构柱由压应力转换为拉应力，为实现荷载转换的效果，对 77 层结构柱节点进行合理设计，使其在前期安装时能承受上部的竖向压力荷载，在后期卸载后承受下方的拉力荷载。

根据吊坠式悬挂结构的施工方法，77层以上的箱形钢柱对接节点，在设计上必须满足：竖向可自由沉降变形，且平面内不可自由移动的功能。为此，课题组设计了镶嵌式临时固定节点，即在77层上下的箱形柱对接头内镶嵌位移导向板、在柱两侧面对称设置2个支撑耳朵、在77层钢梁牛腿和耳朵之间放置可升降式转换传力节点钢支座和液压油缸，如图7.6-7～图7.6-9所示。此节点施工期间可承担77层以上的结构和施工荷载；卸载时，可控制液压油缸伸出长度，让其同步沉降，使77层以上箱形柱自由悬挂，完成受力状态由受压到受拉的转变。

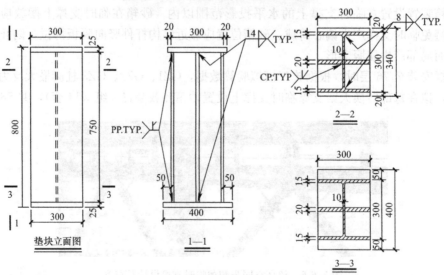

图7.6-7　可升降式转换传力节点钢支座结构图

在施工过程中，为保证77层以上楼层施工的安全可靠，课题组在预留的箱形柱对接头处设计了特殊的约束结构，以保证该对接头的临时固定可靠性。利用钢支座部分和液压升降设备共同组合而成的高度可调-受力可靠-侧向约束稳定的转换传力节点，成功使得77

层钢柱在前期可承载竖向的压荷载，后期可成功脱离而承受拉荷载，实现悬挂体系中荷载的重新分配。

图 7.6-8　可升降式转换传力节点

图 7.6-9　液压油缸整体布置

（4）超厚板嵌入式节点安装技术

86～87 层环带桁架由钢管柱、下弦杆、腹杆及上弦杆构成，绕外框一周形成闭合整体，是悬挂结构的重要组成部分。悬挂结构形成后，该桁架将承受 66～87 层的外框结构荷载，因此对桁架的承载能力和稳定性要求极高。

86～87 层桁架角部构件为异形箱形构件，其余为规则的箱形构件，板材厚度为 60mm 和 80mm，构件重量均在 40t 以上，异形大吨位构件的吊装是 86～87 层环带桁架安装难题之一；为了保证环带桁架的高强度、大刚度性能，对其节点连接形式进行特别处理，即采用腹板与翼缘板对接焊缝错开一定距离的嵌入式节点，如图 7.6-10～图 7.6-12 所示。

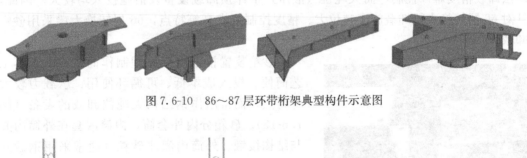

图 7.6-10　86～87 层环带桁架典型构件示意图

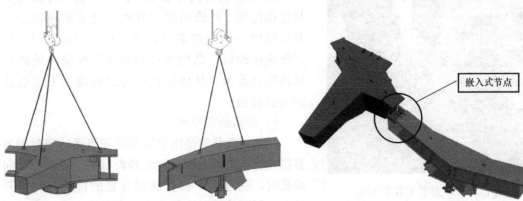

图 7.6-11　典型构件吊装示意图　　　　图 7.6-12　嵌入式结构节点安装示意图

嵌入式节点

为满足高负载能力的需求，从节点构造着手，利用错开环带桁架间对接焊缝位置，避免对接焊缝在同一平面内，提高环带桁架对节点的抗弯和抗拉强度。

嵌入式节点由"公母"两个相配套的构件构成，公构件上下翼缘板较腹板伸出500mm，且上翼缘板比下翼缘板宽2个腹板厚度，以保证吊装时构件从上向下吊装就位；相反，母构件的腹板比上下翼缘长500mm，以保证与公构件精确匹配。与普通齐头节点相比，该节点的现场焊缝条数虽然由原来的四条变为八条，但有效避免了焊缝分布集中在同一平面的问题，提高了环带桁架接头的力学性能的均匀性，加强了桁架节点强度和刚度。

在设置吊点时，充分考虑环带桁架构件的重心位置，保证构件在吊装过程中不发生倾斜。课题组根据构件特征，有针对性设置吊耳，并采取多点绑扎吊装的方法吊装就位，确保了悬挂结构的安全和稳定。

环带桁架整个安装过程应遵循自下而上、对称施工的顺序，即先下弦后腹杆，再上弦，确保构件就位后能形成局部稳定体系。对于下弦杆及腹杆，按照从角部至中间的顺序安装，对于上弦，由于角部节点是"嵌入式"结构，需最后安装，因此按照先中间后角部的顺序。

超厚板嵌入式节点安装技术，从超厚板构件的受力要求出发，通过设定吊点位置、改变节点形式，使其成为嵌入式节点，错开了焊缝集中的缺陷，加强了节点承载能力，满足了环带桁架承载能力需求高的要求。

（5）大吨位砂箱卸载施工技术

武汉中心66层卸载是悬挂楼层结构体系的重要部分，需在300m高空完成重达2.2万t的卸载量，卸载部位为4根转换大梁，单根重达150t。传统的卸载方法中，直接切割法卸载精度难以控制，而大吨位（液压）千斤顶卸载设备及措施投入均较大。因此，针对66层转换大梁卸载施工吨位大、精度控制要求高等特点，66层转换大梁采用砂箱卸载。

图 7.6-13　砂箱装置实物图

砂箱装置根据沙漏原理制作而成，由于其工艺简便、投入成本低、可循环使用、承载力较大等特点，而常用作钢结构大吨位卸载的设备（图7.6-13）。砂箱分内外套筒，内筒嵌套在外筒内并与结构接触。外筒内灌注砂粒（通常采用钢砂），并在筒壁一侧或底端设置排砂口。当卸载时，打开外筒排砂口，结构通过内筒压迫外筒内的砂体从排砂口流出，从而使内筒与结构缓慢下落以达到卸载目的。

1）砂箱卸载原理

砂箱卸载装置是由套筒和活塞组成的密封钢质容器，容器内装入定量特定颗粒材料，当承受竖向荷载时，通过人工操作底部设置的排料口阀门开关，控制颗粒材料流量大小，实现活塞进行收缩运动，达到缓慢改变位移量目的，从而实现支撑卸载装置逐步与结构脱离，确保卸载过程的安全可控。

2）砂箱布置原则

① 砂箱装置应设置在临时支撑上的水平投影范围以内。

② 尽量在临时支撑上对称均匀地摆放砂箱，避免临时支撑产生偏心荷载。

③ 砂箱设置位置尽量靠近结构杆件竖向隔板部位，防止钢构件局部受力产生屈曲变形。

④ 砂箱只作为卸载过程短期受力转化装置，长期受力由刚性支撑短柱承担。

3）卸载施工

依据施工模拟计算结果，得出各支撑点卸载时需要降低的行程来具体实施每一步骤的卸载。卸载前要先在限位措施顶上用水平尺标出需下降总行程距离，使用卸载砂箱每下降一段行程后检查结构本体及临时支撑是否有异样，直至整体结构卸载完成。

7.7　贵阳国际会议中心 201 大厦

贵阳国际会议中心项目位于贵州省贵阳市金阳新区迎宾路以南、观山东路以北、长岭北路以西，紧邻贵阳市市级行政中心。其中 201 大厦建筑面积约 2.67 万 m^2，全高 201m。其中，201 观光综合楼采用国际罕见的多组不对称筒式悬挂结构体系，由核心筒钢支撑结构和核心筒外悬挂结构组成（图 7.7-1）。悬挂体结构共三组，平面上对称分布于核心筒周围 4 个角点处（图 7.7-2），立面上相互错开形成不对称螺旋式阶梯布局。核心筒由 12 根钢管混凝土柱组成的十字井形巨型框架体系，作为悬挂体的"附着"结构，实现整个体系向基础的传力（图 7.7-3）。

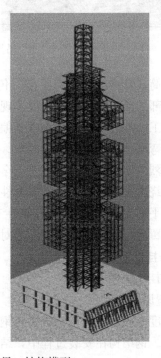

图 7.7-1　大厦效果、结构模型

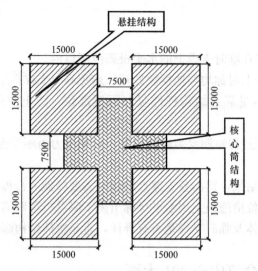

图 7.7-2　大厦平面

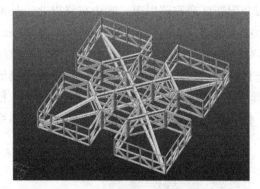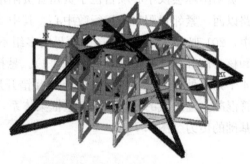

图 7.7-3　吊挂桁架连接核心筒

多组非对称筒式悬挂结构受力复杂，传力体系与常规结构迥异：悬挂体结构下轻上重，通过各自顶部的吊挂桁架与核心筒实现吊挂连接。该结构体系在建造过程中结构受力形式多变，随施工的推进，建筑结构常受偏心力矩作用，且建造过程中，核心筒结构尚未完全成型，其抗弯刚度尚未达到设计要求。因此，对于本工程的非对称筒式悬挂建筑，施工中结构处于强烈的不稳定状态，施工安全性要求十分突出。

基于此，围绕本工程建造阶段的安全性控制难题，课题组研究提出了"多组不对称筒式悬挂结构对称平衡安装技术"，该技术在充分解析悬挂结构受力机理的基础上，以核心筒的抗弯、抗倾覆为主控指标，实现了非对称悬挂结构体系的安全施工。

1. 不对称悬挂体对称平衡安装技术

（1）多组悬挂体整体安装工序

1）工序设置原则

保证施工进度，楼层混凝土浇筑要与钢结构楼层流水施工，即钢结构施工后即可开展混凝土工程施工。钢结构在安装过程中，结构受力与原设计相吻合，不违背设计意愿。保证施工过程不影响主体结构受力，且混凝土浇筑之后楼层结构标高不再有大的变化，混凝土不致产生开裂。

2）工艺流程及技术要点

基于上述原则和要求，多组悬挂体结构整体安装工艺流程如图 7.7-4 所示，各工序的关键技术要点如下：

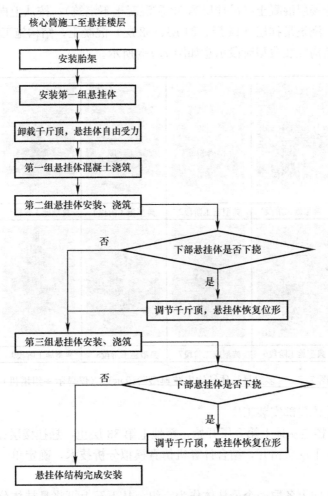

图 7.7-4　多组悬挂体结构整体安装工艺流程

搭设底部支承架，按设计标高对称安装第一组悬挂结构；第一组悬挂结构全部安装完成之后（楼层压型钢板及栓钉施工同步进行），设置在支撑顶部的千斤顶下降（但不拆除），支撑卸载，结构处于自由状态，实现原设计吊挂结构受力。两端对称浇筑第一组悬挂部分楼层混凝土（吊挂层第 14 层混凝土不浇筑）；混凝土浇筑完成之后，原设置在支撑顶部的千斤顶上升，与结构顶紧，但不对结构施加压力，在千斤顶上设置应变器进行应力控制，此时千斤顶几乎处于零受力状态；在第一组悬挑结构上搭设支承架，继续安装第二组悬挂结构；在第二组悬挂结构安装的过程中，适时监测第一组悬挑结构的标高变化情况，通过调节千斤顶支撑，中和部分上部结构自重力，使其吊挂桁架底变形基本保持不变（应力和变形的计算与监控技术）；第二组悬挂结构全部安装完成之后，设置其支撑顶部的千斤顶下降（但不拆除），支撑卸载，结构处于自由状态，实现自身结构受力；浇筑该部分楼层混凝土（吊挂层第 24 层混凝土不浇筑）；混凝土浇筑完成之后，原设置在支撑顶部的千斤顶上升，与结构顶紧；在第二组悬挑结构上搭设支承架，继续安装第三组悬挂结构；在第三组悬挂结构安装的过程中，适时监测第一、二组悬挑结构的标高变化情况，通过调节千斤顶使其基本保持不变；第三组悬挑结构安装完成后，支撑卸载，结构实现自身受力；浇筑该部分楼层混凝土（吊挂层第 32 层混凝土不浇筑）；按从上向下的顺序依次拆除各部分支承架；浇筑吊挂层（14 层、24 层、32 层）混凝土；结构施工完成。

多组悬挂体结构安装典型阶段示意如图 7.7-5 所示。

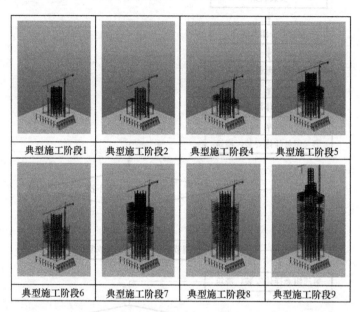

图 7.7-5 多组悬挂体结构安装典型阶段示意（仅显示一组塔机）

（2）典型悬挂体局部安装工序

201 大厦悬挂楼层从地上第 8 层开始，至地上第 33 层止，悬挂楼层在平面上对称分布于四个方向，立面上层次错开，结合计算机仿真模拟分析技术，确定单一悬挂体施工步骤如下：

在大厦四个方向上各取一个悬挂体作为一组，从下至上可将悬挂体分为三组，在施工中以一组悬挂体为一个施工步。将每组悬挂体沿平面划分为Ⅰ、Ⅱ、Ⅲ、Ⅳ四大分区，在Ⅰ、Ⅲ两大分区对称设置塔机进行多悬挂体的对称平衡安装：

1）首先进行Ⅰ区悬挂体安装，当Ⅰ区悬挂体完成安装一个楼层后开始同步进行对称区Ⅲ区悬挂体安装，保持两个悬挂体构件安装同步进行，同时并始终保持Ⅰ区悬挂体比Ⅲ区多安装一个楼层。

2）当Ⅰ区悬挂体完成安装第三层时（此时Ⅲ区悬挂体完成安装两个楼层）开始进行Ⅱ区悬挂体安装，当Ⅱ区悬挂体完成安装一个楼层后开始同步进行对称区Ⅳ区悬挂体安装，保持两个悬挂体构件安装同步进行，同时并始终保持Ⅱ区悬挂体比Ⅳ区多安装一个楼层。

3）当Ⅱ区悬挂体完成安装第六层时（此时Ⅳ区悬挂体完成安装五个楼层）开始同步进行Ⅰ、Ⅲ悬挂体安装，安装过程中始终保持Ⅰ区悬挂体比Ⅲ区多安装一个楼层，当Ⅰ区悬挂体完成安装第 9 层时（此时Ⅲ区悬挂体完成安装八个楼层）同步进行Ⅱ、Ⅳ区悬挂体安装，安装过程中始终保持Ⅱ区悬挂体比Ⅳ区多安装一个楼层。

　　4）当Ⅱ区悬挂体完成安装第 9 层时（此时Ⅳ区悬挂体完成安装八个楼层）同步进行Ⅲ、Ⅳ区悬挂体最后一个楼层安装。第一组悬挂体全部安装完成并焊接合格后，开始浇筑混凝土，混凝土的浇筑顺序同悬挂体的安装顺序。混凝土养护完成后按照同样的步骤进行第二个施工步，即第二组悬挂体的安装，以此类推。

　　多组悬挂体对称平衡施工实况如图 7.7-6 所示。

第一组支承胎架安装　　　　　　　　　第一组悬挂体对称平衡安装

第一组悬挂体安装完成　　　第二组悬挂体安装　　　所有悬挂体安装完成并卸载

图 7.7-6　多组悬挂体对称平衡施工实况

2. 非对称悬挂结构施工形体预调技术

（1）悬挂结构形体预调目的

　　本工程采用的多组不对称筒式悬挂结构为典型的柔性结构，结构刚性较弱，使用阶段悬挂体变形较大（主要出现在悬挂体的远端，以竖向下挠变形为主），这将影响建筑的整体几何造型。

　　基于此，形体控制的目的主要在于控制和减小悬挂体的下扰变形，保证悬挂体达到水平伸展状态（图 7.7-7），满足设计要求的结构几何形态与建筑设计造型之间的偏差在一定范围内。

　　（2）悬挂结构变形成因及其预调机理

　　悬挂结构的变形主要由"结构自有变形"和"附加安装变形"两部分组成，分别对应"设计预调值"和"附加安装预调值"，最终"总预调值"为"设计预调值"和"附加安装预调值"之和。分别说明如下：

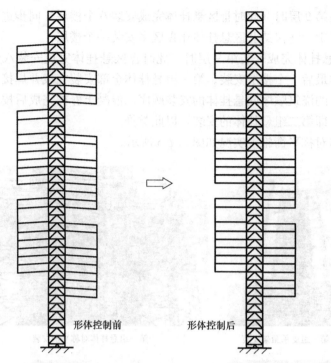

图 7.7-7　悬挂结构形体控制前后效果示意

1）结构自有变形→设计预调值

"结构自有变形"是指悬挂结构在正常使用状态下因其自重和使用荷载而导致的结构自身变形（图 7.7-8a），是结构在正常使用下的固有特性。由于悬挂结构的施工是严格按照设计尺寸和位置进行构件制作及空间定位，因此理论上讲安装完成后的结构应与设计位形零偏差，而由于"结构自有变形"的存在，最终成型的结构，必然与设计位形不一致，偏差较大时将影响建筑整体形体效果。

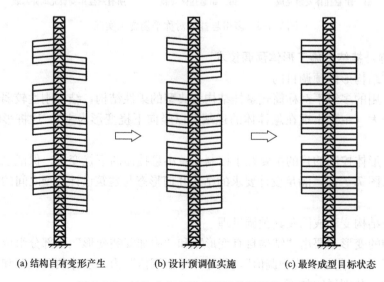

(a) 结构自有变形产生　　　　(b) 设计预调值实施　　　　(c) 最终成型目标状态

图 7.7-8　结构自有变形成因及其预调机理示意

基于上述背景，需对"结构自有变形"进行主动补偿，也即通过反向引入"设计预调值"弥补结构的自有变形（图 7.7-8b），以保证最终成型的建筑达到图 7.7-8c 的效果。

2）附加安装变形→附加安装预调值

如前所述，"结构自有变形"是结构的固有特性，其形成并未考虑结构在安装阶段可能存在的偏差，也即假定结构安装零偏差。而实际工程中，由于安装过程的渐进性和复杂性，安装阶段变形是不可避免的客观存在。对于本工程的悬挂结构施工而言，采用临时支承胎架沿全高度搭设，地基沉降、胎架压缩变形、悬挂体压缩变形等"附加安装变形"将导致支承点出现较大的竖向变形，不可忽略，若不加处理势必影响结构的安装精度，最终影响建筑形体效果。

因此，需引入"附加安装预调值"，以此补偿"附加安装变形"，实现最终形体控制目标。

（3）悬挂结构预调值实施

1）预调值实施方法

理论上，通过上述预调值分析技术可以获得结构任意部位的形体预调值，而工程实践中每一构件、每一部位都进行预调显然并不实际，而事实上由于结构的整体性，也无需对所有构件逐一预调，只需对结构的关键部位进行预调即可实现结构整体的形体控制。

对于本工程悬挂结构而言，悬挂体的形体控制是整个结构体系形体控制的关键，而悬挂体的形体控制则又更多地依赖于其下弦的临时支承点的标高预调，只要控制好这些点的位形，整个结构的形体便能得到有效控制。

一般的形体控制手段有"制作预调法"和"安装预调法"。前者是根据预调值的需要在构件制作阶段对构件尺寸进行人为的调整，多应用于柱或梁等长形构件的缩短或加长。后者是根据预调值的需要，在结构安装阶段对构件的空间位置进行人为调整，如通过支承胎架调整悬挂体的关键控制点坐标等。"安装预调法"的塑形效果最强，也最为直接，可用于调整关键控制点，形成形体轮廓，然后再采用"制作预调法"对预调值较大的部位进行形体的被动适应。

基于此，201 大厦悬挂结构采用"制作预调＋安装预调"综合法进行预调值实施（流程见图 7.7-9）：对于关键控制点优先选用"安装预调法"，也即通过支承胎架的标高调整在构件的设计位置上引入该部分的预调值，以达到整体塑形的效果。对于预调值较小（如10mm 以下）的部位，也优先采用安装预调法，通过空间定位的调整适应关键控制点的形体要求。对于预调值较大（如 10mm 以上）的部位，也可考虑"制作预调法"，也即通过构件制作尺寸的人为调整，嵌入该部分的预调值。

2）胎架支承点预调值实施

胎架支承点是决定悬挂结构整体位形的关键控制点，其预调值的实施采用"安装预调法"，也即通过支承胎架的标高调整实现预调值的引入。胎架支承点的总预调值包含"设计预调值"和"附加安装预调值"两部分。

为方便胎架标高的调整，项目研制了专门的标高可调支承系统，通过千斤顶精确调节支承点的标高，并可在安装过程中进行实时调整，如图 7.7-10 所示。

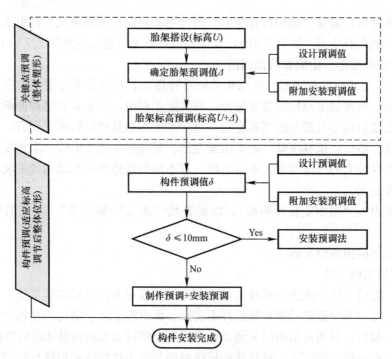

图 7.7-9　201 大厦悬挂体预调值实施流程

图 7.7-10　标高可调式支承胎架设置